“十三五”国家重点出版物出版规划项目

高速铁路绿色发展丛书

高速铁路对生态环境的影响及保护措施

吴文娟　贺玉龙 ◎ 编著

西南交通大学出版社

·成　都·

图书在版编目（CIP）数据

高速铁路对生态环境的影响及保护措施 / 吴文娟，贺玉龙编著. —成都：西南交通大学出版社，2020.12
（高速铁路绿色发展丛书）
“十三五”国家重点出版物出版规划项目
ISBN 978-7-5643-7897-4

Ⅰ. ①高… Ⅱ. ①吴… ②贺… Ⅲ. ①高速铁路－铁路运输业－影响－生态环境－研究②高速铁路－铁路运输业－污染防治－研究 Ⅳ. ①X731

中国版本图书馆 CIP 数据核字（2020）第 245304 号

“十三五”国家重点出版物出版规划项目
高速铁路绿色发展丛书
Gaosu Tielu dui Shengtai Huanjing de Yingxiang ji Baohu Cuoshi
高速铁路对生态环境的影响及保护措施
吴文娟　贺玉龙　编著

出 版 人	王建琼
责任编辑	李　伟　邱一平
封面设计	曹天擎
出版发行	西南交通大学出版社 （四川省成都市金牛区二环路北一段 111 号 西南交通大学创新大厦 21 楼）
发行部电话	028-87600564　028-87600533
邮政编码	610031
网　　址	http://www.xnjdcbs.com
印　　刷	四川玖艺呈现印刷有限公司
成品尺寸	170 mm × 230 mm
印　　张	21
字　　数	302 千
版　　次	2020 年 12 月第 1 版
印　　次	2020 年 12 月第 1 次
书　　号	ISBN 978-7-5643-7897-4
定　　价	120.00 元

前　言　PREFACE

关于道路建设中生态环境保护的要求，在我国古代就有雏形。《国语·周语》曰“雨毕而除道，水涸而成梁”，当时人们已经认识到合理的施工时间在交通建设中的重要性。为改善土质路面的“无风三尺土，有雨一街泥”景况，古人采用了多种路面材料，如用冶炼过的炭渣铺路、砖块石板铺路等，皆取得了较好的保护效果。同时，我国古代已经开始栽种松、柏、梓、桐、桧、榆等行道树，以划分道路边界，保护道旁植被。《国语·周语》中有“周制有之曰‘列树以表道’”。《周礼·秋官司寇·司隶庭氏》中也说：“野庐氏掌达国道路，至于四畿。比国郊及野之道路、宿息、井、树。”这里讲的“树”，就是种树为遮阴纳凉之用。

值得一提的是，1875 年，左宗棠整修陕甘驿道时，非常重视道旁植树问题，要求在驿道两旁分别植树一两行或四五行，所植以柳树为多，也间有杨树。他认为这样一则可以巩固路基；二则可以“限戎马之行”，保护路旁植被免受践踏损害；三则可以供行人遮阴、纳凉。据统计，陕甘驿道从陕西长武到甘肃兰州六百多里间，植树二十六万余株，被称为“左公柳”，成为陕甘驿道上一道重要的景观。十余年后，其部下杨昌浚因公西行，触景生情，感怀赋诗：“新栽杨柳三千里，引得春风度玉关。”一时成为美谈。

随着工业文明的传入，原有土质路面的低等级道路逐渐让路于水泥沥青路面的公路和铁路等新型道路，从而逐渐形成更为新颖、环保的交通体系。现代交通体系中的佼佼者，当属高速铁路。

高速铁路，简称高铁，每个国家对高速铁路的界定标准有所不同。依据中华人民共和国铁道部第 34 号令《铁路主要技术政策》中的定义，我国的高铁是指新建设计开行 250 km/h（含预留）及以上动车组列车、初期运营速度不小于 200 km/h 的客运专线铁路。

高速铁路以其载客量大、运行速度快、安全性高、能耗低、舒适方便、社会效益显著等因素受到广泛关注。世界铁路历史发展证明，发展高速铁路是社会经济发展的必然趋势。高速铁路的建成运行，有效降低了交通条件对投资环境的制约，带动了沿线地区经济的均衡发展；同时，也使铁路的市场份额大幅度回升。我国国土面积大，内陆深广，东西跨度约 5 200 km，南北相距约 5 500 km，发展高速铁路可以拉近人们的空间距离，缩短旅行时间，对促进区域经济发展、提高居民生活水平非常有利。因此，在今后的社会、经济发展过程中，高铁建设还将继续展示发展的活力。

与传统铁路相比，高铁使用电力牵引，更加节能环保。但与其他交通设施一样，高铁项目所引发的环境问题也不容忽视。其中，除噪声与振动外，高铁项目最突出的环境影响是生态破坏，包括占地拆迁、降低植被覆盖率、阻隔动物交流、水土流失等生态环境影响。另外，高铁建设标准要求高，既要保证线路行车安全和高平顺性，又需要满足减少工程量、降低造价、便于施工维护等要求；同时高铁线路长，设计及施工建设对区域地质环境要求较高，因此，高铁线路可能更难以避开特殊生态敏感区和重要生态敏感区，其对生态环境影响的深度和广度与传统铁路是有区别的。故研究高铁建设的生态环境影响及相应的生态环境保护措施是非常必要的。

近年来，围绕农业生态学、医学生态学、工业资源生态学、污染生态学、城市生态学等生态学的应用性分支学科已有较多研究，但尚缺乏对铁路尤其是高铁项目生态学的系统研究。高铁项目的生态研究内容主要集中在三个方面，即生态系统、敏感生态环境保护目标、敏感生态环境问题。其中，生态系统包括植物、动物、非生物环境，以及生态系统的结构与功能等基本内容；敏感生态环境保护目标有国家公园、自然保护区、世界遗产地、风景名胜区、水源保护区、重要湿地等列入相关条例或名录等的保护区域；敏感生态环境问题主要是水土流失、自然灾害、湿地破坏、生物物种锐减、生物入侵等由于自然条件或人为活动破坏导致生态系统的结构和功能发生变化，从而威胁到人类的生存和发展的各种负反馈效应。本书拟结合高铁项目生态研究的主要内容，较为系统地阐述高速铁路对生态环境的影响及保护措施。

作　者
2020 年 6 月

目 录 CONTENTS

PART

1 概 述

1

1.1 生态环境

1.1.1 生态学

生态学（ecology）一词源于希腊文 oikos，意思为“住所”或“栖息地”，所以从字面上看，生态学是关于居住环境的科学。生态学作为一个学科名词，是德国博物学家 E. Haeckel 于 1866 年在《普通生物形态学》一书中首先提出来的，他认为生态学是研究生物在其生活过程中与环境的关系，尤其是动物有机体与其他动植物之间的互惠或敌对关系。由于研究背景和研究对象的不同，不同学者对生态学提出了不同的定义。20 世纪 50 年代之后，生态学已经打破动植物的界限，进入生态系统时期，并超出了生物学的领域，其研究范围越来越广泛。现代生态学结合人类活动对生态过程的影响，从纯自然现象研究扩展到“自然-经济-社会复合系统”的研究，其重要内容已经演变成研究人类活动下生态过程的变化，即与人类生存密切相关的环境问题。

根据研究内容的不同，生态学又细分为个体生态学、种群生态学、群落生态学、生态系统生态学，研究的热点集中在生态系统生态学上。根据应用行业不同，目前生态学又有农业生态学、医学生态学、工业资源生态学、污染生态学、城市生态学等诸多内容。

1.1.2 生态因子

生态环境中对生物的生长、发育、生殖、行为和分布等起直接作用或间接作用的环境要素叫作生态因子，如阳光、水、风、土壤、食物和其他相关生物等。所有生态因子构成生物的生态环境，具体的生物个体和群体生活地段上的生态环境称为生境。

生态因子的作用是多方面的。生态因子影响着生物的生长、发育、生殖和行为，改变生物的繁殖率和死亡率，并且引起生物迁移，最终导致种群的数量发生变化。当环境中的一些生态因子对某一种生物不适合时，这种生物就很少甚至不可能分布在该区域，因此，生态因子还能够限制生物的分布区域。但是生物对自然环境的反应并不是消极被动的，生物能够对自然环境产生适应，因此，生物环境之间的相互关系是相互的和辩证的。

1．生态因子的分类

生态因子的分类有多种方式，根据环境因子作用大小与生物数量的相互关系，生态因子可以分为密度制约因子和非密度制约因子；或者根据生态因子的稳定程度，生态因子分为稳定因子和变动因子。另外，生态因子还可以分为非生物因子、生物因子、人为因子等。

1）非生物因子

气候因子：包括光照、温度、大气降水等。气候因子往往被称为地理因子，因为它们受地理位置、经纬度及海拔等因素影响很大。

土壤因子：气候因子和生物因子共同作用的产物，包括土壤结构、土壤的理化性质、土壤肥力和土壤生物等。土壤是营养元素转化的重要场地。

地形因子：地面沿水平方向的起伏状况，包括山脉、河流、海洋、平原等，或由它们所形成的丘陵、山地、河谷、溪流、河岸、海岸以及其他各种地貌类型。地形因子并不是植物生活所必需的，而是通过影响气候和土壤，间接地影响植物的生长和分布，因而被认为是一种起间接作用的因子。

2）生物因子

生物因子包括动物因子、植物因子、微生物因子及其各种相互关系，如捕食、寄生、竞争和互惠共生等。生物之间的相互关系，或者是由于争夺资源和生存空间，或者是通过改变环境而相互影响。植物为动物和微生物提供食物和栖息地，由此而引起的相互关系是十分复杂的。

3）人为因子

人为因子是指直接的和间接的人为活动导致的各种生态因子的改变（有意的或无意的）所产生的生态效应。人类活动对自然界的影响越来越大，并且越来越带有全球性，分布在地球各地的生物都直接或间接受到人类活动的巨大影响。

2．生态因子作用的基本特征

1）生态因子的综合作用

各种各样的生态因子是综合作用于生物的，生态系统中的每一个生态因子都是在与其他生态因子的相互影响、相互制约中起作用的，任何因子的变化都会在不同程度上引起其他因子的变化。例如光照强度的变化必然会引起陆地植被、水生生物生长发育的改变，这就是生态因子的综合作用。

生态因子会随时间、空间的变化而变化，从而构成生态环境的多样性和复杂性，即使是同一地点，不同时间的生态因子也不完全相同。同时，生物本身对生态因子的需求也在变化。因此，研究生态因子时，要充分考虑地域性和时段性。

2）主导因子

由于对生物起作用的诸多因子是非等价的，常常会有1~2个因子为主导，称为主导因子。主导因子的改变常常会引起其他生态因子发生明显变化，或使生物的生长发育发生明显变化，如光周期现象中的日照时间和植物春化阶段的低温因子就是主导因子。一般说来，植物生活所必需的条件——光照、温度、水分、土壤等，常常会在一定条件下成为主导因子。对生物而言，主导因子不是绝对的，而是可变的，它随时间、空间以及生物有机体发育时期的不同而发生变化。

3）生态因子间的不可替代性和部分补偿性

生态因子中植物生活所必需的条件对植物的作用虽不是等价的，但都是同等重要而不可缺少的。一个因子的缺失不能由另一个因子来代替，如果缺少其中任何一种，就会使生物的生长受到阻碍，甚至死亡，这就是植物生态因子的不可替代性和同等重要性定律。

在一定条件下，某一因子在量上的不足，可以由其他相关因子的增强而得到部分补偿，并有可能得到相近的生态效果。如增加二氧化碳的浓度，可以补偿由于光照减弱所引起的光合强度降低的效果，然而生态因子之间的补偿作用也并非经常的和普遍的。

4）限制因子

各个生态因子都存在量的变化，大于或小于生物所能忍受的限度，超过因子间的补偿调节作用，会影响生物的生长和分布，甚至导致其死亡。对生物的生长、发育、繁殖、数量和分布起限制作用的关键因子称为限制因子。限制因子和主导因子在某些情况下是一致的，但是概念上主导因子着重于植物的适应方向和生存状况，而限制因子则着重于植物对环境适应的生理机制。

5）生态因子作用的阶段性

生物生长发育具有阶段性，不同阶段对生态因子的需求不同，因此，生态因子对生物的作用也有阶段性，这种阶段性是由生态环境规律性变化引起的。如季节性物候、昼夜温差等生态因子的规律性变化导致植物生长发育的阶段性。每一个生态因子或彼此有关联的因子结合对同一生物的各个不同发育阶段所起的生态作用是不相同的。如短日照是导致落叶树木秋季落叶的主导因子；低温对冬小麦的春化阶段是必不可少的，但对其后的生长阶段则是有害的。

6）生态因子作用的直接性和间接性

直接参与生物生理过程或参与新陈代谢的因子属于直接因子，如光、温、水、土壤养分等。例如，光可以促进需光种子的萌发、幼叶的展开、叶芽与花芽的分化。而那些通过影响直接因子而对生物作用的因子，属于间接因子，如地形因子中的海拔高度、坡向、坡度、经纬度等，它们对生物的作用不亚于直接因子。例如，四川二郎山的东坡湿润多雨，分布类型为常绿阔叶林；而西坡空气干热、缺水，只能分布耐旱的灌草丛：同一山体由于坡向不同，导致植被类型各异。

1.1.3 生态系统

生态系统是生态学的功能单位。生态系统是指在一定时间和空间内，生物与非生物的组成成分之间，通过不断的物质循环和能量流动而相互作用、相互依存的统一整体。

地球上的森林、草原、海洋、河流与湖泊等，不仅它们的外貌有区别，生物组成也各有特点，并且其中的生物和非生物构成了一个彼此相互作用、物质不断循环、能量不停流动的生态系统。而生态系统中营养物质的循环和能量的流动一经破坏和停止，整个系统就可能随之崩溃。

1. 生态系统的研究对象和研究方法

生态系统研究的对象是自然界的一部分，可概括为生物和非生物部分，如森林、草地、冻原、湖泊、河流、海洋、农田、城市、工矿等。不论从陆地到海洋，从田野到实验室，也不论生命和非生命的成分在任何环境条件下的配合，它们都有一定的结构和功能，生态系统研究的中心就是结构和功能。

生态系统研究的方法包括野外考察、定位观测、调查取样、科学实验和系统分析几个方面。

1）野外考察

野外考察是考察特定种群或群落与自然地理环境的空间分布关系。首先有划定生境边境的问题，然后在确定的种群或群落生存活动空间范围内，进行种群行为或群落结构与生境各种条件相互作用的观察记录。考察动物种群活动往往要用遥感卫星标记追踪技术，收集和记录生物与环境因子的数据，这是野外考察和调查的重要内容。

2）定位观测

定位观测是考察某个个体或某种群落结构功能与其生境关系的时态变化。定位观测先要设立一块可供长期观测的固定样地，样地必须能反映所研究的种群和群落及其生境的整体特征。建立定位观察点是研究生态系统动态和演替的重要方面，遥感和卫星定位系统都是定位观测的重要手段。

3）调查取样

在生态系统研究中，收集生物与环境因子的数据是生态系统最基本的研究手段之一。例如，温度、湿度对林木生长的影响，水分对草地分布的影响，鸟类分布与食物关系等问题的解决，都需要利用调查取样的方法收集相关数据来进行研究分析。

4）科学实验

（1）原地实验是在自然条件下采取某种措施获得某个相关因素的变化对种群和群落及其他诸因素的影响，如牧场进行围栏实验，水域的围隔实验，补食、施肥、灌溉、遮光等实验。原地或田间对比实验是野外考察和定位观测的一个重要补充，不仅有助于阐明某些因素的作用机制，还可作为设计生态系统受控实验、生态模拟的参考或依据。

（2）模拟实验包括受控实验及室内试验等一系列应用于生态系统研究的实验方法。

（3）受控实验是在模拟自然生态系统的受控实验系统中研究单项或多项因子相互作用，及其对种群和群落影响的方法，如在人工气候室、人工水族箱中建立自然生态系统的模拟系统——“微宇宙”模拟系统。

生态系统的许多研究需要在室内条件下进行，如研究生态系统中某一生态因子的生物代谢过程的影响，有毒物在食物链富集的影响因子、生物防治等，这些研究都可在室内进行一系列生化实验。

5）系统分析

系统分析来源于工程系统学，它把数学、控制论及电子计算机的原理引入生态学中，成为一个新的学科——系统生态学。即在任何特定时间，一个生态系统的状态能够被定量地表示，同时，系统中的变化可以用数学表达式描述。系统分析能够帮助我们对系统进行预测、控制和最优设计。

高速铁路路线长，涉及的生态系统类型复杂，穿越生态环境敏感目标的可能性大。目前，野外考察、遥感和卫星定位系统定位观测、调查取样的方法广泛应用于高铁项目的前期设计、施工、运行等各个阶段；对于生态环境影响大且受影响因子非常敏感的项目，也在逐步应用科学实验和系统分析的方法进行研究。

2. 生态系统的组成

在自然界中，多种多样的生态系统类型有着共同的组成成分和组成结构，即生态系统都是由生物部分和非生物部分组成的。

1）生物部分

多姿多彩的生物构成了多种多样的生态系统。根据生物在生态系统中发挥的作用和地位，生物划分为生产者、消费者、分解者三大类型。

生产者是能用简单的无机物制造有机物的自养生物，主要指绿色植物，包括单细胞的藻类，也包括一些光合细菌。生产者是生态系统中最基础、最稳定的部分。

消费者不能用无机物制造有机物，它们直接或间接依赖生产者所制造的有机物质，从中获取能量生存，因此，消费者属于异养生物，由动物组成。按照其食性，消费者又分为草食动物、肉食动物、寄生动物、腐食动物、杂食动物等。

分解者也属于异养生物，是指各种具有分解能力的微生物，主要是细菌和真菌，也包括一些土壤原生动物和腐食动物。大约 90% 的陆地初级生产者都需要经过分解者的分解归还大地，再经过传递作用输送给绿色植物。

2）非生物部分

非生物部分为各种生物有机体提供了必要的生存条件，其成分包括气候因子（光照、温度、风力、风向等）、无机物质（碳、氧、水、氮、二氧化碳及矿物盐类等）、有机物质（蛋白质、碳水化合物、脂类及腐殖质等）。

自然生态系统都具有生产者、消费者、分解者、非生物部分这四个部分。一个独立发生功能的生态系统至少应该包括非生物环境、生产者、消费者三个组成部分。生态系统中生物成分和非生物成分相互联系、相互制约、相互促进，通过一定的反馈机制的调控构成了自然生态系统进化与发展的基本动力。

3. 生态系统的类型

按生态系统的形成和影响，可将生态系统分为自然生态系统、人工生态系统和半自然生态系统。由于人类活动及其影响几乎遍及世界的每个角落，地球上未受人类干扰的纯粹的自然生态系统极少，如人类难以到达的原始森林、远洋深海、冻原带等地方。大部分的生态系统是半人工、半自然的生态系统，如农业生态系统、天然放牧的草场、次生林等。甚至有完全是人工建造的生态系统，如城市生态系统。依据生境不同，生态系统还可划分为水体生态系统、陆地生态系统和湿地生态系统。

4. 生态制图

生态制图是指将生态学的研究结果用图的方式表达出来。

分析区域生态环境现状常用的图件包括土地利用现状图、植被分布图、水土流失现状图等。另外，开展生态监测工作时还有生态监测点位图。对于特殊生态敏感区域和重要生态敏感区，通常还有能反映生态敏感特征的专题图，如保护物种空间分布图等。

5．景　观

景观是景观生态学中的概念，指一个空间异质性的区域，由相互作用的拼块或生态系统组成，以相似的形式重复出现。

6．植被覆盖率

植被覆盖率是指某一地域植物垂直投影面积与该地域面积之比，用百分数表示。

7．生　境

生境也称为栖息地，是生物或其群体具体居住地段的所有生态因子的总体。生境大体上可分为海洋、河口湾、江河湖泊、沼泽湿地、陆地、岛屿六大类型。

8．灌　木

体型较矮小、主干低矮或者茎干自地面呈多枝生出而无明显主干的多年生木本植物称为灌木。灌木按高度分为小灌木（1 m 以下）、中灌木（1～2 m）及大灌木（2 m 以上）。

9．乔　木

体型高大，分枝和叶组成庞大的树冠，主干和分枝有明显区别的多年生木本植物称为乔木。乔木按高度分为小乔木（6～10 m）、中乔木（11～20 m）、大乔木（21～30 m）及伟乔木（31 m 以上）。

10．乡土植物

自然分布范围内的当地原产植物称为乡土植物。

11．绿　篱

绿篱是指成行密植，作造型修剪而形成的植物墙。

12．一般地区

一般地区是指年平均降水量 400 mm 及以上，最冷月平均气温高于或等于 – 5 °C 的湿润、温暖地区。

13．干旱、半干旱地区

年平均降水量小于 200 mm 的地区为干旱地区；年平均降水量 200 ~ 400 mm 的地区为半干旱地区。

14．寒冷地区

最冷月平均气温低于 – 5 °C 的地区为寒冷地区。

1.1.4　生态影响

生态影响是指经济社会活动对生态系统及其生物因子、非生物因子所产生的任何有害的或有益的作用。生态影响可划分为不利影响和有利影响，直接生态影响、间接生态影响和累积生态影响，可逆影响和不可逆影响等。其中：

直接生态影响：经济社会活动所导致的不可避免的、与该活动同时同地发生的生态影响。

间接生态影响：经济社会活动及其直接生态影响所诱发的、与该活动不在同一地点或不在同一时间发生的生态影响。

累积生态影响：经济社会活动各个组成部分之间或者该活动与其他相关活动（包括过去、现在、未来）之间造成生态影响的相互叠加。

1.1.5 生态环境

环境是相对于某一中心事物而言的。生态环境是指具有一定生态关系构成的系统整体，在环境科学中，生态环境是指人类的生态环境，即影响人类生活和生产活动的各种生态系统的总和。生态环境与人类生活和生产活动密切相关，包括影响人类生存与发展的水资源、土地资源、生物资源及气候资源等环境要素的数量与质量。

1.1.6 生态监测

生态监测又称生态环境监测，其内容涵盖农业、林业、海洋、国土等多个方面，迄今尚无统一的定义。美国环境保护署 Hirsch 认为生态监测是对自然生态系统的变化及其原因的监测，主要监测内容是人类活动对自然生态系统结构和功能的影响及改变。全球环境监测系统（GEMS）认为生态监测是一种综合技术，它能够相对便宜地收集大范围内生命支持系统的数据。部分国内学者认为生态监测是以生态学原理为理论基础，运用可比的和成熟的方法，通过物理、化学、生化、生态学原理等各种技术手段，在时间或空间上对特定区域范围内生态环境中的各个要素、生物与环境之间的相互关系、生态系统结构和功能及其组合要素等进行系统测定和观察的过程。

一般来说，生态系统中生存的生物和环境之间，存在着相互影响、制约和依存的关系，生物需要与环境进行物质循环和能量流动。因此，生态监测就是以生态学原理为理论基础，以生态系统作为监测对象，更着重人类活动对生态系统所产生的整体影响和变化，是科学评价和预测开发建设活动对生态系统影响的重要依据之一。

生态监测的结果用于评价和预测人类活动对生态环境的影响，从而评价生态环境质量，为保护生态环境、恢复重建生态系统、合理利用自然资源等提供决策依据。常用的生态监测技术包括地面监测、遥感技术（RS）、地理信息系统（GIS）、全球定位系统（GPS）等。

1.2 生态破坏

生态破坏包括自然因素造成的破坏和人为因素造成的破坏。

对生态系统产生破坏作用的自然因素有地震、泥石流、洪水、海啸、台风、火山爆发、沙尘暴等自然灾害，其造成的生态破坏后果直接而严重。

人类活动导致的生态系统破坏，包括直接和间接的影响。其中，直接影响如开挖占地、破坏植被、猎杀动物、改变水文情势等行为造成植被覆盖率减少、动物种类下降、水生生物灭绝等；间接影响如工业生产等活动导致的酸雨、气候变化、环境污染、臭氧层损耗等引起生物生存环境的恶化，从而引起生态系统的结构和功能发生变化等。另外，交通事业的发展使得以前不能或很难达到的地区逐渐被开发出来，为扩大人类活动区域提供了方便，但也引发了一系列生态环境问题。

人为活动对生态系统的破坏是生态环境保护的主题。随着社会经济的发展，科技水平不断提升，现代科学技术的不断进步，导致人类对自然界的干预程度和范围越来越大。同时，随着人类活动范围的扩大和影响深度的加剧，自然灾害的发生频率和破坏程度可能会因人为因素而加剧。

1.2.1 对生物的影响

1. 植被破坏对植物的影响

1）生产力下降

植被破坏的后果首先是初级生产力的下降，进而可能导致次级生产力下降。例如，典型草地植被破坏，导致地上部分初级生产力下降，进一步引起载畜能力的下降。研究表明，轻度退化、中度退化、重度退化、极度退化的草地，其初级生产力分别下降 20%～35%、35%～60%、60%～85%、大于 85%，地上部分生产力仅有 1 000～2 000 kg/hm^2、600 ～ 1 000 kg/hm^2 、200 ～ 600 kg/hm^2 、小于 200 kg/hm^2。森林植被破坏后，林木蓄积量下降，人造林和次生林的生产力和各种生态服务功能均低于原生林。

2）物种多样性下降

植被破坏导致大量植物物种消失或灭绝，物种多样性下降。一般来说，一种植物的灭绝，常常会导致 10～30 种生物的生存危机。内蒙古锡林郭勒典型草原在草地不断退化的背景下，生物物种多样性下降，例如，珍稀濒危植物单花郁金香的丧失灭绝，曾经闻名的口蘑和黄花苜蓿也变得十分稀少。

2. 植被破坏对动物的影响

1）植被破坏对动物生态特征的影响

植被破坏对动物个体特征的影响主要表现在个体适应性特征的变化、个体死亡、病变、畸变和抵抗力下降等方面。植被破坏后，生境因子发生变化，动物个体表现出相应的适应机制。环境因子的剧烈变化可能导致个体的死亡，如塌方、泥石流等。缓慢的植被破坏导致环境因子的渐变，迫使动物个体改变食物类型、调整栖息生境和繁殖行为，发展出新的适应特征，这是生物个体进化的选择因素之一。植被破坏导致的各种因子变化也可能导致动物发生病变、畸变，导致抵抗力和适应性下降。

2）植被破坏对动物种群生存的影响

植被破坏对动物种群的影响主要表现为种群数量下降、种群结构发生变化、小种群化、种内竞争和种间竞争加剧、种群灭绝或爆发等。

另外，植被的破坏对动物分布也构成影响。植被破坏对物种最直接的影响是栖息地破坏。植被生境破坏，由于资源限制，动物种内和种间竞争加剧，可能发生物种的迁入、迁出、死亡率和出生率变化，从而改变种群的结构特征。因此，栖息生境要素丧失或质量下降是动物物种灭绝的首要原因。

生境破碎化往往导致种群隔离，形成复合种群。复合种群是指一组空间上隔离，但是相互之间有迁入、迁出和基因交流等联系的同种种群的组合。在景观破碎化严重的情况下，复合种群的存在有利于物种的保护和恢复，但是当栖息地面积小于“最小面积”，或者种群数量下降到最小维持数量以下，物种将会灭绝。另外，环境因子的变化也可能造成机会种的爆发，如杂草和虫害。

3）植被破坏对动物群落结构的影响

生物多样性是生态系统复杂性的重要表现。一般来说，一个生态系统越复杂，生物多样性越丰富，生态系统在受到外来干扰时，自我维持与恢复能力越强。植被破坏后，营养级别较高的大型动物首先消失，群落次级生产下降。植被破坏对动物群落结构的影响表现为群落生物多样性下降，次级生产力下降，组成发生改变，个体小、生活史短、繁殖快的物种增加，物种爆发。

3．植被破坏对微生物的影响

植被破坏对微生物的影响主要是由于根际生境的破坏、枯枝落叶层的减少影响到微生物的生存环境。植被破坏导致的逆行演替、水土流失等因素降低土壤的营养水平，导致环境因子异变，使微生物群落组成及生态功能退化。

1）微生物生物量降低

广义的土壤微生物生物量可以用微生物中的碳、氮、磷和硫等含量来表示。森林砍伐后，随着砍伐程度的提高，各项土壤微生物活性指标都呈逐渐下降趋势，林地的微生物总量明显高于裸露休闲地、砍伐迹地和开垦的沟间田地。当原始森林退化或被改变成草原、耕地、废矿点后，微生物生物量显著降低。不同植被类型的土壤，其土壤微生物生物量的大小不同，一般而言，草地大于林地，林地大于耕地。

2）微生物多样性下降及微生物群落结构破坏

土壤微生物的种群数量与其发挥的生态功能密切相关，其数量的减少反映出土壤质量的下降。土壤微生物多样性包括物种多样性、遗传多样性、生态多样性、功能多样性。植被是土壤微生物赖以生存的有机营养物和能量的重要来源，影响着土壤微生物定居的物理环境。通过改变土壤有机碳和氮的水平、土壤含水量、温度、通气性及 pH 等来影响微生物的多样性。植被的破坏可能改变微生物组成并降低微生物的多样性。植被类型的逆行演替、植被退化和植物种类多样性下降均能造成微生物多样性的下降。

3）降低微生物生理活性

土壤的微生物生理活性表现为土壤呼吸强度、代谢葡萄糖能力、分解纤维素能力、固氮作用强度以及土壤各种酶的活性等。森林植被破坏后，连续分布的原生林变成片状分布的次生林，或被砍伐为灌丛和裸地，地表裸露，水土流失严重，枯落物减少，土壤微生物生长和代谢降低。荒漠开垦为绿洲后，土壤细菌明显增加，真菌无明显变化，放线菌显著减少，细菌在绿洲农田土壤矿化作用中占主导，真菌则在荒漠中占优势，绿洲农田土壤微生物活性明显高于荒漠。

4）改变微生物代谢途径

植被破坏，会引起土壤中根际环境破坏，植物次生代谢产物发生改变，土壤养分状况改变，从而影响微生物的代谢途径，如碳循环、氮循环途径等。研究表明，放牧活动可以增加植物残体的分解速率，促进微生物矿化作用；也有研究认为，放牧减缓了养分循环，而过度放牧使土壤微生物量、微生物碳占全碳的比例下降，土壤肽酶和酰胺酶活性降低。

1.2.2 对生物地球化学循环的影响

生物地球化学循环是生物所需的物质，如水、碳、氢、氧、氮、磷、钙、镁、钾、钠、氯等，在地球表面各圈层之间、生态系统各营养级的生物之间迁移转化和反复利用的过程。生物地球化学循环可以分为三大类，即水循环、气体型循环和沉积型循环，或按照元素类型分为碳循环、氮循环、磷循环等。植被破坏使循环链断裂，循环过程异化。

1. 源/汇平衡失调

植被通过光合作用固定大气中的碳而为重要的碳汇，而动植物的代谢排泄及残体经过微生物分解后，向大气中释放碳，植被又成为碳源。

全球陆域植被退化、面积减少，对大气碳同化吸收能力减弱。

2. 同化、净化能力下降

植物生长过程中，不断吸收包括二氧化碳、氨及氮氧化物等大气中的物质，对大气环境起着十分重要的净化作用。同时，通过光合作用产生的氧气净化分解污染物，称为生态系统的自净作用。目前，各种人类活动产生的污染物排放量尚难有效遏制，而大部分地区皆面临植被退化、植被面积减少、地球表面生态系统的产氧量和自净能力下降的不良形势，植被的利用、吸收和净化分解能力呈下降趋势，因此，污染物往往会积累，生态系统进入恶性循环状态。

1.2.3 对生态系统服务功能的影响

Costanza 在 1997 年分析了生态系统功能和生态系统服务，将全球生态系统的服务价值归纳为 17 种（见表 1-1），认为生态系统功能是指其生境、生物化学性质或生态系统过程，而生态系统提供的商品（如食物）和服务（如废弃物的同化）代表着人类直接或间接从生态系统得到的利益，并将把生态系统提供的商品和服务统称为服务。

表 1-1　生态系统服务分类

序号	生态系统服务	生态系统功能	举　例
1	气体调节	调节大气化学组成	二氧化碳/氧气平衡，臭氧防护紫外线和硫化物水平
2	气候调节	对气温、降水的调节，以及对其他气候过程的生物调节	温室气体调节以及影响云形成的硫化二甲酯的形成
3	干扰调节	生态系统对环境波动的容纳、延迟和整合能力	防止风暴，控制洪水，干旱恢复及其他由植被结构控制的生境对环境变化的反应能力
4	水分调节	调节水循环过程	农业（如灌溉）、工业和运输用水供给
5	水分供给	水分的储存和保持	集水区、水库和含水岩层水分供给
6	侵蚀控制和沉积物保持	生态系统内的土壤保持	防止土壤被风、水及其他运移过程侵蚀，把淤泥保存在湖泊和湿地中
7	土壤形成	成土过程	岩石风化和有机质的积累
8	养分循环	养分的获取、形成内部循环和储存	固氮及氮、磷等元素的循环
9	废弃物处理	易流失养分的再获取，过多或外来养分、化合物的去除或降解	废弃物处理，污染控制，解除毒性
10	传　粉	有花植物配子的移动	提供传粉者，以便植物种群繁殖
11	生物控制	生物种群的营养动力学控制	关键捕食者控制猎物种群数量，顶级捕食者影响食草动物种群数量

续表

序号	生态系统服务	生态系统功能	举例
12	庇护	为定居和迁徙种群提供生境	迁徙种的繁育场所和栖息地，本地种区域栖息地和越冬场所
13	食物生产	总初级生产中可提取为食物的部分	通过渔、猎、采集和农耕活动收获的鱼、鸟、兽、作物、果实等
14	原材料	总初级生产中可用为原材料的部分	木材、燃料和饲料产品
15	遗传资源	特有的生物材料和产品的来源	药物、抵抗植物病原和作物虫害的基因、装饰物种及家养物种（宠物和植物栽培品种）
16	休闲娱乐	提供休闲娱乐	生态旅游、垂钓运动及其他户外游乐活动
17	文化	提供非商业性用途	生态系统的美学、艺术、教育、精神及科学价值

植被是生态系统的初级生产者，是生态系统维持稳定平衡并发挥作用的基础，植被破坏将导致生态系统服务功能下降，甚至丧失。森林的蒸腾作用，对调节自然界的水分循环和改善气候有重要作用。森林面积减少，不仅对林地水分循环产生极大的影响，而且还引起大气中二氧化碳浓度的增加，破坏大气中碳循环的平衡，加剧大气温室效应。另外，植被破坏还导致物种灭绝、生物多样性丧失、土壤退化等，对人类的生活品质和生态安全造成重大影响。

1.2.4 对土壤生物的影响

土壤是生物生存的基质，人类活动对土壤的功能造成了严重破坏，表现为物理性质、化学功能和生物功能的退化。土壤退化对栖息于其中的动物、植物、微生物等各大类群均有影响，对人类的生命健康和生活质量也存在严重威胁。

1. 对土壤植物的影响

土壤退化对植物的影响是全面而深刻的。短期直接的影响包括植物个体的生态特征、生产力、群落结构的改变；长期的综合影响，包括植被类型和植物区系的改变。由于植被的长期分布受各种环境因子的综合制约，机制十分复杂。

1）生态特征

土壤退化对植物生态特征的影响，表现为个体形态的变化、死亡、病变和品质下降等。退化土壤中的营养成分缺乏、肥力降低，影响植物的生长，使植物的产量和质量下降。

污染物在植物体内的富集对人类食品安全造成威胁，例如农产品的农药残留、重金属含量超标，对人类健康造成严重威胁，导致癌症高发、畸变率提高。污染物对植物造成协迫作用，导致植物发生病变，乃至死亡。例如用含镉的废水灌溉农田会导致土壤污染，进一步损害植物生长。当土壤中镉的含量过高时，对有些植物，如白榆、桑、杨等造成直接危害，使其叶片褪绿、枯黄或出现黑斑等，影响植物生存。

2）生产力下降

土壤退化导致土壤营养状况恶化，土壤污染物对植物产生毒害作用，导致植物生产力下降。

土壤污染对植物生产的损害严重。研究表明，镉能抑制植物的光合作用，使植物减产。土壤盐碱化、酸化造成的胁迫环境，导致一些耐受种占据优势，使群落生产力下降。土壤退化导致农业、林业、畜牧业的产量和品质下降。例如，高寒草甸严重退化，使植物组织 68.3% 的氮损失、86.5% 的碳损失。

3）群落结构

土壤退化对植物群落结构的影响主要表现为群落多样性下降，物种组成发生改变，极端情况下可能导致物种的灭绝或爆发。由于不同植物在养分吸收和利用效率上存在差异，土壤养分状态的改变将影响各种植物在群落中的关系，从而引起植物群落的组成、结构和生产力等特性发生变化。草场内土壤沙化和盐碱化严重，产草量大幅度下降，群落组成结构也发生了较大的变化。

2．对土壤动物的影响

土壤动物是土壤中重要的生物类群，包括土壤原生动物和土壤后生动物。土壤后生动物是生命过程中一段时间定期在土壤中度过，而且对土壤产生一定影响的动物。土壤动物涉及的门类很广，常见的土壤动物包括蚯蚓、蚂蚁、鼹鼠、变形虫、轮虫、线虫、壁虱、蜘蛛、潮虫和千足虫等。人类的活动如森林砍伐，使用杀虫剂、除草剂、化学肥料，排放重金属，放射性污染等，对土壤动物有一定的影响。一般说来，凡是土壤动物多样性丰富的区域，往往也是土壤健康的区域，土壤退化以后，土壤动物数量和丰富度下降。

土壤退化对土壤动物个体水平的影响，主要表现为个体形态的变化，包括个体死亡、病变、畸变、基因突变和生活史改变等。例如，污染物在土壤中的积累，可能导致土壤动物的死亡、病变。辐射和放射性污染物，可能造成个体的基因突变。研究表明，农药污染对土壤动物的新陈代谢及卵细胞的数目和受精卵的孵化能力有明显的影响。如果土壤缺少了土壤动物，植物就不能很好地生长，对土壤退化敏感的物种消亡，耐受种存活而得到发展，进而改变土壤动物群落结构。

土壤退化导致土壤群落多样性下降，土壤动物总量下降，群落组成发生改变。土壤理化性质的恶化、土壤水分状况的变化和土壤污染等因素均影响土壤动物的组成和数量。

（1）土壤肥力下降，土壤动物密度下降。紫茎泽兰入侵云南昆明地区针叶林、阔叶林和草地，导致土壤退化，土壤动物类群总数显著减少，其中针叶林中减少 41.3%，阔叶林中减少 29.0%，草地中减少 36.7%；土壤动物群落个体总数下降，其中针叶林中减少 63.5%，阔叶林中减少 20.4%，草地中减少 43.2%。

（2）重壤土、中壤土中，土壤动物的种类、数量多，而在轻壤土、砂壤土中，土壤动物的种类和数量少。吕世海等（2005）研究发现，呼伦贝尔沙化草地土壤动物群落随草地沙化程度的不断加剧而逐渐趋于简单，个体数量逐渐减少。

（3）缺水的土壤中，土壤动物密度小。

（4）受焦化废水污染的土壤动物群落结构发生变化，群落物种多样性明显下降。

（5）重金属污染降低群落物种多样性和密度，使其结构组成发生变化。例如，随着铜污染程度的增加，土壤动物的种类数和个体密度急剧减少，土壤动物多样性指数、种类数和均匀度指数都随着污染指数的增大而减小。

（6）农药污染降低土壤动物的数量及多样性。农药污染区，土壤动物种类和数量明显下降，出现以弹尾类、线虫类等耐污类群的优势群落。

作为土壤生态系统的重要组成成分，土壤动物被称为生态工程师，对碎屑的分解和养分循环有关键作用，是土壤健康的重要指标。土壤动物的重要性逐渐受到重视，并且已有不少研究试图利用土壤动物修复退化土壤。

3．对土壤微生物的影响

土壤微生物具有很强的适应性，对土地退化的响应十分敏感，土壤覆被类型变化、土地利用方式改变、土壤污染和土壤理化性质恶化等，均对土壤微生物有重要影响，导致土壤微生物各项指标下降。

1）微生物群落组成（结构）变化

土壤微生物主要包括土壤细菌、土壤放线菌、土壤真菌、土壤藻类和土壤原生动物五大类群。土壤退化对微生物群落的影响表现为物种组成改变、遗传多样性下降等。例如，被重金属和农药污染严重的土壤，其微生物种类数量明显下降，物种多样性和遗传多样性均下降。

2）微生物生物量下降

土壤微生物包括细菌、真菌、放线菌和藻类等，其生物量是指某一特定时刻单位体积土壤中微生物的个体数、质量或含量，一般可以用土壤中微生物氮、碳、磷含量表示土壤微生物生物量。土壤微生物生物量高低是衡量土壤微生物数量及生长状态的重要指标之一。

对土壤微生物破坏作用最大的是农药污染和重金属污染。化学农药对多数土壤微生物具有不同程度的毒性，大量施用农药以及农药在土壤中残留会对土壤微生物产生不同程度的抑制作用，长期超量使用农药的农田、菜地，其微生物生物量往往比较低，偶尔也有一些农药在较低剂量时能刺激微生物生长。重金属污染后微生物生物量明显下降，原有的种群结构发生改变，耐性菌增加，并出现新菌群，同时生物活性也发生变化，代谢熵随呼吸强度的增强而增加。在重金属胁迫下，微生物种类组成发生变化，有时会形成具有较强解毒机制的菌群。

3）微生物生理活性下降

土壤退化对土壤微生物生理活性的影响，主要是使微生物呼吸作用和酶活性下降。研究表明，农药污染降低土壤微生物对单一碳源底物的利用能力，除草剂地乐消酚可以减少土壤微生物生物量，抑制微生物的碳源代谢途径，促进氮矿化。在大多数情况下，低浓度重金属污染有利于二氧化碳的释放，但高浓度重金属污染土壤，其呼吸速率显著下降；较高浓度的重金属，会对酶活性产生抑制作用。

4）微生物代谢途径改变

污染物进入土壤，通过诱导、抑制、竞争的作用，影响酶的活性，改变微生物代谢途径。高浓度的多菌灵、丁草胺等农药可以抑制硫酸盐还原酶活性，降低水稻田土壤的反硝化作用。杀虫剂、除草剂可以减少根瘤的数量，降低根瘤干重，抑制根瘤菌的固氮功能。重金属污染导致土壤微生物中各主要生理类群数量下降，如某些矿区受重金属污染，土壤中氨化细菌、硝化细菌数量减少，降低了土壤的供氮能力。

PART

2　生态环境保护

2

2.1 生态环境保护的主要对象

生态环境保护的核心内容是生物多样性的保护。生物多样性是一个有关大自然物种拥有程度的笼统术语，通常含有三个层次：基因多样性、物种多样性、生态系统多样性。生态系统的稳定性和结构的复杂性与食物网络的复杂程度密切相关，越是复杂的系统，其互补性越高，稳定性也越好，即生态系统的物种的多样性越高，系统越稳定；相反，系统的简化、均化会导致系统的失衡与振荡。

因此，生态保护的重点其实就是保护生物的多样性、保护生态系统的完整性、特别关注珍稀濒危物种。整体来讲，生态环境影响与保护的主要对象可分成三大部分：生态系统、敏感生态保护对象和敏感生态环境问题。

2.1.1 生态系统

生态系统包括生态系统组成、系统结构和功能等部分。其中，生态系统组成包括生物和非生物部分，而生物部分包括植物、动物、微生物，非生物部分包括外部环境，即光照、温度、降水、土壤、地形和营养物质等；系统结构和功能等部分包括生态系统的功能、结构、生物多样性等。

1．生物部分

从生物组成部分分析，生态环境保护的主要对象是受影响区域的动物（包括人工饲养的动物、野生动物、常见动物、珍稀保护动物等）、植物（包括农田植被、人工林、天然林、珍稀保护物种、地方特有物种等）。

我国物种非常丰富，全国有高等植物 3 万余种，仅次于世界高等植物最丰富的巴西和哥伦比亚。其中特有种约 17 300 种，占全国高等植物的 57% 以上。另外，581 种哺乳动物中，特有种约 110 种，约占 19%。

植物在整个生态系统中具有非常重要的作用，是食物链中重要的一环，也是生命系统存在的物质基础，同时起着涵养水土，改善环境质量，提供休憩、观赏场所的作用。因此，实施植物保护措施是生态环境保护的重要内容。

2．非生物部分

非生物环境与生物之间相互依赖、相互影响、相互适应，是构成生态系统的重要组成部分。非生物能够提供生物生存需要的营养元素，是生物赖以生存的物质和能量的源泉。

一般交通类建设项目，如公路、铁路建设对非生物环境的影响主要涉及的是由于占地开挖而引起的区域的地形、土壤、景观等环境变化。一般水利水电项目还涉及区域温度、降水等气候条件的变化。

建设项目新增占地会导致土地利用性质的永久性改变，使土地失去原有利用功能，进一步引起区域生态系统结构和功能的变化。

3．生态系统的结构、功能等

生态系统的结构、功能、生物多样性等也是生态环境保护的主要内容。我国生态系统类型多种多样，仅陆地生态系统就有森林、灌丛、草原和稀树草原、草甸、荒漠、高山冻原等不同类型，由于不同的气候、土壤等条件，又可以进一步分为各种亚类型约 600 种。不同的生态系统类型，具有不同的结构和功能。

生态系统的结构和功能的研究通常需要结合生态功能区划，从生态空间布局要求等整体上进行分析。

2.1.2 生态环境敏感保护目标

1. 生态保护红线

生态保护红线是我国特有的概念，是结合我国生态保护实践，根据需要提出的创新性举措。生态保护红线、环境质量底线、资源利用上线和生态环境准入清单，合称“三线一单”。我国将逐步建立“三线一单”管理机制，将生态保护红线作为空间管制要求，将环境质量底线和资源利用上线作为容量管控和环境准入要求，深化、规范规划环评和项目环评联动管理，提高地方环评审批和监管能力。

生态保护红线是指在生态空间范围内具有特殊生态功能、必须强制性严格保护的区域，是保障和维护国家生态安全的底线和生命线，通常包括具有重要水源涵养、生物多样性维护、水土保持、防风固沙、海岸生态稳定等生态功能的重要区域，以及水土流失、土地沙化、石漠化、盐渍化等生态环境敏感脆弱区域。

划定生态保护红线，有利于明确水源涵养、生物多样性维护、水土保持、防风固沙等生态功能重要区域，识别生态功能重要区域和生态环境敏感脆弱区域的空间分布，从而保护生态环境。

2. 生态功能区划

2008 年，环境保护部颁布《全国生态功能区划》，并于 2015 年修编。按照生态系统的自然属性和所具有的主导服务功能类型，将生态系统服务功能分为生态调节、产品提供与人居保障三大类。同时，依据生态系统服务功能重要性将生态系统服务功能划分为水源涵养、生物多样性保护、土壤保持、防风固沙、洪水调蓄、农产品提供、林产品提供、大都市群、重点城镇群 9 个生态功能类型。在此基础上，进一步划分了 242 个生态功能区，确定了 63 个重要生态功能区，如表 2-1 所示。

表 2-1 全国生态功能区划体系

生态功能大类（3类）	生态功能类型（9类）	生态功能区举例（242个）
生态调节	水源涵养	米仓山—大巴山水源涵养功能区
	生物多样性保护	小兴安岭生物多样性保护功能区
	土壤保持	陕北黄土丘陵沟壑土壤保持功能区
	防风固沙	科尔沁沙地防风固沙功能区
	洪水调蓄	皖江湿地洪水调蓄功能区
产品提供	农产品提供	三江平原农产品提供功能区
	林产品提供	小兴安岭山地林产品提供功能区
人居保障	大都市群	长三角大都市群功能区
	重点城镇群	武汉城镇群功能区

1）水源涵养生态功能区

全国共划分水源涵养生态功能区 47 个，面积共计 256.9 万平方千米，约占全国国土面积的 26.8%。其中，对国家和区域生态安全具有重要作用的水源涵养生态功能区主要包括大兴安岭、秦岭—大巴山区、大别山区、南岭山地、闽南山地、海南中部山区、川西北地区、三江源地区、甘南山地、祁连山、天山等。

该类型区的主要生态问题如下：

人类活动干扰强度大；生态系统结构单一，生态系统质量低，水源涵养功能衰退；森林资源过度开发、天然草原过度放牧等导致植被破坏、水土流失与土地沙化严重；湿地萎缩、面积减少；冰川后退，雪线上升。

该类型区的生态保护主要方向如下：

对重要水源涵养区建立生态功能保护区，加强对水源涵养区的保护与管理，严格保护具有重要水源涵养功能的自然植被，限制或禁止各种损害生态系统水源涵养功能的经济、社会活动和生产方式，如无序采矿、毁林开荒、湿地和草地开垦、过度放牧、道路建设等；继续加强生态保护与恢复，恢复与重建水源涵养区森林、草地、湿地等生态系统，提高生态系统的水源涵养能力。坚持自然恢复为主，严格限制在水源涵养区大规模人工造林；控制水污染，减轻水污染负荷，禁止导致水污染的产业发展，开展生态清洁小流域建设；严格控制载畜量，实行以草定畜，在农牧交错区提倡农牧结合，发展生态产业，培育替代产业，减轻区内畜牧业对水源和生态系统的压力。

2）生物多样性保护生态功能区

全国共划分生物多样性保护生态功能区 43 个，面积共计 220.8 万平方千米，占全国国土面积的 23%。其中，对国家和区域生态安全具有重要作用的生物多样性保护生态功能区主要包括秦岭—大巴山地、浙闽山地、武陵山地、南岭地区、海南中部、滇南山地、藏东南地区、岷山—邛崃山区、滇西北地区、羌塘高原、三江平原湿地、黄河三角洲湿地、苏北滨海湿地、长江中下游湖泊湿地、东南沿海红树林等。

该类型区的主要生态问题如下：

人口增加以及农业和城镇扩张，交通建设、水电水利设施建设、矿产资源开发、过度放牧、生物资源过度利用、外来物种入侵等，导致生物资源退化，森林、草原、湿地等自然栖息地遭到破坏，栖息地破碎化严重；生物多样性受到严重威胁，部分野生动植物物种濒临灭绝。

该类型区生态保护的主要方向如下：

开展生物多样性资源调查与监测，评估生物多样性保护状况、受威胁原因；禁止对野生动植物进行滥捕、乱采、乱猎；保护自然生态系统与重要物种栖息地，限制或禁止各种损害栖息地的经济、社会活动和生产方式，如无序采矿、毁林开荒、湿地和草地开垦、道路建设等。防止生态建设导致栖息环境的改变；加强对外来物种入侵的控制，禁止在生物多样性保护功能区引进外来物种；实施国家生物多样性保护重大工程，以生物多样性重要功能区为基础，完善自然保护区体系与保护区群的建设。

3）土壤保持生态功能区

全国共划分土壤保持生态功能区 20 个，面积共计 61.4 万平方千米，占全国国土面积的 6.4%。其中，对国家和区域生态安全具有重要作用的土壤保持生态功能区主要包括黄土高原、太行山地、三峡库区、南方红壤丘陵区、西南喀斯特地区、川滇干热河谷等。

该类型区的主要生态问题如下：

不合理的土地利用，特别是陡坡开垦、森林破坏、草原过度放牧，以及交通建设、矿产开发等人为活动，导致地表植被退化、水土流失加剧和石漠化危害严重。

该类型区生态保护的主要方向如下：

调整产业结构，加速城镇化和新农村建设的进程，加快农业人口的转移，降低人口对生态系统的压力；全面实施保护天然林、退耕还林、退牧还草工程，严禁陡坡垦植和过度放牧；开展石漠化区域和小流域综合治理，协调农村经济发展与生态保护的关系，恢复和重建退化植被；在水土流失严重并可能对当地或下游造成严重危害的区域实施水土保持工程，进行重点治理；严格资源开发和建设项目的生态监管，控制新的人为水土流失；发展农村新能源，保护自然植被。

4）防风固沙生态功能区

全国划分防风固沙生态功能区 30 个，面积共计 199 万平方千米，占全国国土面积的 20.7%。其中，对国家和区域生态安全具有重要作用的防风固沙生态功能区主要包括呼伦贝尔草原、科尔沁沙地、阴山北部、鄂尔多斯高原、黑河中下游、塔里木河流域和环京津风沙源区等。

该类型区的主要生态问题如下：

过度放牧、草原开垦、水资源严重短缺与水资源过度开发导致植被退化、土地沙化、沙尘暴等。

该类型区生态保护的主要方向如下：

在沙漠化极敏感区和高度敏感区建立生态功能保护区，严格控制放牧和草原生物资源的利用，禁止开垦草原，加强植被恢复和保护；调整传统的畜牧业生产方式，大力发展草业，加快规模化圈养牧业的发展，控制放养对草地生态系统的损害；积极推进草畜平衡科学管理办法，限制养殖规模；实施防风固沙工程，恢复草地植被，大力推进调整产业结构、退耕还草、退牧还草等措施。

5）洪水调蓄生态功能区

全国共划分洪水调蓄生态功能区 8 个，面积共计 4.9 万平方千米，占全国国土面积的 0.5%。其中，对国家和区域生态安全具有重要作用的洪水调蓄生态功能区主要包括淮河中下游湖泊湿地，江汉平原湖泊湿地，长江中下游洞庭湖、鄱阳湖、皖江湖泊湿地等。这些区域同时也是我国重要的水产品提供区。

该类型区的主要生态问题如下：

湖泊泥沙淤积严重、湖泊容积减小、调蓄能力下降；围垦造成沿江沿河的重要湖泊、湿地萎缩；工业废水、生活污水、农业面源污染、淡水养殖等导致湖泊污染加剧。

该类型区生态保护的主要方向如下：

加强洪水调蓄生态功能区的建设，保护湖泊、湿地生态系统，退田还湖，平垸行洪，严禁围垦湖泊湿地，增加调蓄能力；加强流域治理，恢复与保护上游植被，控制水土流失，减少湖泊、湿地萎缩；控制水污染，改善水环境，发展避洪经济，处理好蓄洪与经济发展之间的矛盾。

6）农产品提供生态功能区

农产品提供功能区主要是指以提供粮食、肉类、蛋、奶、水产品和棉、油等农产品为主的长期从事农业生产的地区，包括全国商品粮基地和集中联片的农业用地，以及畜产品和水产品提供的区域。

全国共划分农产品提供功能区58个，面积共计180.6万平方千米，占全国国土面积的18.8%，集中分布在东北平原、华北平原、长江中下游平原、四川盆地、东南沿海平原、汾渭谷地、河套灌区、宁夏灌区、新疆绿洲等商品粮集中生产区，以及内蒙古东部草甸草原、青藏高原高寒草甸、新疆天山北部草原等重要畜牧业区。

该类型区的主要生态问题如下：

农田侵占、土壤肥力下降、农业面源污染严重；在草地畜牧业区，过度放牧，草地退化沙化，抵御灾害能力降低。

该类型区生态保护的主要方向如下：

严格保护基本农田，培养土壤肥力；加强农田基本建设，增强抗自然灾害的能力；加强水利建设，大力发展节水农业；种养结合，科学施肥；发展无公害农产品、绿色食品和有机食品；调整农业产业和农村经济结构，合理组织农业生产和农村经济活动；在草地畜牧业区，要科学确定草场载畜量，实行季节畜牧业，实现草畜平衡；草地封育改良相结合，实施大范围轮封轮牧制度。

7）林产品提供生态功能区

林产品提供功能区主要是指以提供林产品为主的林区。全国共划分林产品提供功能区5个，面积10.9万平方千米，占全国国土面积的1.1%，集中分布在小兴安岭、长江中下游丘陵、四川东部丘陵等人工林集中区。

该类型区的主要生态问题如下：

林区过量砍伐，蓄积量低，森林质量低，生态系统服务功能退化。

该类型区的生态保护主要方向如下：

加强速生丰产林区的建设与管理，合理采伐，实现采育平衡，协调木材生产与生态功能保护的关系；改善农村能源结构，减少对林地的压力。

8）大都市群生态功能区

大都市群主要指我国人口高度集中的城市群，主要包括京津冀大都市群、珠三角大都市群和长三角大都市群生态功能区 3 个，面积共计 10.8 万平方千米，占全国国土面积的 1.1%。

该类型区的主要生态问题如下：

城市无限制扩张，生态承载力严重超限，生态功能低，污染严重，人居环境质量下降。

该类型区生态保护主要方向如下：

加强城市发展规划，控制城市规模，合理布局城市功能组团；加强生态城市建设，大力调整产业结构，提高资源利用效率，控制城市污染，推进循环经济和循环社会的建设。

9）重点城镇群生态功能区

重点城镇群是指我国主要城镇、工矿集中分布区域，主要包括哈尔滨城镇群、长吉城镇群、辽中南城镇群、太原城镇群、鲁中城镇群、青岛城镇群、中原城镇群、武汉城镇群、昌九城镇群、长株潭城镇群、海峡西岸城镇群、海南北部城镇群、重庆城镇群、成都城镇群、北部湾城镇群、滇中城镇群、关中城镇群、兰州城镇群、乌昌石城镇群。全国共有重点城镇群生态功能区 28 个，面积共计 11.0 万平方千米，占全国国土面积的 1.2%。

该类型区的主要生态问题如下：

城镇无序扩张，城镇环境污染严重，环保设施严重滞后，城镇生态功能低下，人居环境恶化。

该类型区的生态保护主要方向如下：

以生态环境承载力为基础，规划城市发展规模、产业方向；建设生态城市，优化产业结构，发展循环经济，提高资源利用效率；加快城市环境保护基础设施建设，加强城乡环境综合整治；城镇发展坚持以人为本，从长计议，节约资源，保护环境，科学规划。

3．特殊生态敏感区

在生态环境敏感保护目标中，需要重点关注的是自然保护区、世界遗产地等特殊生态敏感目标。

我国的自然保护区分为国家级自然保护区和地方各级自然保护区。根据《中华人民共和国自然保护区条例》第二条，自然保护区是指“对有代表性的自然生态系统、珍稀濒危野生动植物物种的天然集中分布区、有特殊意义的自然遗迹等保护对象所在的陆地、陆地水体或者海域，依法划出一定面积予以特殊保护和管理的区域”。自然保护区可以分为核心区、缓冲区和实验区。自然保护区内保存完好的天然状态的生态系统以及珍稀、濒危动植物的集中分布地，应当划为核心区，禁止任何单位和个人进入；因科学研究的需要，必须进入核心区从事科学研究观测、调查活动的，应事先向自然保护区管理机构提交申请和活动计划，并经自然保护区管理机构批准。核心区外围可以划定一定面积的缓冲区，只准进入从事科学研究观测活动。缓冲区外围划为实验区，可以进入从事科学试验、教学实习、参观考察、旅游以及驯化、繁殖珍稀、濒危野生动植物等活动。

自然保护区通常是一些珍贵、稀有的动植物种的集中分布区，包括候鸟繁殖、越冬或迁徙的停歇地，以及某些饲养动物和栽培植物野生近缘种的集中产地，具有典型性或特殊性的生态系统，或者具有特殊保护价值的地质剖面、化石产地或冰川遗迹、岩溶、瀑布、温泉、火山口以及陨石的所在地等。

自然保护区由于其原始状态保存较好，也常是风光绮丽的天然风景区，若开发过度，将可能破坏生态系统平衡，从而导致物种数量和质量的下降，甚至灭绝。因此，为了给大自然保留更多的自然本底，拯救濒危生物物种，储备更多物种资源，设置自然保护区来限制开发活动并实施保护措施是非常必要的。显而易见，自然保护区是生态环境保护的重点关注对象。

世界遗产是指被联合国教科文组织和世界遗产委员会确认的人类罕见的、目前无法替代的财富，是全人类公认的具有突出意义和普遍价值的文物古迹及自然景观。按广义概念，世界遗产分为物质遗产（文化遗产、自然遗产、文化和自然双重遗产、文化景观遗产）和非物质文化遗产。保护世界遗产地，也是保护人类文明与智慧的结晶，为子孙后代留下宝贵财富。

4. 重要生态敏感区

重要生态敏感区是指具有相对重要的生态服务功能或生态系统较为脆弱，但可以通过一定措施加以预防、恢复和替代的区域，包括风景名胜区、森林公园、地质公园、重要湿地、原始天然林、珍稀濒危野生动植物天然集中分布区、重要水生生物的自然产卵场及索饵场、越冬场、洄游通道、天然渔场等。

风景名胜区是指具有观赏、文化或科学价值的山河、湖海、地貌、森林、化石、特殊地质、天文气象等自然景物和文物古迹、革命纪念地、历史遗址、园林、建筑、工程设施等人文景物及其所处的环境和风土人情等。风景名胜区分为国家级风景名胜区和省级风景名胜区。

森林公园是在面积较大，具有一至多个生态系统和独特的森林自然景观的地区建立的公园。森林公园具有建筑、疗养、林木经营等多种功能，同时，也是一种以保护为前提，利用森林的多种功能为人们提供各种形式的旅游服务、可进行科学文化活动的经营管理区域。

地质公园是以具有特殊地质科学意义、稀有自然属性、较高美学观赏价值，以及一定规模和分布范围的地质遗迹景观为主体，并融合其他自然景观与人文景观而构成的一种独特的自然区域。地质公园既为人们提供具有较高科学品位的观光旅游、度假休闲、保健疗养、文化娱乐的场所，又是地质遗迹景观和生态环境的重点保护区，还是地质科学研究与普及的基地。建立地质公园的主要目的有三个：保护地质遗迹；普及地学知识；开展旅游，促进地方经济发展。地质公园分四级：县市级地质公园、省地质公园、国家地质公园、世界地质公园。目前，我国有219个国家级地质公园，包括北京石花洞国家地质公园、北京延庆硅化木国家地质公园、北京十渡国家地质公园等。

湿地是珍贵的自然资源，也是重要的生态系统，具有不可替代的综合功能。狭义的湿地是指地表过湿或经常积水，生长湿地生物的地区。湿地具有多种功能：保护生物多样性，调节径流，改善水质，调节小气候，以及提供食物及工业原料，提供旅游资源。我国有多个重要湿地，包括杭州西溪湿地、黑龙江扎龙湿地、新疆达坂城湿地、四川若尔盖湿地等。

原生天然林是未经开发利用，仍保持自然状态的森林，是森林演化的顶级群落，有丰富的物种、良好的森林结构和防护功能，生态系统稳定，有较强的自我恢复能力，具有较高的经济价值。天然林是我国森林资源的主体，全国林地面积的64%是天然林，主要分布在我国东北、内蒙古和西南等重点国有林区。

重要生态敏感区是维护区域生态系统可持续发展的关键地区，通常也是区域生态环境变化较为激烈的地区。

5. 重要生境

重要生境是指通过资料收集、专家咨询、初步野外调查等手段识别的国家及地方重点保护野生动植物，极危、濒危和易危物种，极小种群野生植物以及特有种的集中分布区、重要栖息地，重要经济水生生物的产卵场、索饵场、越冬场、洄游通道等，特别是指未列入自然保护区、世界遗产地、生态保护红线或者国家公园等主要生态敏感区的区域。

6. 脆弱生态系统

脆弱生态系统是指受外力作用后较难恢复的生态系统。

脆弱生态系统的一般特征是自然生产力低下，生产力受到局部气候、地形、地表物质或土壤等某种因子的限制，或存在敏感生态限制因子。在全球范围内，相对脆弱的生态系统是岛屿生态系统、干旱区生态系统、高寒带生态系统等。我国主要的脆弱生态系统包括海陆交界带、山地平原过渡带、农牧交错带、绿洲-荒漠交界带、严重水土流失区、地质灾害易发区、受污染影响严重的地区、城乡接合部等。

7. 国家公园

国家公园（National Park）最初源自美国，是指由国家批准设立并主导管理、边界清晰，以保护具有国家代表性的大面积自然生态系统为主要目的，实现自然资源科学保护和合理利用的特定陆地或海洋区域。

随着生态环境保护要求和人们环保意识的提高，我国拟在全国范围内设置统一管理的国家公园，按资源类型分设自然保护区、风景名胜区、文化自然遗产、地质公园、森林公园等管理体制，构建以国家公园为代表的自然保护地体系，以实现保护与发展的双赢。

2008 年，我国批准建设全国第一个国家公园试点单位——黑龙江汤旺河国家公园，之后相继成立了多个试点单位。2017 年 9 月，我国印发《建立国家公园体制总体方案》，拟进一步规范国家公园建设。同时，2021 年 1 月开始实施的《建设项目环境影响评价分类管理名录》（2021 年版）正式将国家公园列入需要特殊保护的环境敏感区。

目前，我国已经开展了三江源、东北虎豹、大熊猫、祁连山、海南热带雨林、神农架、武夷山、钱江源、南山、普达措 10 个国家公园试点，总面积 22.29 万平方千米，涉及吉林、黑龙江、浙江、福建、湖北、湖南、海南、四川、云南、陕西、甘肃、青海 12 个省份。

2.1.3 敏感生态环境问题

敏感生态环境问题是指自然条件或人为活动破坏生态平衡，导致生态系统的结构和功能发生变化，从而威胁到人类的生存和发展的各种负反馈效应。生态环境问题一般可以分为 3 类：

（1）不合理地开发利用自然资源所造成的生态破坏，如围湖造田、开沟排水、过度放牧、山石开挖、新增占地等人类活动所引起的湿地破坏、生物物种锐减、水土流失等。

（2）环境污染而引发的生态环境改变。工农业生产中产生的“三废”（废水、废气、废渣）污染、噪声污染、农药污染等排入环境，导致环境质量下降，从而破坏动植物的生存环境，导致生物变异或者灭绝。

（3）资源短缺或环境条件恶劣，导致生态环境极为脆弱，如由于气候干旱、水资源短缺、土地资源短缺等问题引起的土地荒漠化及沙漠化、土壤盐碱化等。

敏感生态环境问题具有较强的区域性，与当地人文历史发展、地质、气候、经济建设、土地开发等因素紧密相关，其中表现比较突出的有水土流失、土地沙漠化、湿地破坏、森林和草地资源减少、生物多样性减少等。另外，由于工程建设或工程实施可能诱发的滑坡、崩塌、泥石流也属于敏感生态环境问题的内容。

2.2 生态环境保护的基本原理

生态系统是人类社会和环境的“联结点”，生态系统的变化在所有环境问题中的地位日益醒目。实践表明，人类活动对生态系统的影响问题应当被看作“环境危机”中的主要问题之一。为了有效地保护生态环境，需要遵循如下一些基本原理。

2.2.1 保护生态系统结构的完整性

生态系统的功能是以系统完整的结构和良好的运行为基础的，功能寓于结构之中，体现于运行过程之中；功能是系统结构特点和质量的外在体现，高效的功能取决于稳定的结构和连续不断的运行过程。因此，生态环境保护也是从功能保护着眼，从系统结构保护入手。生态系统结构的完整性包括地域的连续性、物种的多样性、生物组成的协调性、环境条件的匹配性。

（1）地域的连续性：生态系统存在和长久维持的重要条件。由于人类开发利用土地的规模越来越大，将野生生物的生境切割成一块块越来越小的处于人类包围中的"岛屿"，使之成为易受干扰和破坏的岛状环境，破坏了生态系统的完整性，也加速了物种灭绝的速度。

（2）物种的多样性：构成生态系统多样性的基础，也是使生态系统趋于稳定的重要因素。在生态系统中，每一个物种的损失或灭绝增加了其余物种灭绝的危险；当物种损失到一定程度时，生态系统就会彻底被破坏。

（3）生物组成的协调性：植物之间、动物之间、动物和植物之间形成的组成协调性，是生态系统结构整体性和维持系统稳定性的重要条件，破坏了这种协调关系，就可能使生态平衡受到严重破坏。

（4）环境条件的匹配性：土壤、水、植被三者是构成生态系统的支柱，其匹配性对生态系统的盛衰具有决定意义。

2.2.2 保持生态系统的再生产能力

生态系统都有一定的再生和恢复功能。一般来说，生态系统的层次越多，结构越复杂，系统越趋于稳定，受到外力干扰后，恢复其功能的自调节能力也越强。相反，越是简单的系统，越显得脆弱，受到外力作用后，其恢复能力也越弱。

保持生态系统的再生能力，一般应遵循如下基本原理：

（1）保护一定的生境范围或寻求条件类似的替代生境，使生态系统得以就地恢复或易地重建。

（2）保持生态系统恢复或重建所必需的环境条件。

（3）保护尽可能多的物种和生境类型，使重建或恢复后的生态系统趋于稳定。

（4）保护优势种、建群种。

（5）保护居于食物链顶端的生物及其生境。

（6）对于退化中的生态系统，应保证主要生态条件的改善。

（7）以可持续的方式开发利用生物资源。

2.2.3 以生物多样性保护为核心

生物多样性对维持人类的生存与发展有着无可替代的作用，为有效保护生物多样性，应遵循如下基本原则：

（1）避免物种濒危和灭绝：这是针对物种大规模灭绝而采取的一种应急措施，主要采取建立自然保护区、捕获繁殖、重新引种、试管授精技术以及建立种子、胚胎和基因库等方法保存物种和基因。

（2）保护生态系统的完整性。

（3）防止生境损失和干扰：对大多数野生生物来说，最大的威胁来自其生境被分割、缩小、破坏和退化。生境改变一般是将高生物多样性的自然生态系统变为低生物多样性的半自然生态系统，或将大面积连片的生态系统分割成一个个“孤岛”，形成脆弱的“岛屿”生境。生境的这些改变对生物多样性影响巨大，有些是毁灭性的。

（4）保持生态系统的自然性：人工干预过多会使生态系统失去自然性，导致生物多样性的侵蚀。生物多样性保护不单单是保护物种，而且也需保护物种间的关系以及演化过程和生态过程。因此，尽可能保持生态系统的自然性，减少人为干预，改善和建设是生物多样性保护的法则之一。

（5）可持续利用生态资源：人类开发利用生态资源的方式和强度直接影响生物多样性。因此，要从可持续发展的角度出发，避免商业性地过度采伐、猎捕和更替，以实现生态资源的持续利用，保护生物多样性。

（6）恢复被破坏的生态系统和生境。

2.2.4 关注特殊性问题及重大生态环境问题

特殊的生态系统、生境、生态因子或特别需要保护的生态目标，或因具有特殊的生态环境功能，如生物多样性高的热带雨林、原始森林等重要生境以及生态脆弱带等，或是珍稀濒危生物生境、水源地等，或因其具有典型的生物地理代表性，或具有较大的进化潜力，或有特别的历史文化、科学研究及其他特别的价值，或因其具有稀有性特点等，在生态环境保护中必须给予特别关注和重视。

开展生态环境保护，需要根据开发建设活动的影响方式和影响程度，鉴别可能引起的生态环境问题，并采取措施进行预防，将解决重大生态环境问题与恢复和提高生态环境功能紧密结合，以适应经济、社会发展和人类精神文明发展不断增长的需要。

2.3 生态环境保护理论与措施

2.3.1 相关理论

生态环境保护的理论基础是生态学原理，随着学科交叉的深入与发展，不断涌现出新的内容，目前较为常见的是生态平衡、生态位理论、生态系统结构理论、生态足迹、生态容量等相关理论。

生态平衡是指在一定时间内，生态系统中生物和环境之间、生物各个种群之间，通过物质循环、能量流动、信息传递而建立起来的动态平衡，包括生物平衡和非生物环境的平衡。生态系统内部具有一定的抗干扰能力，但若超过承受的限度，生态破坏将难以恢复。

生态位是指在自然生态系统中，每个物种都拥有自己的角色和地位，都能发挥一定的作用。生态位理论强调生物物种在其群落中的机能作用和地位，特别是与其他物种的营养关系。

生态系统结构理论主要研究生态系统各组成成分及其在时间、空间上的分布和各组分间能量、物质、信息流的方式及特点。

生态足迹是指能够持续地提供资源或消纳废物的、具有生物生产力的地域空间。生态足迹理论是从可持续发展的角度评价人类对地球环境的影响，研究分析维持一个人、地区、国家、全球生存所需要的或者能够消纳人类所排放的废物的、具有生物生产力的地域面积。

2.3.2 生态环境保护常用措施

实施生态环境保护大致可以分为主动保护和事后恢复。其中，主动保护是指对有特殊保护价值、脆弱或功能退化的自然系统，采取划分保护区、创造与重建等措施避开人类活动干扰、重建生态系统再生产能力。事后恢复则是指对建设项目施工、运行过程中产生对生态破坏，采用生物或工程技术措施恢复受干扰生态系统的结构和功能。其中，常用的措施是生态恢复与重建，包括植被破坏、水域、土壤等受影响因子的恢复与重建。

生态修复是指根据生态学原理，通过人工措施，调整受损或退化生态系统的结构和功能，使生态系统的结构更为完善、功能更加健全，以实现生态系统的健康稳定以及环境质量的安全可靠。生态修复强调的是使受损及退化生态系统更加完善，并不强调回到原来的状态。实际上，一些生态系统原来是什么状态？受损退化生态系统能否回到原来的状态？原来的状态能否适应人类发展、人口增长带来的不可避免的干扰和胁迫压力？正是由于存在这些疑问，越来越多的学者主张用生态修复这个概念。生态修复遵循生态学基本原理，辅以人工措施，最大限度地发挥生态系统的自组织特性，修复生态系统的结构和功能。

生态重建是指根据生态学原理，通过生物、生态以及工程的技术和方法，人为地改变和消除生态系统退化的主导因子，调整和重建生态系统中缺失的结构和功能，使受损退化生态系统恢复到初始状态。与生态修复相比，生态重建强调使受损的生态系统恢复到初始状态。

2.3.3 生态修复与重建常用方法

生态修复与重建既要对退化的生态系统的非生物因子进行修复与重建，也要对生物因子进行修复与重建。因此，修复与重建的手段包括采用物理、化学工程与技术，也包括采样生物、生态工程与技术。

1．物理法

物理法可以快速有效地消除胁迫压力、改善某些生态因子，为关键生物种群的恢复重建提供有利条件。例如，对于退化水体生态系统的修复，可以通过调整水流改变水动力条件、通过曝气改善水体溶解氧及其他物质的含量等，为鱼类等重要生物种群的恢复创造条件。

2．化学法

化学法是通过添加一些化学物质，改善土壤、水体等基质的性质，使其适合生物生长，进而达到生态系统修复重建的目的。例如，向污染水体、土壤中添加络合螯合剂，络合螯合有毒有害的物质，尤其是对于难降解的重金属类的污染物，一般可以采用络合剂，络合污染物形成稳态物质，使污染物难以对生物产生毒害作用。

3．生物法

人类活动引起的环境变化会对生物生存与繁殖产生影响，甚至造成破坏作用，同时，生物生长发育过程通过物质循环和能量流动等对环境也有重要作用，生物群落的形成、演替过程又在更高层面上改变并形成特定的群落环境。因此，可以利用生物的生命代谢活动减少环境中的有毒、有害物的浓度或使其无害化，从而使环境部分或完全恢复到正常状态。

微生物在分解污染物中的作用已经被广泛认识和应用，已经有各种各样的微生物制剂、复合菌制剂等广泛用于污染退化水体和土壤的水体修复。植物在生态修复重建中的作用也已经引起重视，植物不仅可以吸收利用污染物，而且可以改变生境为其他生物的恢复创造条件。同样，动物在生态系统构建、食物链结构的完善和生态平衡方面的作用也不容忽视。

4. 综合法

生态破坏对生态系统的影响往往是多方面的，既有对生物因子的破坏，也有对非生物因子的破坏，因此，生态修复需要采取物理法、化学法和生物法等多种方法的综合措施。例如，对退化土壤实施生态修复，首先应在诊断土壤退化主要原因的基础上，对土壤物理特性、土壤化学组成及生物组成进行分析，根据退化状况，确定退化原因及特点，选择采取物理、化学及生物学等综合方法。对于严重退化的土壤，如盐渍化严重或污染严重的土壤，可以采取耕翻土层、深层填埋、添加调节物质（如用石灰、固化剂、氧化剂等）和淋洗等物理化学方法；在土壤污染胁迫的主要因子得以控制和改善后，再采取微生物、植物等生物学方法进一步改善土壤环境质量，修复退化的土壤生态系统。

2.3.4 生态修复与重建常用措施

1. 植被破坏的生态重建

植被恢复是指通过人工引种或生境保护措施，逐步恢复和重建天然或人工植被，包括植被组成、群落结构及功能的修复与重建。

在对被破坏植被进行生态重建的过程中，首先要确定重建目标，即广义目标是使受损的植被系统回到一个更自然的条件下，包括建立合理的植被组成（种类丰富度）、结构（植被和土壤的垂直结构)、格局(植被系统成分的水平安排)、异质性(各组分由多个变量组成)和功能(如水、能量、物质流动等基本生态过程的表现)。具体目标如下:

(1)实现植被系统的地表基质稳定性。

(2)恢复植被和土壤,保证一定的植被覆盖率和土壤肥力。

(3)增加种类组成和生物多样性。

(4)实现生物群落的恢复,提高植被系统的生产力和自我维持能力。

(5)减少或控制环境污染,注重选择净化污染能力强的物种。

(6)增加视觉和美学享受,注重景观效果好的植物配置。

植被恢复重建对环境具有明显的改造作用。在森林植被的重建中,森林的发展增加了生态系统的多样性,对林地土壤、森林水分、林地小气候等均产生高的生态学效应。通过对人工植被的光能利用率进行比较,可以发现植被恢复过程中,林地的生物量积累与初级生产力逐步提高。

在生态重建中,植被的恢复必须根据所选择植物种类的植物学特征、生物学特性和修复地的地貌特点及水土保持要求,对植物群落结构进行设计,按照未来植物群落层次结构和各层优质度大小由上层到下层依次确定最初植物种群组合。

2. 森林破坏的生态修复

退化森林生态系统的范围广、类型多,表现形式也各不相同。常见的类型有裸地、采伐迹地、废弃营地等。不同退化类型的森林生态系统退化程度不同,比如次生林地,有些是植物被破坏而土壤尚未破坏,有些是次生裸地而已有林木生长,因而其恢复的步骤是按演替规律,人为促进顺性演替发展。其常用的修复方法主要有封山育林、林分改造、透光抚育或遮光抚育、林业生态工程等。

1)封山育林

封山育林是最简便易行、经济有效的方法,因为封山可达到最大限度地减少人为干扰，消除胁迫压力，为原生植物群落的恢复提供适宜的生态条件，使生物群落由逆向演替向正向演替发展。

2）林分改造

为了促进森林的快速演替，可对受损后处于演替早期阶段的群落进行林分改造。引种当地植被中的优势种、关键种和因受损而消失的重要生物种类，以加速生态系统正向演替的速度。

3）透光抚育或遮光抚育

森林系统的修复措施，需要结合区域自然条件制定。中南亚热带（如广东），森林演替需经历针叶林、针阔叶混交林和阔叶林阶段；中针叶林或其他先锋群落中，对已生长的先锋针叶林或阔叶林进行择伐，改善林下层的光照环境，可促进林下其他阔叶树的生长，使其尽快演替到顶级群落。在东北，由于红松纯林不易成活，而纯的阔叶林（如水曲柳等）也不易长期存活，采取“栽针保阔”的人工修复途径，可实现当地森林的快速修复，这种方法主要是通过改善林地环境条件来促进群落正向演替。

4）林业生态工程

林业生态工程是根据生态学、林学及生态控制论原理，设计、建造与调控以木本植物为主的人工复合生态系统的工程技术，其目的在于保护、改善与持续利用自然资源与环境。具体内容包括以下4个方面：

（1）构筑以森林为主体的或森林参与的区域复合生态系统的框架。

（2）进行时空结构设计：在空间上进行物种配置，构建乔灌草结合、农林牧结合的群落结构；时间上利用生态系统内的物种生长发育的时间差别，调整物种的组成结构，实现对资源的充分利用。

（3）食物链设计：使森林生态系统的产品得到循环利用。

（4）针对特殊环境条件进行特殊生态工程的设计。

极度退化的生态系统，其特点是土壤极度贫瘠，理化结构很差。

由于这类生态系统总是伴随着严重的水土流失，每年反复的土壤侵蚀，更加剧了生境的恶化，因而极度退化的生态系统是无法在自然条件下恢复植被的。对极度退化的生态系统的整治，首先是植被重建。重建植被可以达到以下效果：控制水土流失、促进生态系统土壤的发育形成和熟化，以改善局部环境，为其他生物提供稳定的生境。

3．草地破坏的生态修复

草地生态系统是地球上最重要的陆地生态系统之一，草地破坏的生态修复一直是生态学家关注的焦点。

1）围栏养护，轮草轮牧

对受损严重的草地实施“围栏养护”，是一种有效的修复措施。这一方法的实质是：消除外来干扰，主要依靠生态系统具有的自我修复能力，适当辅以人工措施来加快其恢复。对于那些破坏严重的草地生态，自我修复比较困难时，可因地制宜地耕翻或采用适时火烧等措施改善土壤结构，并采用播种群落优势牧草、人工增施肥料和合理放牧等方法来促进恢复。

2）重建人工草地

重建人工草地是减缓天然草地压力、改进畜牧业生产方式而采取的修复方法，常用于已完全荒弃的退化草地。它是受损生态系统的重建典型模式，不需要过多地考虑原有生物群落的结构等，而且多是由经过选择的优良牧草为优势种的单一物种所构成的群落。

3）实施合理的畜牧育肥生产方式

这种修复方法实行的是季节畜牧业，它是合理利用多年生草地每年中的不同生长期，进行畜牧放牧育肥的方式，即在青春期利用牧草，加快幼畜的生长，而在冬季来临前便将家畜出售。

4．水生植物破坏的生态修复

水生植被恢复主要用于湖泊河流的生态修复。水生植被由生长在湖泊河流浅水区及滩地上的沉水植物群落、浮叶植物群落、漂浮植物群落、挺水植物群落及湿生植物群落共同组成，这几类群落均由大型水生植物组成，俗称水草。一般而言，水体生态系统中水草茂盛，则水质清澈、水产丰盛、生态稳定，而水草缺乏，则水质浑浊、水产贫乏、生态脆弱。

水生植被修复包括自然修复与人工重建水生植被两条途径。前者是指通过消除水生植物的胁迫压力促进水生植被的自然恢复。后者则是对已经丧失了自动恢复水生植被能力的水体，通过生态工程途径重建水生植被。重建水生植被绝非简单地“栽种水草”，也并非要恢复受破坏前的原始水生植被，而是在已经改变了的水体环境条件基础上，根据水体生态功能的现实需要，按照系统生态学和群落生态学理论，重新设计和建设全新的能够稳定生存的水生植被。

5. 土壤退化的生态修复与重建

1）重金属污染土壤的生态修复

对于重金属污染土壤，一般可以采取物理、化学、生物及生态学方法修复。生态修复是以植物修复为主，主要内容包括植物筛选与合理搭配、修复机制和根际圈效应以及修复强化措施等。植物修复中利用植物对重金属的富集积累，将土壤中的重金属转移是重要途径之一。由于土壤污染往往呈现多个污染物的共存，因此，不少研究致力于开发、发掘对多种重金属同时具有吸收富集作用的植物。与此同时，为了解决土壤复合污染的问题，套种、混种和多种超积累植物，合理配置并构建镶嵌群落，提高植物对重金属污染物的去除能力。

此外，有些植物虽然不具有积累能力，但也可以用于重金属污染土壤的生态修复。特别是一些叶菜类植物，地上部分生长旺盛、生长速度快、生物量大，吸收富集的总量往往也比较大，对污染土壤的修复潜力也很大。

2）有机污染土壤的生态修复

对于土壤中的有机污染物，主要是利用微生物的降解作用，分解、降解土壤中残留的农药、除草剂以及其他有机污染物。

3）沙漠化土壤的生态修复

治理沙害的关键是控制沙质地表面被风蚀的过程和削弱风沙流动的强度，固定沙丘。一般采用植物治沙、工程防治和化学固沙等措施。

植物治沙具有经济效益好、持久稳定、改良土壤、改善生态环境等优点，并可为家畜提供饲草，应用最普遍，是世界各国治沙多数采用的主要措施。植物治沙包括封沙育草、封沙造林、营造防沙林带等多种方式。

工程防治就是利用柴、草以及其他材料，在流沙上设置沙障和覆盖沙面，以达到防风阻沙的目的。

化学固沙是在流动沙地上喷洒化学胶结物质，使沙地表面形成一层有一定强度的防护壳，隔开气流对沙层的直接作用，达到固定流沙的目的。目前，国内外用作固沙的胶结材料主要是石油化学工业的副产品，常用的有沥青乳胶、高树脂石油、橡胶乳液等。

细菌、藻类、地衣、苔藓等孢子植物在固沙方面作用巨大。研究发现，细小的沙粒并不是以单独颗粒的形式存在，而是被微生物形成的黏液粘连，或者被藻类、地衣和苔藓的假根捆绑起来。荒漠藻类作为先锋拓殖生物，不仅能在严重干旱缺水、营养贫瘠、生境条件恶劣的环境中生长、繁殖，而且通过其生活代谢方式影响并改变环境，特别是在荒漠表面形成的藻类结皮，在防风固沙、防止土壤侵蚀、改变水分分布状况等方面扮演着重要角色。通过在实验室模拟生物结皮的生长替代过程，微生物、藻类、地衣和苔藓分别形成了完整的结皮，固定了容易流失的飞沙，同时还证明了其降低沙粒粒径、固氮肥壤的作用。

4）土壤退化的生态重建

退化土壤的生态重建不同于一般的绿化工程和景观建设，它注重生态系统结构与功能的恢复，以及健全生态过程的引入，从而使系统具有一定的自稳性和持续性，以建立复合生态经济系统以缓解人地矛盾。生态重建遵循生态学的基本原理，通过一定生物、生态及工程的技术方法，人为改变或切断生态系统退化的主导因子或过程，调整、配置、优化系统内部及其与外界的物质、能量、信息的流动过程和时空秩序，使生态系统的结构、功能和生态学潜力尽快恢复到原态。

退化土壤的生态重建，应根据不同类型、气候水文条件、土壤条件、土壤改造工程及经济投入和市场需求等因素，进行自然及其技术经济的综合分析评价，探索符合各类退化土壤的创建模式。退化土壤生态重建一般采用的技术包括地貌重塑和土壤重构、植被重建、食物链重建等。

（1）地貌重塑和土壤重构

土壤是一个综合的、立体的概念，从自然属性方面看，它是地质、地貌、气候、土壤、植被和水文等自然要素相互作用、相互联系而形成的一个自然综合体。其中，地貌及土壤结构不仅影响土壤水分、肥力等理化因子，而且会影响土壤生物组成。对于地震、泥石流、采矿等引起的土壤破坏影响，首先应通过工程措施，开展地貌重塑和土壤重构，为植被重建奠定基础。

（2）植被重建

植被恢复和生物群落重建能促进土壤矿物质分解、腐殖质形成和多养分富集，改善土壤理化性质、提高土壤肥力和保水能力，并能有效控制水土流失。因此，植被重建对退化土壤的生态修复非常重要，是修复生态系统的关键途径之一。

植被恢复重建的关键在于植物物种的筛选。植物物种的筛选应根据土壤基制退化状况展开。因此，首先应对土壤污染及退化程度开展调查分析，在了解和掌握土壤退化特征的基础上选择合理的植物物种。植物物种的选择应该遵循以下原则：第一，选择生长快、适应性强、抗逆性好的植物；第二，优先选择固氮植物；第三，尽量选择当地优良的乡土植物；第四，选择植物时不仅要考虑经济效益，更主要的是要考虑植物的多功能效益。

植物物种筛选后，在引种栽培时，应注意时间、空间的配置，注意建立镶嵌群落。在时间配置方面，要注意不同生长期、不同年龄组植物的配置，既要有春夏生长旺盛的种类，也应有秋冬季节保持生长的种类。在空间配置方面，要考虑“乔、灌、草”相结合，立体化构建生态系统。

（3）食物链重建

土壤是农林牧副业生产的基础，土壤生态重建不是简单的种草植树工程，要维护林、草植被的持续发展，必须加强生态管理。其中，利用食物链原理，同步发展畜牧副业，科学利用牲畜类消解和转化过量的植物物质，既可以实现一定的经济效益，又可以在动物的驱动下，快速将植物性物质转化为肥料，提高土壤肥力。

6．水域破坏的生态修复与重建

水域破坏的生态修复是指对受破坏的水域生态系统，采取工程措施，消除生态系统的胁迫压力，同时，根据生态系统正承受的难以避免的压力，采取生产技术，构建结构更完善、功能更强大的生态系统，以改善水环境质量和维持健康稳定的状态。

1）湖泊的生态修复

控制外源性负荷是改善湖泊富营养化状态的重要途径，而恢复水生植被是内源污染控制技术的重要内容。另外，湖泊的生态修复还包括稀释和冲刷、深层水抽取、水动力学循环技术、深水曝气、生态控制、控制营养盐的生态技术、直接控制藻类的生态技术等。

2）河流的生态修复

河流生态修复的主要技术方法包括自然净化技术、缓冲区及植被修复技术、河道补水技术、生物-生态修复技术及生境修复等技术。

自然净化是河流的一个重要特征，是指河流受到污染后能够在一定程度上通过自然净化使河流恢复到受污染以前的状态。

河岸缓冲区是河流与陆地的交界区域，如河边湿地、河谷或洪泛平原。在河流两岸各设置一定宽度的缓冲区是重要的河流生态修复方法。缓冲区修复可起到分蓄与削减洪水的功能。另外，河流与缓冲区河漫滩之间的水文连通性是影响河流物种多样性的关键因素。此外，河岸缓冲区还具有其他修复作用，包括：将洪水中污染物沉淀、过滤、净化，改善水质；截流、过滤暴雨径流，净化水体；提供野生动植物的栖息环境；保持景观的自然特征；为人类提供良好生活、休闲空间等。

恢复重建河流岸边带湿地植物及河道内的多种生态类型的水生高等植物，可以有效提高河岸抗冲刷强度、河床稳定性，也可以截流陆源的泥沙及污染物，还可以为其他水生生物提供栖息、觅食、产卵及繁育场所，以改善河流的景观功能。在水工、水利安全许可的前提下，尽可能改造人工砌护岸，恢复自然护坡，恢复重建河流岸边带湿地植物，因地制宜地引种栽培多种类型的水生高等植物。在不影响河流通航、泄洪排涝的前提下，在河道内也可引种沉水植物等，以改善水环境质量。

水是河流生态系统中最重要的环境因素，也是维持河流系统健康的重要因素。河流生态系统中的动物、植物及微生物组成都是长期适应特定水流、水位等特征而形成的特定的群落结构。为了保障河流生态系统的稳定，应根据河流生态系统主要种群的需要，调节河流水位、水量等，以满足水生高等植物的生长、繁殖。

生物-生态修复技术利用培育的生物或培养和接种的微生物的生命活动，对水中污染物进行转移、转化及降解，从而改善水环境质量；同时，引进包括各种动物、植物等，调整水生生态系统的结构，强化生态系统的功能，进一步净化污染，维持优良的水环境质量和生态系统的平衡。

3）水域破坏的生态重建

（1）湖泊的生态重建

湖泊生态系统重建的目标是通过生态工程技术对污染及退化

的湖泊水体进行恢复重建，重新构建污染或退化前的湖泊生态系统结构，实现湖泊水体水质优良、水体生态系统健康的目标。

湖泊生态重建以营养盐消减、基底修复、生境改善、植被重建、稳态调控为主线重建技术，包括营养盐消减技术、底泥疏浚技术、物种选择技术、先锋区重建技术及生态系统的稳定化技术等。

（2）河流的生态重建

河流生态重建是以恢复生态学为理论基础，通过对一定生境条件下河流生态系统退化的原因及退化机制的诊断，运用生物生态工程技术与方法，依据人为设定的目标，使河流生态系统的结构、功能和生态学潜力尽可能恢复到原有的或更高的水平，建立健康的河流生态系统，使其发挥应有的作用。

河流的生态重建可概括为河流生物重建、河岸缓冲带生境重建和河流生态系统结构与功能恢复三部分。河岸缓冲带是河道与陆地的交界区域，在河岸带生物重建的基础上建立起来的河流两岸一定宽度的植被，是河流生态重建的标志，其目的是通过采取各类技术措施，提高生境的异质性和稳定性，发挥河岸缓冲带的功能。

河流的生态重建技术也划分为三大类：

第一类为河流生物重建技术，主要包括物种的选育和培植技术、物种引入技术、物种保护技术、种群动态调控技术、种群行为控制技术、群落结构优化配置和组件技术、群落演替控制与重建技术等。

第二类为河岸缓冲带生境重建技术，包括河岸带坡面工程技术、土壤恢复技术和河岸水土流失控制技术等。

第三类为河流生态系统结构与功能恢复技术，主要包括生态系统总体设计技术、生态系统构建与集成技术等。

PART

3 高速铁路与生态环境

3

3.1 铁路生态环境

3.1.1 铁路生态学

铁路属于大众化的交通工具，我国地域辽阔，人口众多，经济、便捷的铁路占有普遍的优势，在国内应用非常广泛。随着生活节奏的加快，人们对速度的需求催生了铁路的快速发展，从普通铁路到快速铁路、高速铁路、悬浮列车、城市轨道交通、空中轨道列车，以及正在研发的超级高铁等，铁路的形式随着技术的发展和人们的需求在不断更新进步，大有“未来属于铁路交通”的趋势。

随着社会经济的发展和物质生活水平的提高,居民在享受快捷、舒适的同时,对保护环境质量、维护生态平衡的渴求也在不断增强。因此,降低环境污染、减少生态破坏逐渐成为各项建设的基本要求。铁路建设项目的主要环境影响既有环境污染，又有生态环境破坏，包括噪声、振动、生态环境影响等。但总体来讲，交通类建设项目的生态环境影响远远大于一般工业企业项目。而铁路项目的生态环境影响与公路等其他交通类项目有类似的地方，但也有自身独有的特点。

铁路与经济发展、人民生活的联系越来越紧密，同时，铁路建设引发的生态环境问题也越来越受到关注。因此，开展铁路生态研究是非常必要的。

铁路生态学是将人-自然环境-铁路线路-车站-行驶机车车辆的大环境有机结合起来，研究各种类型铁路在设计、施工和运营过程中对周围生态空间的影响，包括边缘效应、铁路微气候、动植物的生存和迁移、土地利用等。其中，生态空间是指具有自然属性、以提供生态服务或生态产品为主体功能的国土空间，包括森林、草原、湿地、河流、湖泊、滩涂、岸线、海洋、荒地、荒漠、戈壁、冰川、高山冻原、无居民海岛等。

研究铁路生态学，科学分析沿线生态环境现状和铁路建设的生态环境影响，能够为制定合理、高效的生态环境保护措施提供帮助，符合国家提倡的“人与自然和谐共存”的生态理念。

3.1.2 铁路工程绿色通道

根据《铁路工程绿色通道建设指南》，铁路工程绿色通道是指新建、改建铁路建设中，在不影响行车和设备安全的前提下，在线路两侧、站区及桥下等种植灌木、乔木或草等植物所形成的绿色长廊。

绿色长廊建设的内容有路堤、路堑边坡绿化，还有边坡平台、排水沟、桥梁下部、隧道洞口、站场绿化等。路堤是指在原地面上用土、石填筑的路基。路堑是指自原地面向下开挖的路基。

绿化长廊的施工与运营包括植物物种的选择、乔灌木的搭配等，另外还包括施工方案、养护与管理等。

3.1.3 野生动物通道

铁路项目建设会形成一种线形结构，阻碍两侧动物的交流和活动。野生动物通道是指为保护野生动物和满足其迁徙活动需要，在铁路线路上设置的可供其安全通行的建筑设施或构筑物。

野生动物有陆生动物、水生动物、两栖动物，其中：陆生动物包括大型哺乳动物和爬行动物，还有鸟类、昆虫等；水生动物有各种微生物、无脊椎动物和脊椎动物等；常见的两栖动物有雨蛙、树蛙、蟾蜍、大鲵、蝾螈、蚓螈、蚯蚓等。

常用的陆生野生动物通道模式，包括高架桥梁的桥下空间、路基下的涵洞、隧道、平面路基，以及专门为鸟类设置的防护网等。水生动物、水陆两栖动物的通道主要是河流桥涵通道等，在高铁建设中主要体现为桥梁选址、桥墩数量及位置的设置等。

实践表明，铁路线路设计增加野生动物通道的设置，可以有效减少两侧的动物阻隔影响，减少人为干扰。

3.1.4 铁路景观

铁路景观是指铁路本身形成的景观以及沿线的自然景观和人文景观，即展现在旅客视野中的由铁路内部景观（如铁路线形、铁路桥梁、隧道等构造物）和周围环境（包括自然、人文两种景观类型）共同组成的图景。

铁路项目的施工和运行将原有土地分割成小的板块，造成景观破碎化，改变景观格局。铁路属于人工廊道，对景观的影响有两点：一是工程本身占地改变土地利用格局，破坏现有自然和人文景观；二是随着交通条件的改善，影响了区域社会经济的发展格局，从而间接导致区域景观变化。

目前，高铁项目景观研究主要集中在铁路工程本身。铁路以带状形式穿越沿线地区，将原有浑然一体的天然区域分割成两半，形成新的铁路景观。因此，为减少景观破坏，铁路线形、站场、桥梁、隧道洞口的景观设计显得尤为重要。

3.2 高速铁路与生态环境

3.2.1 高铁项目的特点

高铁建设内容繁杂，总的来讲，有“长、高、多、杂”等特点。

1. 长

高铁项目的“长”包括路线长和施工周期长。

“路线长”是指一般高铁项目都有上百甚至上千千米。如：哈尔滨至上海的哈沪高铁，总长度为 2 421 km；贯穿中国南北交通大动脉的京广高铁，全程 2 298 km；连接新疆与甘肃的兰新高速铁路，全长 1 776 km；连接中国主要经济中心的京沪高铁，全长 1 318 km；横跨湖北、湖南和广东的武广高铁，全长 1 069 km；将东北三省主要城市连为一体的高寒铁路哈大高铁全长 921 km……。由于路线长，其生态环境影响范围较一般的建设项目更广。

“施工周期长”：高铁项目线路长，建设内容繁多，施工周期一般都超过 3 年甚至 5 年。如兰新高铁，2009 年 11 月正式开工建设，2014 年 12 月 26 日，开通首趟动车组列车，施工期长达 5 年；西成高铁西安北站—江油站区段客运里程 519 km，2012 年 10 月 27 日正式投入建设，2017 年年底实现通车。京沪高铁 2008 年 4 月 18 日正式开工，2011 年 6 月 30 日通车，施工期超过 3 年。由于建设区段的地质、地形地貌等外界环境的限制，各高铁的施工条件各不相同，施工时序、施工方式也不尽相同，对生态环境影响的内容和深度也有较大差异。

2．高

高铁项目的“高”是指高铁项目的桥梁隧道比高、涉及区域的敏感程度高。

高铁项目的桥隧比高：高铁建设为了减少占地、满足线路的平直和平顺，减少沉降等技术经济要求，采用的桥隧比例很高。如：京沪高铁就有 288 座桥梁，桥梁总长度占线路总长度的 81.5%；中国首条速度 300 km/h 的山区接海的高速铁路合（肥）福（州）高铁，全长 852 km，途经安徽、江西、福建三省，全线有桥梁 498 座，隧道 212 座，桥隧总长 716 km，桥隧比 85.8%。较高的桥隧比减少了对地表的扰动，较普通铁路更为环保。

涉及区域的敏感程度高：高铁项目由于路线长、建设技术标准高，可能更难以绕避生态敏感目标。如被誉为“中国最美的高速铁路”贵广高铁途经黔桂粤 3 省区 9 市 23 县，全线共有自然保护区、风景名胜区、森林公园、水源保护地等 19 个敏感区域，包括黔桂喀斯特石漠化防治生态功能区、黔东南雷公山为代表的国家级自然保护区、贺州姑婆山为代表的国家森林公园、广东星湖为代表的国家湿地公园等多个生态保护重点区域，这些区域属于珠江—西江中上游重要的生态屏障，其敏感程度显而易见。

目前，我国多条高铁均存在“桥梁隧道比高、涉及区域的敏感程度高”的现象。例如，张家界至吉首至怀化铁路位于湖南省大湘西南北带，沿线穿越雪峰山脉、武陵山脉和沅麻盆地，沿线地质构造复杂、地形地貌多变，隧道工程地质及水文条件十分复杂，溶洞、落水洞等广泛分布。铁路全线共有桥梁 67.472 km、186 座，全线设置隧道 160.493 km、124 座，全线桥梁隧道比例达 88.8%。同时，张吉怀铁路连接张家界、凤凰古城等著名风景旅游区，沿线风光秀丽，森林公园、自然保护区分布范围广、等级高，对施工安全、环境保护、水土保持等都有较高的要求。

3. 多

高铁项目的“多”是指项目经过区域涉及的行政区域多、涉及的生态系统类型多。

上百甚至上千千米的高速铁路，通常跨域不同的省、市、县等行政区域，同时也会经过不同的气候带，以及自然生态系统、人工生态系统和半自然生态系统等不同的生态系统。

沪昆高速铁路由沪杭客运专线、杭长客运专线以及长昆客运专线组成，途经上海、浙江、江西、湖南、广西、云南 6 个省区市，线路全长 2 264 km，涉及城市生态系统、农业生态系统、水体生态系统、森林生态系统等不同类型。

哈沪高铁沿途经过黑龙江、吉林、辽宁、河北、天津、山东、安徽、江苏、上海 7 个省份和 2 个直辖市，同时也是目前世界上通行气温反差最大和穿越气候带最多的高铁线路，12 小时内跨越大陆性季风气候、亚热带季风气候、温带海洋性季风气候 3 个气候带，温差接近 30 °C。

京沪高速铁路位于中国东部地区的华北和华东地区，经过 3 个直辖市和 4 个省份，包括北京、天津、上海、山东、江苏、安徽、河北，途经廊坊、华苑、德州、济南、泰安、枣庄、宿州、蚌埠、滁州、南京、镇江、苏州、昆山等城市。京沪高速铁路两端连接京津冀和长三角两个经济区域，是中国社会经济发展最活跃的地区之一，沿线以平原为主，局部为低山丘陵区，经过海河、黄河、淮河、长江四大水系。北京—济南属华北平原，地形平坦开阔，地势为两端高、中间低，团泊洼一带为全线最低处；济南—徐州属鲁中南低山丘陵及丘间平原，地形起伏较大，泰安段为全线海拔最高的区段；曲阜—滕州段主要为平原，徐州—上海线路主要通过黄淮、长江三角洲平原区，局部（滁州—丹阳）通过长江下游平原区，河道纵横伴有部分丘陵。

4．杂

高铁项目的“杂”，是指建设内容“杂”和施工方式“杂”。不同的建设内容有不同的施工方式，其对生态环境的影响是不一样的。

“建设内容杂”：高铁建设内容众多，包括临时工程、永久性工程两大部分，具体有取土场、施工营地、施工便道、制梁场、材料场、路基、轨道、桥涵、隧道、动车组、车站、污水处理站等。不同的建设内容产生的环境影响也有较大差异，导致高铁生态环境保护工作更细致、更复杂。

“施工方式杂”：正是由于建设内容的“杂”，高铁的施工方式也是复杂多样。比如桥梁工程，其建设内容包括桥墩及梁体，施工方法一般有箱梁、支架现浇法等，另外涉及河流、湖泊等水体的桥梁工程，施工中通常采用围堰施工、栈桥等方式；隧道施工可能涉及地质地貌、地下水体等因素，一般采取矿山法、盾构法、掘进机法等施工方式；路基工程有路堤、路堑施工，分别会产生填方、挖方等作业内容，从而破坏当地地貌，诱发水土流失。

综上所述，正是因为高速铁路项目具有“长、高、多、杂”的特点，其对生态环境的影响与一般交通类建设项目，如普通铁路、公路等是有区别的。因此，实施高铁项目的生态环境保护时，要综合考虑项目的具体建设内容和区域自然、社会环境特征。

3.2.2 高铁项目生态环境影响的特点

高铁项目属于交通运输类项目，具有该类项目的共同特点，即占地、植被破坏和水土流失等生态环境影响，但同时，高速铁路的“长、高、多、杂”的特点，决定了其生态环境影响的深度和广度与普通铁路、公路、城市轨道交通等其他交通运输类项目的生态环境影响有所不同。

1. 道路类建设项目生态环境影响的特点

道路类建设项目（包括公路、铁路项目）作为人类生存与发展必不可少的活动，其施工建设和运行会对周围的生态环境产生直接或间接的影响。

1）占地

道路工程建设不可避免会产生新增永久性占地和临时性占地，影响农、林业生产格局。但道路工程主要呈窄条带状均匀分布于沿线地区，线路横向影响范围极其狭窄，对整个评价范围内的土地利用而言影响相对较小。

2）植被破坏

铁路或公路工程施工将造成路基、站场或服务区等永久占地内植被的永久性消失和施工营地、施工场地等临时用地内植被的暂时性消失。因此，确定交通类建设项目的重大工程和临时性工程选址时，要避开珍稀保护植物、动物生存场地，尽量使选址区域的植物种类为区域内分布范围广、分布面积大的常见种，避免区域植物种类的减少和区域植物区系的改变。

3）水土流失

道路建设项目产生路面、路堤、路堑、弃土弃渣、施工营地与施工便道等不同的地表结构类型，破坏原有地表与植被之间的平衡，将会诱发水土流失。

道路建设项目产生的水土流失类型分为水力侵蚀、风力侵蚀、冻融侵蚀。

水力侵蚀：道路建设项目对地表的人为扰动强烈，主要表现在路基开挖填筑、取土场取土作业、弃土弃渣占地、施工营地土地平整、施工便道碾压等作业导致土壤扰动，从而造成植被的直接破坏以及地形地貌的改变。受施工建设影响的土壤一般是表土和母质的混合物，土体松散，孔隙度大，渗透性好，极易诱发水土流失。如果道路建成后未对施工营地、施工便道、取弃土（渣）场等临时设施实施植被恢复，则仍存在水土流失的危害。建成后由于路堤、路面受到夯实作用，土壤入渗能力大大降低，易于断流，进而加剧土壤侵蚀，甚至诱发滑坡、泥石流，引发地质灾害。

风力侵蚀：公路或铁路道路路基的边坡风蚀是沙区道路沙害最为普遍的形式。路基边坡表面结构松散、固结性差，缺少植被防护，受到风力作用，沙粒很容易被风吹走，产生路基、边坡、路肩的风蚀，或因过境风沙流的冲击、磨蚀，导致路肩或路面底层被掏空而塌陷。当以路基方式穿越半固定或固定沙丘地段，原有的地表植被受到破坏，导致路基两侧成为风蚀强烈的地段。与风力侵蚀同时存在的问题是流沙堆积。风蚀必然造成高含沙气流，其中的颗粒物因粒径大小不同、风力不同而被搬运的距离也不相同，当风速发生变化时，颗粒物发生沉降堆积在地表不同位置，若是堆积在路面，则会对路面造成危害。

冻融侵蚀：在高海拔和高纬度地区，公路或铁路边坡以及受施工扰动的地区，地表物质不仅仅受到降水和风的侵蚀作用，同时也由于其冻结和融化过程的交替作用而经受冻融侵蚀，因此地表和土壤结构被破坏。土壤中的粗颗粒物质向上和裂隙中移动，在多风的地区和雨水较多的季节中，冻融作用与风、水的侵蚀作用相互耦合，加剧了高寒地区路域的水土流失。

2．高速铁路生态环境影响的特点

1）占地类型

相较而言，高速铁路桥隧比很高，多以桥梁方式代替路基，减少了永久性土地的占用，因此，对农业生产影响小。但正是由于高铁建设中对桥梁、轨道的需求量大且要求较高，相较而言新增了制存梁场和轨道板场等临时性占地，根据技术要求，该类占地要求土地平整、交通运输条件便利，而满足这些条件的土地恰恰多是适宜于耕作的土地。因此，从临时性占地面积来看，高速铁路占用耕地的可能性较一般铁路和公路项目更高，对当地农业、林业生产产生的暂时性影响相对较大。

2）影响范围更广、内容更丰富

高速铁路项目的路线一般较长，如 2 298 km 的京广高铁、2 252 km 的沪昆高铁、1 776 km 的兰新高铁和 1 318 km 的京沪高铁等，都属于超过 1 000 km 的高速铁路。高速铁路路线长，经过区域多，影响范围大，而且通常会经过不同的气候带、不同的地形地貌、不同的生态系统，从而造成同一条线路在不同区域所产生的生态环境影响会有很大不同。因此，高铁项目的生态环境影响通过分段或分区域分别开展分析预测更为合理。

同时，高速铁路在工程建设中大量运用新技术、新工艺、新设备，出现了制（存）梁场、轨道板（双块式轨枕）预制场等普通铁路没有的新的临时工程。工程内容更多、更复杂，因此，可能产生的生态环境影响的范围也更大、涉及内容更丰富。所以，其环境影响需要按照各重点工程、大型临时工程（简称大临工程）等分别开展预测分析。

3）生态环境影响程度大

由于高铁项目的“涉及区域的敏感程度高”，路线通常会难以绕避沿线的生态敏感区，如国家公园，或自然保护区、风景名胜区、重要湿地、地质公园、森林公园、珍稀濒危野生动植物天然集中分布区，以及重要水生生物的自然产卵场、索饵场、越冬场、洄游通道、天然渔场等，也很可能会涉及各地划定的生态红线、各级生态功能区划定的保护区等。因此，高铁建设项目可能产生的生态环境影响的程度更大、敏感性更强，开展预测、调控的内容更多、更深入，生态环境保护措施也更为复杂、细致。

3.2.3 高铁项目生态环境影响分析要点

结合铁路生态环境和高铁建设的特点，高速铁路项目开展生态环境保护时，分析方法应该是点线结合、重点突出，分析重点是不同时期（施工期、运行期）各工程行为产生的对生态系统、生态环境敏感保护目标、敏感生态环境问题的影响等。

1. 点线结合

由于高铁项目的长、高、多、杂的特点，要充分、完整地识别其可能的生态环境影响，需要采取“点线结合”的方法，对全线进行实地勘查和整理分析，掌握全面资料。其中：

“点”：应该包括临时占地、永久性占地，以及敏感保护目标。临时占地包括施工营地、取土场、弃渣场、采石料场、板场、制梁场等大临工程；永久性占地包括车站站场、动车运用所等属于高铁项目的建设内容，以及隧道、桥梁、路基工程的重点工段、工点等。

“线”：线路，包括选址选线、线路工程等，铁路以窄条形状通过沿线区域，其生态环境影响也呈现线状影响的特征。同样，线路工程的内容也包括临时工程和永久性工程。

以点线结合的方法开展深入调查与研究，依据高铁项目主要建设内容，识别可能受影响的主要生态环境保护目标，可以为进一步开展生态环境影响预测和调控措施的顺利实施提供依据。

2. 关注特殊生态敏感保护目标

高铁项目由于路线长，经过诸多不同的生态系统，很可能会无法避开生态敏感保护目标，因此，属于特殊敏感“点”的生态环境保护需要特别关注。沿线受影响的特殊和重要生态敏感区，包括自然保护区、世界遗产地、风景名胜区、森林公园、地质公园、重要湿地、饮用水源保护区等应该作为“点”分析的关注对象。在铁路建设过程中，通过研究分析项目涉及区域敏感目标的保护对象、保护级别、与项目的位置关系等，进一步考虑合理的生态环境保护措施。

3．深度和广度

相较于一般区域，高铁项目若穿越国家公园、自然保护区、世界自然遗产地、生态保护红线等敏感区域，特别是直接影响区内有列为保护区主要保护对象的保护植物（或动物）、特有植物（或动物）个体及其生境时，可能产生的生态环境影响是非常深远的。因此，该类项目的生态环境影响必须进行深入分析，判断项目建设与运行对保护物种及其个体数量、栖息环境影响的程度大小。

为增加生态环境保护措施的针对性，开展分析研究时可以根据项目经过区域的敏感性分段，如对自然保护区、风景名胜区、森林公园、湿地公园等敏感区域和除敏感区之外的一般区域进行不同深度和广度的分析。

4．评价范围

为有针对性地开展分析研究，需要依据影响区域的生态敏感性和项目的工程占地（含水域）范围，包括永久占地和临时占地，确定实施生态环境保护措施的范围。高铁项目路线长，影响区域广，确定的研究范围需能体现生态完整性，涵盖项目全部活动的直接和间接影响区域。其中，直接影响区域包括路基、桥隧、站场、大临工程等永久和临时性占地范围；间接影响范围应该从生态系统的角度进行分析，如植物群落、动物繁殖与活动区域等。特别当涉及具有迁徙（或洄游）习性物种的，研究范围应涵盖工程影响范围内的迁徙路线或洄游通道，若是经过为保护陆生动物而设置的自然保护区等特殊生态敏感区时，研究范围应该考虑动物的活动习性，一般不小于铁路线路两侧各 2 km 范围。

（1）路基工程：主要是带状影响，根据已有铁路生态环境影响跟踪结果，铁路项目路基工程的生态环境受影响区域主要集中在铁路线路外侧 300 m 以内，因此，高铁项目的生态环境影响评价的范围，通常设置在铁路工程设计外侧轨道用地界向外 300 m 以内区域。

（2）站场工程及动车运用所：新建站场、动车所周边 1 km 以内区域。

（3）施工便道：施工便道中心线两侧各 100 m 以内区域。

（4）取弃土（渣）场：取、弃土（渣）场及临时用地界外 100 m 以内区域。

（5）跨河桥梁：跨河桥梁两侧 300 m 以内水域；通航河流桥位上游 500 m、下游 1 km 河段。

（6）涉及敏感区段：工程经过自然保护区、世界自然遗产地、重要生境、风景名胜区、地质公园、湿地公园、沙漠公园、饮用水水源地、水产种质资源保护区等敏感地段的研究范围，应该从生态系统完整性的角度考虑，通常研究范围比经过一般区域的项目更大，甚至可以扩展到整个敏感区。

3.3 高铁生态环境保护的主要内容

生态环境保护的主要研究对象可分为三大部分：生态系统、敏感生态保护目标和敏感生态环境问题。因此，高铁项目的生态环境保护，可以从植物、动物、生态系统结构与功能等生态系统组成因素的环境保护，以及铁路沿线涉及的生态敏感目标、现有及将来可能产生的敏感生态环境问题开展研究分析。

3.3.1 生态系统

1．植　物

参考吴征镒主编的《中国植被》，依据植被类型及其地理分布特征的差异，按照内部具有相对一致的植被类型及其有规律的组合，将我国植被划分为四级，分别是植被区域、植被地带、植被区、植被小区。其中包括 8 个植被区域、18 个植被地带和 85 个植被区。

开展高铁建设之前，先分析沿线植被类型区划，大致确定项目沿线植被类型及分布情况、区域植被指数及盖度等基础资料，再结合现场调查及遥感等技术手段，确定铁路沿线区域的人工植被、原始天然植被分布位置及主要物种，重点关注列入国家及地方相关植物保护名录的珍稀保护植物。

植物保护措施主要有路线绕避、施工临时占地的迹地恢复、珍稀保护物种的移栽以及边坡、路基工程、桥梁、隧道的绿化等。

2. 动　物

由于城市化进程的快速发展，野生动物活动栖息场所日益缩小，加上受觅食、繁殖条件的限制，在人类活动较为频繁的城镇附近，野生动物资源相对较为匮乏，而在自然环境保存较好的区域，野生动物的数量和种类较为丰富。高铁项目部分路段通常会跨越人类活动较为稀少、自然条件保护较好的地区，对野生动植物的影响可能性很大。

我国建立了诸多以保护陆生、水生动物为主的自然保护区及国家公园等特殊敏感区域，如卧龙自然保护区、汉中朱鹮自然保护区、东北虎豹国家公园、湖北神农架国家公园等。

高铁项目的动物保护措施，常见的有路线绕避、禁止猎杀、合理安排施工、设置野生动物通道、安装防护网等生态保护技术措施。

保护物种的分类，可以参考《环境影响评价技术导则　生态环境》中的要求，如表 3-1 所示。

表 3-1　保护物种

生态保护目标	来　源
重点保护野生动植物	国家及地方重点保护野生动物
受威胁物种	世界自然保护联盟《濒危物种红色名录》(*The IUCN Red List of Threatened Species*)、《中国生物多样性红色名录》以及地方发布的物种红色名录中列为极危（Critically Endangered）、濒危（Endangered）和易危（Vulnerable）的物种
极小种群野生植物	指野外种群数量极少、人为干扰严重、随时有灭绝危险且生境要求独特、分布地域狭窄的野生植物。名录可参考《全国极小种群野生植物拯救保护工程规划（2011—2015 年）》
特有种	中国特有种，可参见《中国生物多样性红色名录》及相关文献资料

续表

生态保护目标	来　源
有重要生态、科学、社会价值的陆生野生动物	根据"国家林业和草原局关于贯彻实施《野生动物保护法》的通知"（林护发〔2016〕181号），在2017年1月1日新保护法实施后至相关配套法规和规章制度发布前，对新《野生动物保护法》规定的《有重要生态、科学和社会价值的陆生野生动物保护名录》暂按原国家林业和草原局2000年发布的《国家保护的有益的或者有重要经济、科学研究价值的陆生野生动物名录》（国家林业和草原局令第7号）执行
重要经济水生生物	尚无具体名录，可查阅相关文献资料、咨询专家并结合调查确定
旗舰种、关键种、伞护种	尚无具体名录，可查阅相关文献资料、咨询专家并结合群落调查进行识别。 旗舰种是指自然界中具有较高的濒危等级和保护价值的特殊生物种类，并被公众普遍喜爱、可以激发大众自然保护意识的物种。 关键种是指对群落结构和功能有重要影响的物种，这些物种从群落中消失会使群落结构发生严重改变，可能导致物种的灭绝和多度剧烈变化。 伞护种是指生境需求能够涵盖其他物种生境需求的物种
其　他	其他依法或国际公约约定的保护物种

3. 生态系统的功能、结构、生物多样性

生态系统的功能、结构、生物多样性等也是生态环境保护的内容。我国土地辽阔，生态系统类型多种多样，广泛分布着森林、灌丛、草原、稀树草原、草甸、荒漠、高山冻原等各种类型。

要保护生态系统的结构与功能，首先要减少对生境的切割，避免岛屿化，维护地域连续性。其次要减少人为活动范围，减少对植被和动物栖息地的破坏，维持生物组成的协调性。同时，减少新增占地，绿化恢复时尽量选用当地物种，避免生物入侵，保护物种的

多样性。另外，尽量减少开挖、填筑等工程作业，避免滑坡、泥石流等地质灾害，保护环境条件的匹配性。

3.3.2 敏感生态保护目标

高铁项目线路长，技术标准高，与生态环境敏感目标相遇的可能性较一般铁路更大。因此，生态环境敏感目标的保护，是高铁生态环境保护的重点。

1. 生态敏感区

一般按照敏感程度，将区域划分为三个层次，即特殊生态敏感区、重要生态敏感区和一般区域，其中高铁项目生态环境保护的主要对象是特殊生态敏感区和重要生态敏感区。

特殊生态敏感区是指具有极重要的生态服务功能，生态系统极为脆弱或已有较为严重的生态问题，如遭到占用、损失或破坏后所造成的生态影响后果严重且难以预防、生态功能难以恢复和替代的区域，包括自然保护区、世界文化和自然遗产地等。

重要生态敏感区是指具有相对重要的生态服务功能或生态系统较为脆弱，如遭到占用、损失或破坏后所造成的生态影响后果较严重，但可以通过一定措施加以预防、恢复和替代的区域，包括风景名胜区、森林公园、地质公园、重要湿地、原始天然林、珍稀濒危野生动植物天然集中分布区以及重要水生生物的自然产卵场、索饵场、越冬场、洄游通道、天然渔场等。

高速铁路由于线路长，建设要求高，设计施工中很难绕避生态敏感区，很可能穿越自然保护区、世界遗产地、重要湿地等敏感区域。如西成高铁（西安至成都）沿途经过陕西天华山国家级自然保护区、陕西观音山国家级自然保护区、汉中朱鹮国家级自然保护区等多个生态敏感区；新建郑州至周口至阜阳高铁工程跨越安徽颍州西湖省级自然保护区实验区、颍州西湖省级风景名胜区、安徽颍州西湖国家湿地公园等特殊和重要生态敏感区。

一般区域是指除特殊生态敏感区和重要生态敏感区以外的其他区域。一般区域对生态环境破坏相对较小，因此，在高铁建设的选址选线时，应该优先考虑一般区域，尽量绕避生态敏感区。

2．其他特殊保护目标

生态环境敏感目标还应该包括重要生境以及各种纪念地，如具有地质科学意义的纪念地（如温泉、火山口、溶洞、地质断裂等），还有历史纪念意义的各种古建筑、古遗迹、保护场馆等，也应该包括古树、名木、动物园、植物园、果木园、苗圃、动物驯化繁殖基地、种子基地、特色农业用地等。

另外，岛屿生态系统、干旱区生态系统、高寒带生态系统等脆弱生态系统也是高铁建设中要注意规避和保护的目标。

高铁项目进行路线方案比选时，应先分析经过区域的生态保护红线划定范围，避开禁止开发区域，减少生态破坏。

综上所述，高铁项目在选址选线过程中，需要尽可能避开上述敏感区域，实在不能绕避的，必须在敏感区现有的允许人类活动的范围内选址，并且对保护措施进行充分论证，尽量减少不良影响。

3.3.3 敏感生态环境问题

我国目前主要的生态环境问题表现为水土流失严重、沙漠化发展迅速、草原退化加剧、森林资源锐减、生物物种加速灭绝、地下水位下降、水体污染明显加重，以及滑坡、泥石流、洪涝灾害与极端天气等自然灾害频发。与高铁项目建设有关的敏感生态环境问题，主要是因项目施工、占地造成的植被覆盖率下降、水土流失、土地利用性质改变，进而导致土地资源短缺，以及项目建设对区域景观环境的不良影响等。

1．水土流失

造成水土流失的原因是在建设过程中，由于工程占地和开挖、填筑等作业导致植被破坏。而没有植被充当固土作用时，在雨天就容易造成水土流失，污染田地，土壤营养成分减少，在部分地区由于气候的原因还会造成泥石流等严重的自然灾害。

高铁项目的施工建设活动将导致地表植被破坏，形成新的土质坡面，易诱发水土流失。取土场、弃土场、施工场地平整，施工便道修筑等工程行为，可能使土壤裸露、地表扰动、局部地貌改变、原稳定体失衡，很容易产生水蚀。

因此，高铁项目在施工期、运营初期都应实施相应的水土保持措施，如工程内部土石方平衡、修建弃土场、实施边坡防护、施工期结束后临时用地的复垦和绿化、永久性工程路基两侧栽植乔灌进行绿化、路基边坡灌草绿化、隧道洞口美化等措施。

2. 土地利用改变

耕地是人类赖以生存和发展的基础。总体上讲，我国人口众多，耕地面积比例不足，保护耕地的质量和数量是各项建设的首要任务。

高铁建设项目基本呈窄条带状穿越沿线地区，不可避免地会占用耕地。如果路线方案规划不当，将造成优质土地丧失，影响当地农业、林业生产。并且，若施工结束后未对临时占用的耕地采取场地清理、植被恢复和复耕等措施，将破坏农业种植功能，对土地资源产生不利影响。

3. 景观环境破坏

一般高铁项目经过区域生态环境条件复杂多样，通过生态敏感区的可能性很大，而这些区域通常原始风貌保存完好，并且由于沿线气候、地形地貌差异大，这些使得铁路沿线拥有众多独特的地貌和自然景观。铁路工程的占地施工会改变土地利用格局，破坏现有自然景观和人文景观，将原有土地分割成小的板块，造成景观破碎化，改变景观格局。而且随着交通条件的改善，人们会影响区域社会经济的发展格局，从而间接导致区域景观变化。

4. 自然灾害

在高铁建设中，项目建设的开挖、填筑、采石、取弃土等作业，可能会导致滑坡、崩塌、泥石流等地质灾害。例如，采石取土、深路堑开挖山体、隧道洞口开挖等施工作业时，由于地质等原因可能引起崩塌；同时，隧道洞口的开挖、路堤的填筑、路堑的开挖和取土，弃土过量堆积，在雨水或冰雪消融等诱因作用下，土石堆积的斜坡角逐渐超过其临界休止角，导致松散土体结构出现崩溃而形成滑坡；路堑、桥涵、隧道开挖形成的弃渣等堆积物可能阻碍地表径流或水流通道，在强烈的降水条件下渗透进入堆积体，使之变形快速液化，进而形成泥石流。

我国长江流域、黄河流域都存在冰雹、大风等灾害天气，特别是在内蒙古、宁夏等区域还会产生沙暴和扬沙。珠江流域、淮河流域等的暴雨天气极易产生洪涝灾害，而受海河流域影响，河北平原洪、涝、旱、碱灾害也经常发生。

这些灾害现象一旦发生，不但会影响该区域内人民生命财产安全，也会直接导致植被遭到破坏，同时影响栖息于该类区域的动物的生存，从而破坏区域生态环境。

5. 湿地破坏

现今我国湿地面对的主要问题有：湿地面积减少、污染加剧；生物资源过度利用导致水资源减少；捕获、狩猎、砍伐、采挖等过量获取湿地生物资源，造成了湿地生物多样性逐渐丧失，其生态功能也严重受损等。

湿地破坏的直接原因是基础设施建设、土地开垦、引水、富营养化、环境污染、过度捕捞、过度利用以及外来物种的引入，间接原因是人口增长和经济发展加快以及缺乏立法和制度上的保障等。

6. 森林和草地资源减少

森林面积减少受诸多因素的影响，但导致森林面积减少的最主要的因素则是开发森林生产木材及林产品、非法砍伐等。草地是生长草本和灌木植物为主，并适宜发展畜牧业生产的土地。它具有特有的生态系统，是一种可更新的自然资源。如果超载过牧、滥垦滥挖等，会造成草场生物物种减少，灾害性天气增多，会进一步造成水土流失、江河湖泊断流、沙尘暴频发而导致生态系统退化。

高铁项目对森林和草地资源的影响主要是新增占地引起的。工程永久性和临时性占地会破坏当地植被覆盖率，若经过森林、草地区域，将减少森林和草地数量，对生态环境造成不良影响。但从整体来看，高铁项目新增占地数量低于一般铁路和公路，与区域资源相比所占比例不大，若采取合理措施，可以有效降低不良影响。

3.4 与高铁生态环境保护相关的法律法规

生态环境是潜在的资源，是未来生产力。保护生态环境就是保护人类赖以生存和发展的资源，就是保护生产力。我国生态环境现状不容乐观，国家为此制定了一系列生态环境保护相关的制度，其中包括对铁路建设的要求。

3.4.1 生态环境保护相关的法律法规

1．环境保护相关法律

- 《中华人民共和国环境保护法》
- 《中华人民共和国环境影响评价法》
- 《中华人民共和国野生动物保护法》
- 《中华人民共和国森林保护法》
- 《中华人民共和国土地管理法》
- 《中华人民共和国水土保持法》
- 《中华人民共和国水法》
- 《中华人民共和国文物保护法》

2．环境保护相关法规、条例

- 《饮用水水源保护区污染防治管理规定》
- 《基本农田保护条例》
- 《中华人民共和国陆生野生动物保护实施条例》
- 《中华人民共和国水生野生动物保护实施条例》
- 《中华人民共和国野生植物保护条例》
- 《中华人民共和国森林法实施条例》
- 《中华人民共和国河道管理条例》
- 《中华人民共和国自然保护区条例》

另外，还有地方上颁布的关于环境保护条例、自然保护区管理条例、风景名胜区管理条例、基本农田保护条例、文物保护管理办法等。

3．环境行政主管部门规章及环境保护规范性文件

- 《国务院关于进一步推进全国绿色通道建设的通知》
- 《国务院办公厅关于做好自然保护区管理有关工作的通知》
- 《关于进一步加强水生生物资源保护严格环境影响评价管理的通知》
- 《集中式饮用水水源地规范化建设环境保护技术要求》

4．生态环境保护相关标准

生态环境保护相关标准包括《生态环境状况评价技术规范》，以及《生物多样性观测技术导则》系列，其中有两栖动物、陆生维管植物、陆生哺乳动物、地衣和苔藓、大型真菌、大中型土壤动物、爬行动物、淡水底栖大型无脊椎动物、鸟类、内陆水域鱼类等相关的导则。另外，还有《外来物种环境风险评估技术导则》《区域生物多样性评价标准》《自然保护区管护基础设施建设技术规范》《山岳型风景资源开发环境影响评价指标体系》《自然保护区类型与级别划分原则》等。

5. 其他部分管理文件

- 《国务院关于印发全国主体功能区规划的通知》
- 《国务院办公厅关于做好自然保护区管理有关工作的通知》
- 《关于印发〈全国生态功能区划（修编版）〉的公告》

3.4.2 与铁路相关的生态环境保护要求

铁路部门为减少铁路建设带来的环境破坏，相继颁布了一系列实施铁路建设环境保护的相关要求，其中大部分与生态环境保护有关。

1.《铁路工程环境保护设计规范》

该规范规定了铁路选址选线及铁路建设中需要采取的环保措施等要求。其中包括：

铁路工程选线、选址必须绕避自然保护区的核心区和缓冲区、风景名胜区的核心景区、世界文化和自然遗产地、饮用水水源一级保护区。饮用水水源二级保护区不得设置排放污染物的生产设施。在自然保护区实验区不得设置污染环境、破坏资源或景观的生产设施。在县级以上人民政府划定的崩塌和滑坡危险区、泥石流易发区内，河道、湖泊管理范围内不得设置取土（石、料）场。

铁路工程选线、选址宜绕避自然保护区的实验区、风景名胜区核心景区外的其他景区、森林公园、地质公园、重要湿地、天然林、索饵场、越冬场、洄游通道、天然渔场，以及饮用水水源一级保护区外的其他等级保护区。

…………

铁路通过林地、草地、荒漠化地区应采取下列保护方案和措施：

（1）通过林地、草地应严格控制林地、草地占用和砍伐范围，并应有施工期植被保护、恢复以及运营期防火隔离方案和措施。

（2）通过荒漠化地区生态环境保护措施应以工程措施为主、植物措施为辅。

铁路线路对野生保护动物迁徙活动产生影响时，应按有利于动物活动的方式设置通道。

铁路工程建设对古树、名木产生影响时，应采取设置围护栅栏、移植保护或避让的措施。

隧道工程施工可能造成地下水漏失，对地表生态环境、居民生产生活用水产生严重影响时，应根据超前地质预报结果采取水资源保护和水污染防治措施。

…………

铁路工程占用基本农田的路基地段，宜采用以桥代路方案。

铁路工程占用耕地、园地、林地和草地，应有表层熟土剥离、保存、利用的方案和措施。

铁路工程应通过土石方调配，减少取、弃土（渣）场的规模和数量。

铁路工程施工期临时用地应永临结合，宜利用荒地、劣地，不占或少占耕地。

…………

铁路施工营地、施工场地、制（存）梁场、轨道板预制场、混凝土拌和站以及其他大型临时工程产生的污水应进行处理。

铁路桥梁跨越敏感水体时，应有对施工产生的泥浆、废油等污染物进行收集、上岸处理的措施。

隧道施工污水应进行处理。

…………

2.《新建铁路工程项目建设用地指标》

该规范规定了新建铁路用地等相关要求。其中包括：

铁路建设项目用地应当符合土地利用总体规划，贯彻节约集约用地和严格保护耕地的原则，最大限度地减少占地。

…………

铁路建设应从设计和施工等方面，综合采取节约集约用地措施，根据工程条件因地制宜地采取以桥代路、工程护坡、工程收坡等措施，合理采用节地型排水沟断面形式，充分利用既有站场和线路。

铁路建设项目选线时，应尽量减少与其他铁路、公路交通等设施间产生“三角地”“包新地”等。

路基工程设计应避免高填、深挖和长路堑。

…………

铁路区间、站场土石方应统一综合调配，宜移挖作填和集中取弃土，尽量减少取、弃土（渣）场用地。

铁路建设应严格控制临时用地数量，并根据工程进度统筹安排，尽可能将临时用地设置在铁路用地范围内或利用荒地、废弃地，原则上不占用耕地，不得占用基本农田。

施工便道应尽量利用既有道路，并与地方道路规划相结合。

铁路建设项目若占用耕地时，应按照有关规定进行耕作层土壤剥离，并合理利用。

3.《铁路用地管理办法》

该规范规定了铁路用地等相关要求。其中包括：

第三条　本办法所称铁路用地是指总公司（现更名为中国国家铁路集团有限公司）及所属单位依法取得使用权的土地，包括运输生产用地、辅助生产用地、生活设施用地和其他用地。

…………

第六条　铁路用地管理应以满足铁路发展规划、有利于运输安全为前提，以保证用地资产安全、实现保值增值、促进土地经营开发为目标，优化土地资源配置，挖掘土地资源潜力，实现铁路用地管理规范和高效利用。

…………

4.《铁路工程建设项目环境影响评价技术标准》

该规范规定了铁路建设项目环境影响评价的相关要求。其中包括：

生态环境影响评价范围应根据铁路所经地区生态特点及直接影响程度确定，一般情况下宜为线路两侧各300 m。

生态环境影响评价内容应包括下列各项：

（1）铁路通过沙漠、森林、草原、沼泽、湿地、湖泊、农田等对生态环境可能产生的影响。

（2）铁路工程在处理不良地质和特殊地质地段时，对生态环境可能产生的影响。

…………

野生动、植物的评述项目与方法应符合下列要求：

（1）阐述铁路经过地区野生动、植物的分布种类、数量、范围，以及出没、繁衍、生长条件和经济意义。

（2）通过类比调查，预测对野生动、植物自然栖息与生长条件的影响。

铁路工程在处理不良地质和特殊地质地段时，对铁路两侧地表植被、山体的稳定性可能造成的影响和破坏程度，应通过类比分析进行评述。

根据对生态环境影响评价的结论、影响程度和范围提出相应的治理措施和建议。

5.《铁路工程绿色通道建设指南》

该规范规定了建设铁路工程绿色通道设计等相关要求。其中包括：

铁路工程绿色通道设计应与路基防护、桥台锥坡及隧道洞口边、仰坡加固设计等相结合，兼顾美观效果；毗邻自然保护区、风景名胜区或城镇规划区内的铁路，绿色通道设计还应与当地的自然及人文环境相协调，并考虑下列因素：

（1）土壤的酸碱度、盐渍化程度、含水率、肥力等。

（2）降水量、蒸发量、气温、霜期、冻结与解冻期、风向风力、日照时间等，以及极端气温、暴雨、干旱、大风等灾害性气象情况。

（3）乡土植物的生态习性和主要功能。

（4）干旱、半干旱地区可供施工和养护浇灌的地表水、地下水条件。

（5）当地的绿化技术经验。

植物选择应根据立地条件、种植目的及经济适用性等确定，宜灌则灌、宜乔则乔、宜草则草，以优良的乡土植物为主，常用灌草、藤本植物、乔木树种宜按本指南附录 A 选用，并符合下列规定：

（1）植物适应环境，抗逆性强，可抵抗公害、病虫害，易养护。

（2）不得使用未经生态环境影响评估的外来物种。

（3）不产生环境污染，不应成为传播病虫害的中间媒介。

（4）选择易成活、生长快、萌根性强、茎矮叶茂、覆盖度大和根系发达的多年生木本植物或草本植物。

（5）不应种植油脂性植物和名贵树种，不宜种植经济类植物。

（6）一般地区宜选择树形较好的速生落叶和常绿灌木、乔木。

（7）寒冷地区宜选择耐寒、耐阴湿的落叶和常绿灌木、乔木。

（8）干旱、半干旱地区宜选择耐旱、耐土地贫瘠的灌木，并考虑阴面、阳面植物长势差异，有条件的地区可种植落叶和常绿乔木。

（9）风沙地区应选择耐干旱、耐沙埋、耐日灼、抗风蚀的沙生草、灌植物。

（10）国家特别规定的灌木林地应选择灌木树种，海拔高于乔木分布的上限地区不宜选择乔木。国家特别规定的灌木林地及乔木分布上限地区应符合本指南附录 B 的规定。

…………

特殊地质、气象等条件下的铁路绿色通道建设应结合工程进行试验性施工。

…………

6.《铁路建设项目水土保持方案技术标准》

该方案规定了铁路建设项目的水保相关要求。其中包括：

水土保持方案编制应符合下列规定：

（1）点线结合，以点为主，以沿河、山区、风沙区路段为重点地段，以高填路堤、深挖路堑、隧道弃渣、特大桥梁、土石方量较大的站场、大型取土场、弃土（渣）为重点工程。

（2）主体工程与附属工程、永久工程与临时工程并重。

（3）工程防护措施与植物防护措施相结合。

水土流失防治应符合下列规定：

（1）隧道、路基、站场、桥梁等工程产生的弃土（渣）应充分利用，不能利用时，必须堆放在规定的弃土（渣）场地，并采取相应的防护措施。

（2）工程坡面均应采取有效的工程或植物防护措施。

（3）弃土（渣）场、取土场应进行土地整治或综合利用。

（4）各类建设项目应在土石方工程基本结束后，及时进行植树、植草绿化。

…………

同时，《建设项目水土保持方案工作管理暂行办法》（铁总计统〔2013〕184号）也规定了建设项目水土保持方案要符合有关法律、法规、标准，水土流失防治措施合理、有效，与周边环境相协调，并达到主体工程设计深度。

7.《铁路安全管理条例》

该条例规定了铁路建设的相关要求。其中包括：

第二十七条　铁路线路两侧应当设立铁路线路安全保护区。铁路线路安全保护区的范围，从铁路线路路堤坡脚、路堑坡顶或者铁路桥梁（含铁路、道路两用桥，下同）外侧起向外的距离分别为：

（1）城市市区高速铁路为10 m，其他铁路为8 m。

（2）城市郊区居民居住区高速铁路为12 m，其他铁路为10 m。

（3）村镇居民居住区高速铁路为15 m，其他铁路为12 m。

（4）其他地区高速铁路为20 m，其他铁路为15 m。

前款规定距离不能满足铁路运输安全保护需要的，由铁路建设单位或者铁路运输企业提出方案，铁路监督管理机构或者县级以上地方人民政府依照本条第三款规定程序划定。

在铁路用地范围内划定铁路线路安全保护区的，由铁路监督管理机构组织铁路建设单位或者铁路运输企业划定并公告。在铁路用地范围外划定铁路线路安全保护区的，由县级以上地方人民政府根据保障铁路运输安全和节约用地的原则，组织有关铁路监督管理机构、县级以上地方人民政府国土资源等部门划定并公告。

铁路线路安全保护区与公路建筑控制区、河道管理范围、水利工程管理和保护范围、航道保护范围或者石油、电力以及其他重要设施保护区重叠的，由县级以上地方人民政府组织有关部门依照法律、行政法规的规定协商划定并公告。

新建、改建铁路的铁路线路安全保护区范围，应当自铁路建设工程初步设计批准之日起 30 日内，由县级以上地方人民政府依照本条例的规定划定并公告。铁路建设单位或者铁路运输企业应当根据工程竣工资料进行勘察，绘制铁路线路安全保护区平面图，并根据平面图设立标桩。

…………

第二十九条　禁止在铁路线路安全保护区内烧荒、放养牲畜、种植影响铁路线路安全和行车瞭望的树木等植物。

禁止向铁路线路安全保护区排污、倾倒垃圾以及其他危害铁路安全的物质。

…………

另外，《铁路自然灾害及异物侵限监测系统工程设计暂行规定》（铁总建设〔2013〕86 号）、《绿色铁路客站评价标准》（TB/T 10429—2014）、《铁路工程节能设计规范》（TB 10016—2016）、《铁路运输放射性物质卫生防护要求》（TB/T 2089—2016）、《铁路给水排水设计规范》（TB 10010—2016）等其他铁路部门的相关规定，均有铁路工程生态环境保护的相关内容。

PART

4 高铁生态环境影响评价指标体系构建

4

4.1 构建原则

铁路施工和运营将带来土地利用改变、植被破坏、水土流失、动物交流阻隔、铁路边缘微气候、景观环境变化等生态环境影响，由于生态环境本身的复杂性和广泛性，加上高铁建设“长、高、多、杂”的特点，其生态环境影响的内容是比较复杂的。因此，构建高铁生态环境影响指标体系，对科学评价其生态环境影响，并提出有针对性的环保措施是非常必要的。

首先，高速铁路建设项目是一个层次复杂、因素众多的多变量系统，其评价体系指标的选取，应该遵循科学性、综合性、实用性、易取性的原则。

1. 科学性

科学性是指设置评价体系的全过程都必须有严谨的科学依据。评价指标的选择和设计必须依据科学原理和当地实际情况，具有一定的代表性。因此，在分析过程中要确保评价指标的选择、信息来源、数据统计方法、权重确定和评价方法等具有科学的依据，确保选择的指标能客观地反映出高铁项目对评价区域的影响。

2. 综合性

区域生态环境是一个复合的生态系统，因此，指标体系应具有综合性和全面性，从内容上讲，应该包括高铁项目在设计、施工、运营的各主要阶段，不能以偏概全。筛选出来的评价指标，要能够反映区域生态环境的主要属性，体现出各指标之间以及各层次之间内在的相关性。

3．实用性

实用性是指指标体系要切实可行、行之有效，具有可测性和可比性。因此，应尽可能采用规范、通用的名称和概念，同时所选指标应易于量化、比较。同时，选择的评价方法简单实用、方便易行。总的来讲，评价指标体系要繁简适中，遵循方便、有效、实用的原则，能够基本保证评价结果的客观性、全面性。

4．易取性

生态系统是一个具有多属性的复杂系统，环境影响因子众多，因素之间有着千丝万缕的联系，同时区域性因素需要很长的时间才可能显现。而构建铁路项目的生态环境评价指标体系是为了科学评价高铁项目的生态环境影响，所以选择的指标数据应较容易取得，并且其计算方法也应较为简便。实际工作中通常采用将定性指标与定量指标相结合来构建指标体系。

4.2 高铁生态环境影响指标体系构建

高铁生态环境指标体系的内容，应涵盖高铁从设计、施工到运行整个生命周期。根据现有相关项目的调查与研究资料，高铁建设对生态环境的影响主要集中在 3 个方面，即生态系统（生物环境、非生物环境、生态系统结构与功能等）、生态环境敏感保护目标、生态环境问题。

建立指标体系，需要以现有高速铁路建设的项目设计、施工、运营等相关资料为基础，筛选出项目建设对生态环境影响的关键因子，并确定指标值的范围和权重，进一步选用相应的评价方法进行分析评价。因此，综合考虑项目建设内容和生态环境的受影响因子等相关因素，将评价指标体系划分为四大类：生态系统、敏感保护目标、敏感生态环境问题、工程指标。

依据近年来我国铁路建设的实例及研究成果分析，将高铁生态环境影响指标体系分为三个层次：一级指标（目标层）、二级指标（指标层 1）、三级指标（指标层 2）。

一级指标（目标层）是指高铁建设生态环境保护的主要对象或主要影响因素，分为四大类：生态系统、敏感保护目标、敏感生态环境问题以及工程设计指标。

二级指标（指标层 1）是指评价和分析目标层时需要突出和强调的因子，如生态系统又可以划分为植物、动物、非生物环境；敏感保护目标可分为特殊生态敏感目标、重要生态敏感目标、生态功能区划、生态保护红线等；敏感生态环境问题又可以分为水土流失、生物入侵等。

三级指标（指标层 2）是对指标层 1 的扩展和细化，利用相关数值进行对比、分类，需要根据数据易取性进行筛选。

4.2.1 生态系统（生物）指标

生态系统的生物部分，又可分为植物和动物。

1．植被覆盖度

植被覆盖分析通常采用植被覆盖率和覆盖度指标。植被覆盖率指林、草地类面积占总评估面积的百分比，是反映植被绿化水平的重要指标；植被覆盖度则指在一定面积上植被垂直投影面积占总面积的百分比，总体反映植被平面生长态势。为了反映区域植被健康水平，参照《生态环境状况评价技术规范》，结合研究区植被类型情况，可将植被覆盖度分为极低覆盖度（小于 15%）、低覆盖度（15% ~ 30%）、中低覆盖度（30% ~ 50%）、中覆盖度（50% ~ 80%）和高覆盖度（大于等于 80%）五个植被覆盖度等级。

2．植被净初级生产力

植被净初级生产力（Net Primary Productivity，NPP）是绿色植物在单位时间、单位面积上经光合作用产生的有机物总量与自养呼吸消耗量之差。NPP 不仅是反映植物自身活动的重要因素，也是评定生态系统碳源、碳汇效应的主要因子。NPP 是在环境因素和植物生理特性共同作用下的净光合生产量，是研究陆地生态系统碳循环过程必不可少的一项内容。

3．物种丰富度指数

物种丰富度指数反映物种丰富程度，是度量物种多样性高低的最基本指标，既是群落内物种数量的特征，也是最为简单的多样性测度方法，它采用 Margalef 丰富度指数表示。

Margalef 丰富度指数：

$$R = (S-1)/\ln N$$

式中，S 为群落中物种总数；N 为所有物种个体数。

物种丰富度指标适用于植物与动物。

4．生物量

植被的生物量是指一定地段面积内植物群落在某一时期生存着的活有机物质量，以 t/hm^2 表示。群落类型不同，如森林、灌丛、灌草、农田、草地等，其测定生物量的方法也不同。

5．植被破坏率

植被破坏率是指一定区域内，由于项目永久性工程和临时性工程建设所破坏的植被面积与总植被面积的百分比。

6．珍稀保护植物、动物相关指标

珍稀保护植物一般是指列入国务院有关部门颁布的《珍稀濒危保护植物名录》、国务院批准的《国家重点保护野生植物名录》等相关规定中的植物，以及被列入当地特有物种，或古树、名木等。

珍稀保护动物是指列入《国家重点保护野生动物名录》《国家

保护的有益的或者有重要经济、科学研究价值的陆生野生动物名录》(简称《三有名录》)等相关规定的保护动物，包括兽类、鸟类、爬行类、鱼类等多种保护动物。

4.2.2 生态系统（非生物）指标

1. 降水量

降水量是指从天空中降落到地面上的液态或固态水，未经蒸发、渗透流失，而在水平面上积聚的深度。降水量通常用雨量器测定，每天定时观测两次（8 点和 20 点），以毫米（mm）为单位。一个月或一年降水量的总和，称为月或年降水量，根据气候资料里月、年降水量的数值，可以计算出一个地区多年的平均降水量，或称之为月或年的平均降水量，这两个降水特征值能够反映该地区降水的基本状况。

年降水量通常指多年平均的降水量。一个地方年降水量的多少影响着当地的干湿程度。一般年降水量在 800 mm 以上的地区称为湿润地区，年降水量在 400 ~ 800 mm 的地区称为半湿润地区，年降水量在 200 ~ 400 mm 的地区称为半干旱地区，年降水量在 200 mm 以下的地区称为干旱地区。

2. 景观多样性指数

景观多样性指数是用来度量景观系统结构组成复杂程度的指数。景观多样性指数的大小反映景观要素的多少和各景观要素所占的比例。景观多样性指数采用香农多样性指数来表示：

$$H = -\sum_{i=1}^{n} P_i \ln(P_i)$$

式中，H 为景观多样性指数；P_i 为景观类型 i 所占面积的比例；n 为景观类型的数目。

3. 景观破碎度

景观破碎度指数是指被分割的破碎程度，它在一定程度上反映了人类活动对景观的干扰程度。破碎度的值处于 0 ~ 1 之间，值越趋于 1，表示景观被破坏的程度越高，越趋于 0，表示景观被破坏的程度越低。景观破碎度指数：

$$F_i = \sum \frac{N_i}{A}$$

式中，F_i 为第 i 类景观的破碎度；N_i 为某类景观所有斑块的数目；A 为景观的总面积。

4. 景观环境质量指数

景观环境质量指数用景观质量分数 M 表示：

$$M = \frac{B}{B^*} \times 100\%$$

$$B = \sum X_i F_i$$

式中，B 为某区域铁路景观环境综合评价指数；X_i 为评价因子 i 的权值；F_i 为景观 i 在某评价因子下的得分值；B^* 为理想景观评价指数。

评价因子权值分配及评分见表 4-1。

表 4-1　铁路景观环境评价因子、权值及评分表

分类	评价因子	权值 X_i	评分（程度：分数）		
自然景观	生态环境破坏度	0.12	无破坏：7	轻度破坏：4	严重破坏：1
	动物珍稀度	0.05	少有：4	较高：2	一般：1
	动物丰富度	0.04	极高：3	较高：2	一般：1
	植物珍稀度	0.05	少有：4	较少：2	一般：1
	植物丰富度	0.04	极高：3	较高：2	一般：1

续表

分类	评价因子	权值 X_i	评分（程度：分数）		
自然景观	地形、地貌自然度、稳定度	0.08	极自然、稳定：5	较自然、稳定：3	一般：1
	水体丰富度、观赏度	0.03	极高：4	较高：2	一般：1
	天象、时令丰富度、观赏度	0.03	极高：4	较高：2	一般：1
人文景观	虚拟景观丰富度、珍稀度	0.04	极高：4	较高：2	一般：1
	虚拟景观开发度、利用度	0.06	极高：4	较高：2	一般：1
	虚拟景观区位度	0.06	距铁路≤20 m：5	距铁路≤50 m：3	距铁路＞50 m：1
	具象观赏典型度	0.04	国内外著名：4	省内外著名：2	一般：1
	具象景观观赏度	0.04	极高：4	较高：2	一般：1
影响	公众关注度	0.08	极关注：5	较关注：3	一般：2
	破坏度	0.12	无破坏：7	轻度破坏：4	严重破坏：1
	三效度	0.12	极高：6	较高：3	一般：1

作为景观环境质量分级的依据，景观环境质量以差值百分比分级法划分为Ⅰ、Ⅱ、Ⅲ、Ⅳ级，不同质量等级的具体说明见表 4-2 和表 4-3。

表 4-2　铁路景观环境质量分级标准

MI/%	100～80	79～60	59～30	＜30
铁路景观质量等级	Ⅰ	Ⅱ	Ⅲ	Ⅳ

表 4-3　铁路景观环境质量等级标准

铁路景观环境质量等级	Ⅰ	Ⅱ	Ⅲ	Ⅳ
铁路沿线区域景观环境质量现状	好	较好	一般	差
铁路与沿线景观协调程度	协调	较协调	较不协调	不协调
铁路建设对沿线景观环境影响程度	无不良影响	轻度不良影响	破坏	严重破坏

综上所述，生态系统的非生物评价因子包括降水量、景观多样性指数、景观破碎度、景观环境质量指数。

4.2.3　敏感保护目标指标

生态环境的敏感保护目标主要包括特殊生态敏感区（如自然保护区、世界遗产地）、重要生态敏感区（如风景名胜区、森林公园、地质公园、重要湿地、原始天然林等）、重要生境（如既未纳入现有自然保护地范围，也未纳入生态保护红线范围，通过资料收集、专家咨询、初步野外调查等手段识别的国家及地方重点保护野生动植物，极危、濒危和易危物种，极小种群野生植物以及特有种的集中分布区、重要栖息地，重要经济水生生物的产卵场、索饵场、越冬场、洄游通道），以及各种具有科学意义、人文价值的纪念地，同时还包括高寒带生态系统、山地平原过渡带、农牧交错带、绿洲-荒漠交界带、严重水土流失区、地质灾害易发区等脆弱生态系统。

1．敏感区的敏感程度

敏感区包括特殊生态敏感区、重要生态敏感区等。该指标可以大致判断项目生态环境影响的深度、大小。

1）特殊生态敏感区

特殊生态敏感区是指自然保护区、世界文化和自然遗产地。

自然保护区是列入国家自然保护区名录的特殊保护区域，有国家级、省级、市级、县级不同级别。在保护我国珍稀野生动植物、珍贵的自然遗迹和景观中，自然保护区发挥了重大的作用。

根据形态和性质，世界遗产分为物质遗产（文化遗产、自然遗产、文化和自然双重遗产、文化景观遗产）和非物质文化遗产。整体来讲，可能受高铁项目建设影响的主要是物质遗产。

2）重要生态敏感区

重要生态敏感保护目标包括重要湿地、珍稀濒危野生动植物天然集中分布区及重要水生生物的自然产卵场、索饵场、越冬场和洄游通道等。

湿地不但具有丰富的自然资源，还有着巨大的环境调节功能和生态效益。湿地是许多生物赖以生存和繁殖的栖息地，生物多样性非常丰富。许多珍稀特有的物种、濒危鸟类、迁徙候鸟以及其他野生动物皆依赖湿地栖息繁殖。目前，我国已有41个湿地列入了《国际重要湿地名录》。

未列入自然保护区等敏感保护区的珍稀濒危野生动植物天然集中分布区及重要水生生物的自然产卵场、索饵场、越冬场和洄游通道等敏感区域，属于“重要生境”。设置重要生境，是实施生物多样性保护、维护生态安全的重要举措。

3）生态保护红线等

生态保护红线是我国环境保护的重要制度创新。2014年，环境保护部出台《国家生态保护红线——生态功能基线划定技术指南（试行）》，将内蒙古、江西、湖北、广西等地列为生态红线划定试点，之后开始在全国范围内推行。

生态保护红线依据自然保护区和风景名胜区等保护条例，结合当地区域环境现状的发展要求，划定了禁止开发区域、限制开发区域等管控要求。

其他敏感保护目标还包括重点生态功能区、当地特有物种生长及栖息区域、文化及历史纪念地等。

2. 占用敏感区的面积及比例

占用敏感区的面积及比例是指涉及穿越或跨越敏感区的项目，其占用敏感区的面积（包括永久性用地和临时性用地）大小，以及所占用面积与敏感区的比例关系。

该指标可以大致反映敏感区受影响的范围。

3. 路线距离敏感区的距离

若项目距离敏感区较近但又未穿越敏感区时，需要调查路线距离敏感区的距离，包括直线距离和可达距离，以判断项目可能产生的影响，分析线路的合理性，科学规划施工便道、施工营地、取弃土（渣）场等临时设施。

该指标可以帮助确定生态环境保护的范围、施工规划等。

4.2.4 生态环境问题

1. 水土流失强度

水土流失是指由于自然或人为因素的影响，雨水不能就地消纳、顺势下流、冲刷土壤，造成水分和土壤同时流失的现象。引起水土流失的主要原因是地面坡度大、土地利用不当、地面植被遭破坏、耕作技术不合理、土质松散、滥伐森林、过度放牧等。

高铁建设的土石方作业等不可避免地会引发水土流失，从而导致土壤耕作层被侵蚀、破坏，使土地肥力日趋衰竭；水土流失还会淤塞河流、渠道、水库，降低水利工程效益，甚至导致水旱灾害发生，严重影响工农业生产，对山区农业及下游河道带来严重威胁。

我国目前采用土壤侵蚀强度分级标准作为水土流失强度分级标准。

$$土壤侵蚀强度 = 土壤侵蚀模数 \times 侵蚀面积$$

式中，土壤侵蚀模数是单位面积和单位时段内的土壤侵蚀量，通常采用吨每平方千米年［t/（km^2·a）］表示，或采用单位时段内的土壤侵蚀厚度表示，其单位为毫米每年（mm/a）。

2．自然灾害

高铁建设可能会诱发滑坡、崩塌、泥石流等地质灾害，从而对区域生态环境造成不良影响。同时，高铁沿线区域的冰雹、大风等灾害天气，也会对高铁施工和运行带来影响，若不能采取有效措施，将可能产生新的环境问题。

3．生物入侵

对于特定的生态系统与栖息环境来说，任何非本地的物种都叫作外来物种。“生物入侵种”不同于“外来物种”，它特指的是入侵种经自然或人为的途径，从原生地传播到入侵地，并损害入侵地的生物多样性、生态系统甚至危及人类健康，从而造成经济损失及生存灾难的过程。

高铁施工和运行过程中，由于人员的来往和活动，有可能会导致外来物种的进入，如果该物种是生物入侵物种，就会造成生物入侵现象，对当地生态环境造成破坏。因此，生物入侵应该列为评价指标。

4．环境污染

环境污染物可经大气、水体、土壤、食物等多种途径作用于生物体，可同时有几种污染物作用于生物体，并且作用时间长，受影响的生物数量大、种类多。因此，实施生态环境保护时也需要调查与评价环境污染的内容。

污染指数是指用数值综合表示环境污染的程度或环境质量的等级。由于污染物会在生态系统中迁移、转化和积累，从而造成生物与受污染环境之间相互作用。

高铁项目产生的环境污染相对简单。

水体污染状况一般是用水体中的化学指标，比如 pH、SS、

COD_{cr}、BOD_5、氨氮、石油类、挥发酚等物质的含量超过国家相关标准的对比值。

在高铁建设项目中排放的大气污染物主要是施工期的扬尘和汽车尾气，以及运行期的食堂油烟，因此，大气污染状况一般选用TSP、CO、油烟浓度等指标与国家相关标准的对比值。

噪声污染一般采用项目产生的等效声级与相关标准的对比值表示。

振动污染一般采用项目产生的铅垂向Z振级标准值与相关标准对比值表示。

高铁固体废物又分为一般废物和危险废物，通常分别采用单位时间产生量来表示。

4.2.5 工程指标

1. 土石方利用率

高铁建设不可避免会有土石方作业，从而产生挖方、填方、弃方、借方等，并且为了减少取弃土量，有时候会有各工段之间、工地与当地建设部门之间的土石方调配。合理的土石方利用能够减少水土流失和植被破坏，降低生态环境的不良影响。

$$\text{土石方利用率} = \frac{\text{土石方利用方}}{\text{土石方挖填方总量}} \times 100\%$$

2. 桥隧比

桥隧比是指高速铁路建设中桥梁和隧道占总里程的比例。桥隧比越大，工程难度就越高，但同时土石方量越少，对铁路线路两侧动物的种群交流、迁徙也更便利。计算公式如下：

$$\text{桥隧比} = \frac{\text{桥梁里程} + \text{隧道里程}}{\text{总里程}} \times 100\%$$

3．占用耕地比例

耕地是指种植小麦、水稻、玉米、蔬菜等农作物并经常进行耕耘的土地，包括熟地、休闲地（含轮歇地、轮作地），以及新开发、复垦、整理地等。耕地是人类赖以生存的基本资源和条件。因此，保护耕地的数量和质量是当今社会经济发展的要求。

$$占用耕地比例=\frac{占用耕地面积}{总占地面积}\times 100\%$$

4．优质农田林地占用比例

优质农田林地是指在当地区域相对来讲产出率较高的农田林地。工程建设的永久性占地，应该尽量避开优质农田林地，选择劣质土地。

$$优质农田林地占用比例=\frac{优质农田林地面积}{总占地面积}\times 100\%$$

4.3 高铁生态环境影响分析指标体系

根据高铁项目建设内容和特点，结合生态环境影响的主要研究对象，在进行生态环境影响识别和评价因子筛选的基础上，综合建立高铁生态环境影响分析指标体系，见表 4-4。

表 4-4 高铁生态环境影响分析指标体系

一级指标	二级指标	三级指标	受影响区域主要指标
			评价重点
生态系统	植物	植被覆盖度	区域植被覆盖率
		植被净初级生产力	项目建设造成的生产力损失量
		植物物种丰富度	物种种类和数量情况
		生物量	区域和影响范围内的生物量变化

续表

一级指标	二级指标	三级指标	受影响区域主要指标
			评价重点
生态系统	植物	植被破坏率	被破坏植被比例
		珍稀保护植物分布率、种类及数量变化	列入国家保护动物、植物名录以及区域特有物种
	动物	珍稀保护动物分布率、种类及数量变化	
		动物物种丰富度	生物多样性
	非生物环境	降水量	区域降水等气候因子情况
		景观多样性指数	评价区域景观环境现状
		景观破碎度	
		景观环境质量指数	
敏感保护目标	敏感区	敏感区的敏感程度	敏感区的保护对象
	线路设计	占用敏感区的面积及比例	敏感区的保护规划
		路线距离敏感区的距离	项目影响范围
生态环境问题	生态问题	水土流失强度	水土流失量及水土保持措施
		生物入侵	生物入侵可能性与防范措施
		自然灾害	灾害天气、泥石流、崩塌、滑坡等
	环境污染	水体污染	高铁建设引起的水体、噪声、振动、大气等环境污染对生态环境的影响
		噪声污染	
		振动污染	
		固体废物污染	
工程设计指标	工程设计	土石方利用率	水土流失、植被破坏
		桥隧比	线路附近动物的繁殖与交流、迁移
	土地利用	占用耕地比例	项目建设占用对土地利用的影响
		优质农田林地占用比例	

PART

5 高铁项目工程分析

5

要科学评价高铁项目的生态环境影响，提出切实可行的环境保护措施，需要开展详细的工程分析，识别项目施工、运行的各种工程行为，进一步判断项目可能产生的生态环境影响。因此，开展工程分析，对实施高铁项目生态环境保护具有重要的作用。

5.1 工程分析简介

5.1.1 工程分析原则

对项目建设方案和整个建设活动行为进行分析，从环境保护的角度分析可能产生的环境影响和能够采取的环保措施，是工程分析的主要内容。

工程分析要以国家的政策、法规为依据，从可持续发展要求出发，依据有关能源和资源利用政策、环保技术政策等，指出项目存在的问题和提出合理化建议。在技术上，工程分析要遵循下述原则：

（1）工程分析的过程中应遵循有关技术政策、法律、法规的要求。

（2）工程分析应有明确的针对性，在分析判断的过程中应筛选危害最大的一些影响因子加以分析，以便于实际问题的操作和解决。

（3）工程分析应为各个专题评价提供翔实可靠的数据。

（4）工程分析应为项目选址、工程设计提出优化抉择的建议。

5.1.2 工程分析的方法

目前，采用较多的工程分析方法有类比分析法、物料平衡计算法、资料复用法等。

1. 类比分析法

类比分析法是利用与拟建项目类型相同的现有项目设计资料或

实测数据进行工程分析的常用方法。采用此法要求时间长、工作量大，但所得结果准确。当评价时间允许，评价工作等级较高，又有可参考的相同或相似的现有工程时，应采用此法。运用此法时，应充分注意分析对象与类比对象之间的相似性。

（1）工程一般特征的相似性：对于污染型项目，主要包括项目建设规模、性质、产品种类、生产工艺及产污流程等的相似性；对于生态影响型项目，主要是建设项目的类型、性质、建设规模、施工规划、施工方式、运行方式等的相似性。

（2）污染物排放特征或项目运行方式的相似性：对于污染型项目，主要是污染物排放类型、浓度、强度、数量，排放方式与去向，以及污染方式与途径等的相似性；对于生态影响型项目，主要是项目施工期的施工方式、施工时序，以及运行期的运行方式等的相似性。

（3）环境因子的相似性：包括气候条件、地形地貌状况等；对于生态影响型项目，还应该包括生态特点、生物因素、环境功能及区域污染情况等方面的相似性。

选择进行类比的项目，除了要求满足以上条件外，还要求项目本身建成已有一定时间，并且所产生的影响已基本全部显现。类比对象确定后，选择和确定需要类比的因子，分析拟建项目与类比对象的异同，给出分析结论。

2. 物料平衡法

物料平衡法以理论计算为基础，相对比较简单。此法在基本原则上遵守质量守恒定律。物料平衡法一般用于污染型项目对污染物的估算，在进行生态现状及影响分析时，通常用于生物量损失估算。

3. 资料复用法

资料复用法是利用同类工程已有的有关资料进行工程分析的方法。此法较为简便，但所得数据的准确性很难保证，该方法可以作为上面两种方法的补充。

5.1.3 工程分析重点与阶段划分

高速铁路与普通铁路相比有很大不同，其最大的特点可概括为高速度、高舒适性、高安全性和高密度性。从项目筹备到最终运行，高速铁路项目一般分为三个阶段：

前期工作阶段：主要进行方案研究（室内研究、现场踏勘，提出研究报告）、初测和初步设计工作。

基本建设阶段：主要进行定测、技术设计和施工图设计，最后进行工程施工、验交投产。

运行阶段：铁路经验收后投产运行。

高铁建设项目设计期工程分析的内容一般包括路线走向、站场及桥隧设置等，涉及敏感区的，需要先调查路线与敏感保护目标的位置关系，从环境、技术经济等多方面进行方案比选，将生态环境破坏降至最低。

高铁项目的施工周期长、影响区域广，施工期分析的重点内容，应该集中在占地类型及数量，拆迁安置的位置与数量，路基、站场、桥梁和隧道的设置标准、施工方式、施工时序，取弃土场、制（存）梁场、轨铺基地（存砟场）、材料场、铁路岔线、便线、便桥、混凝土拌和站等临时工程的设置位置与规模，工程建设的土石方量及调配情况等方面；另外，还包括项目施工中产生的大气、噪声、振动、水环境污染的数量和污染物浓度等。

运行期的工程分析，主要是运行初期的水土流失量、高速铁路运行调度、铁路运行产生的噪声与振动等内容。

5.1.4 高铁项目工程分析的技术要点

高铁项目属于典型的生态影响型项目，建设内容繁多，工程分析的内容应该具备工程组成完全、重点工程明确，涵盖项目全过程、污染源及环境风险等分析内容。

1. 工程组成完全

工程分析应涵盖所有工程活动，无论是临时的还是永久的、施工期的还是运行期的，直接的还是间接的，都应该属于工程分析的内容。按照建设项目工程组成划分，高铁项目有主体工程、大临工程、配套工程、公用工程和环境保护工程等。工程分析中要明确各项工程的建设规模、工程数量及类型、占地面积、施工和技术标准等主要内容。

2. 重点工程明确

高铁项目的工程分析应结合工程特点，重点分析可能造成生态环境影响的建设内容及施工行为，同时，应将环境影响程度大、影响范围广的工程作为重点工程分析对象，明确其名称、位置、规模、建设方案、施工方式、运行方式等。

与污染型项目相比，生态影响型项目的主要环境影响往往发生在施工期。对于同一项目，不同的施工和运行方式的环境影响差别很大。例如，传统的桥梁基础开挖为大开挖式，由于开挖面积及土石方的挖出、回填量较大，产生的植被破坏、水土流失较严重。而先进的干式旋挖钻，由于钻头直径与柱基直径大体相当，其环境影响与传统的大开挖式相比要小很多。因此，工程分析更应重点加强施工规划和施工方式分析。

3. 全过程分析

施工期、运行期产生的生态环境影响各不相同，另外，由于高铁项目的特殊性，设计期的初测、定测、选址选线等的实地勘察与设计，也可能对生态环境产生影响，所以必须做好全过程分析。

4. 污染源分析

大气、噪声、水环境污染也会影响动植物生存，进一步对生态环境造成破坏。在工程分析时，需要明确施工建设阶段、运行阶段所产生的污染源、污染物类型、源强（含事故状态下的源强）、排放方式和纳污环境等。

5. 其他分析

其他分析包括环境风险等其他可能存在的环境影响分析。建设项目在施工、运行时都有可能产生环境风险等不利影响，有些问题发生的可能性不大，但是一旦发生，将会产生重大影响，对这类问题则可作为风险问题考虑。例如，高速铁路若涉及易燃易爆的危险品运输，则需要分析列车车辆可能在跨越水库或水源地时发生事故的可能性及可能影响的范围等，以便提出有针对性的风险防范措施和应急预案。此外，高铁项目可能涉及的环境风险还有变电站变压器发生故障时变压器绝缘油泄漏，维修场所、工区油库泄漏、火灾、爆炸等，以及施工期间施工机械及运输车辆可能发生燃油泄漏事故等。

5.2 高铁项目工程分析

高铁项目的工程分析，应结合项目特点和区域环境特征，涵盖项目全过程，即分析施工方式、施工时序、运行方式、调度调节方式等对生态环境各因子的影响方式、影响范围和影响程度，重点关注敏感保护目标，同时兼顾间接性影响、区域性影响、长期性影响和累积性影响等特有生态影响因素的分析。

工程分析的重点应根据项目自身特点、区域生态特征，以及项目与影响区域生态系统的相互关系确定，并重点考虑：

（1）可能产生重大生态影响的工程行为。

（2）与特殊生态敏感区和重要生态敏感区有关的工程行为。

（3）可能产生间接、累积生态影响的工程行为。

（4）可能造成重大资源占用和配置的工程行为。

高铁建设项目的工程分析主要以施工期和运行期为主要分析时段，特别关注特殊工程点段分析，如长大隧道与桥梁、站场，以及取弃土（渣）场等临时占地，分析其可能造成不良生态环境影响的主要因素。重点应该集中在选址选线、永久性工程（路基、隧道、桥梁、站场工程、动车运用所等）、临时性工程（施工便道、取弃土渣场、材料及制梁场、施工人员生活场地、混凝土拌和站等）等的工程行为，分析项目拟实施的环境保护措施的可行性。具体内容应包括项目所处的地理位置、与工程相关的规划依据、工程类型、项目组成、占地规模、总平面及现场布置、施工方式、施工时序、运行方式、替代方案、工程总投资与环保投资、设计方案中的生态保护措施等。

5.2.1 工程概况

1. 项目地理位置及路线走向

明确高铁项目设计线路的地理位置和路线走向，初步判断项目与敏感区域的关系，对分析项目建设的生态环境影响有着重要作用。当项目经过生态环境脆弱区（如青藏高原地区、重要湿地区域等）、特殊和重要生态敏感区（如自然保护区、风景名胜区等）以及饮用水源保护区、森林公园、地质公园、重要湿地、文物保护单位等其他需要特殊保护的地区时，其可能产生的生态环境影响可能较一般区域更为复杂，且影响更深、范围更广。

工程概况中通常要介绍项目经过的行政区域、路线起始点、在不同行政区域内的路线长度等，并且绘制项目地理位置图、路线及敏感保护目标的位置关系图等。

2. 项目概况

高铁项目的建设内容，主要有工程性质、建设工期、主要技术指标，如设计速度、正线数目、线间距、最小曲线半径、最大坡度、运输组织、枢纽建设、高铁列车的运行对数及设计客运量等。

以客运专线项目为例，一般高铁项目工程分析需要介绍的建设内容包括路基、桥涵、隧道、站场、变电所、动车运用所等永久性工程，以及取弃土（渣）场、材料场、制梁场、混凝土拌和站等辅助工程，还有污水处理、声屏障等环保设施。具体涉及正线及联络线走向、长度，轨道类型及设计标准，站场数量和名称、车站中心里程、站间距、车站性质、建设规模、车站规模、用地和拆迁情况、景观设置等，桥梁数量及长度、桥梁中心里程、建设位置、跨域水域情况、水中桥墩情况、桥形设计等，隧道工程数量及长度、建设位置、隧道埋深等诸多内容。

为全面分析工程在不同时期产生的主要生态环境问题，项目概况介绍中通常采用项目工程特性表、项目组成表和工程施工布置图等图、表的方式说明工程基本情况，如表 5-1 所示。

表 5-1　新建赣州至深圳客运专线主要工程内容

类别	工程名称	工程内容
主体工程	线路工程	新建正线长度 436.124 km；新建联络线 1 处 4 条，共计 7.286 km
	站场工程	新建车站 10 座，预留车站 2 座
	路基工程	正线新建路基总长度 56.658 km，占线路正线总长度的 12.99%
	桥涵工程	正线新建桥梁总计 320 座、196.263 km，占线路正线总长度的 45.00%
	隧道工程	正线新建隧道 145 座，总长为 183.203 km，占线路正线总长度的 42.01%
	轨道工程	正线采用 60 kg/m 钢轨，无缝线路，主要铺设 CRTS-Ⅰ型双块式无砟轨道；联络线及动走线铺设有砟轨道
	电气化	新建牵引变电所 9 座
	动车组	新建深圳北第二动车运用所
辅助工程	房建暖通	新建房屋面积 223 703 m^2，新增定员总数为 3 837 人。不设采暖，乘务员公寓、综合维修综合楼、公安派出所及单身宿舍采用太阳能或电能供应热水

续表

类别	工程名称	工程内容
辅助工程	取土场	工程取土场28处，总占地面积77.16 hm^2，占地类型主要为林地，取土量为389.73万立方米
	弃土场	工程弃土场59处，总占地面积186.25 hm^2，占地类型主要为林地，弃土量为1 229.33万立方米
	弃渣场	工程弃渣场160处，总占地面积578.20 hm^2，占地类型主要为林地，弃渣量为3 984.31万立方米
	材料场	11处
	制（存）梁场	13处
	混凝土拌和站	45处
	填料集中拌和站	17处
	轨道板场	3处
	铺轨基地	2处
	施工便道	
环保工程	生态防护	边坡防护、排水沟、绿色通道、临时用地绿化、拦挡等
	噪声治理	声屏障26 922延米，隔声通风窗152 160 m^2
	污水处理	动车运用所采用厌氧池、调节斜板隔油池、化粪池污水处理工艺，车站生活污水采用化粪池、SBR（序列间歇式活性污泥法）、人工湿地处理
	电视接收受影响防护	预留有线电视入网补偿经费
	固体废物处理	生活垃圾进行统一收集，交由地方环卫部门统一处理；动车运用所危险废物交由有资质单位处置

3．重点工程

1）路基工程

路基工程部分需要了解项目里程数、路基面及形状、路基面宽度、路基边坡形式及坡率、路基工程占地类型及占地面积、土石方工程量、施工方式、路基防护措施等。

2）桥梁与涵洞

桥梁由四个基本部分组成，即上部结构、下部结构、支座和附属设施组成。其中，上部结构是在线路中断时跨越障碍的主要承重结构，跨越幅度越大，上部结构的构造也就越复杂，施工难度也相应增加。下部结构包括桥墩、桥台和基础，是支承桥跨结构的建筑物，同时需承受地震、水流和船舶撞击等荷载，桥台还要起到衔接路堤，防止路堤垮塌的作用。由于基础往往深埋于水下地基中，下部结构在桥梁施工中是难度较大的一个部分，故它也是确保桥梁安全使用的关键。支座设置在墩（台）顶，是用于支承上部结构的传力装置，它不仅需要传递上部结构的荷载，并且要保证上部结构按设计要求能产生一定的变位。附属设施对保证桥梁正常使用也是必不可少的，包括桥面系、伸缩缝、桥台搭板、锥形护坡等，以及交通与机电工程设施，即标志标牌、景观系统、通信和监控系统、收费系统等。

桥梁工程需要了解桥梁长度、跨河长度、桥墩数量、桥梁施工方案、施工时间、临时施工场地等。

3）隧道工程

铁路隧道结构由四部分组成。① 洞身：隧道结构的主体部分，是列车通行的通道，其长度由两端洞门的位置来决定。② 衬砌：承受地层压力，维持岩体稳定，阻止坑道周围地层变形的永久性支撑物。它由拱圈、边墙、托梁和仰拱组成。③ 洞门：位于隧道出入口处，用来保护洞口土体和边坡稳定，排除仰坡流下的水。它由端墙、翼墙及端墙背部的排水系统所组成。④ 附属建筑物：为工作人员、行人及运料小车避让列车而修建的避人洞和避车洞；为防止和排除隧道漏水或结冰而设置的排水沟和盲沟；为机车排出有害气体的通风设备；电气化铁道的接触网、电缆槽等。

隧道工程需要了解隧道长度、隧道洞口设计、隧道施工方式、施工时序、弃土场设置、临时施工场地等。

4）站场及动车运用所

站场工程需要了解站场数量及位置、占地面积及类型、土石方作业工程量、站场景观设计等情况。

5）大临工程

与普通铁路相比，高速铁路在工程建设中大量运用新技术、新工艺、新设备，出现了制（存）梁场、轨道板（双块式轨枕）预制场等普通铁路没有的新的临时工程。因此，一般高铁项目的大临工程包括：① 轨铺基地（存砟场）；② 制（存）梁场；③ 轨道板（双块式轨枕）预制场；④ 材料场；⑤ 铁路岔线、便线、便桥；⑥ 混凝土拌和站、填料拌和站；⑦ 汽车运输便道；⑧ 临时通信、临时电力线路、临时给水干管；⑨ 钢梁拼装场；⑩ 临时渡口、码头、栈桥等。另外，还有取弃土（渣）场、采石料场等临时工程。

大临工程要介绍其设置位置、数量、规模、土石方量及后期恢复措施等。

4. 可能涉及特殊和重要生态敏感区的工程区域

高铁项目由于建设线路长，建设标准高，涉及生态敏感区的可能性较大。

线路走向比选时，最优方案是避开敏感区，实在不能避免的，要进行环境、技术经济多方面分析，采取对环境影响最小的通过方式，同时针对具体环境保护目标开展环保设计。因此，工程概况中要了解拟建项目与敏感区的位置关系、敏感区的保护级别和保护对象，特别是穿越敏感区时，需要了解所穿越敏感区的分区情况及分区保护要求，同时要分析项目在敏感区内的工程行为和主要影响因素。

以新建铁路西安至成都客运专线为例，项目在陕西境内涉及 3 处自然保护区、1 处旅游区、1 处森林公园、1 处大熊猫走廊带，其敏感目标分布情况及初步分析见表 5-2。

表 5-2　新建铁路西安至成都客运专线在陕西境内敏感目标分布

保护目标	与线路位置关系	级别	保护对象	工程行为	影响要素	行政区划
陕西天华山国家级自然保护区	线路秦岭岭南引线在CK116＋800～CK133＋600段以桥隧相连形式断续穿越天华山自然保护区实验区约16.8 km	国家级自然保护区	大熊猫、金丝猴、羚牛等及其生境	隧道、桥梁、工程占地、土石方工程	工程占地、施工期活动、动植物正常生境，运营期噪声、振动	宁陕县
陕西汉中朱鹮国家级自然保护区	线路在CK213＋600～CK215＋200段以湑水河大桥形式跨越陕西汉中朱鹮国家级自然保护区实验区约1.6 km	国家级自然保护区	朱鹮及其生境	桥梁工程占地、土石方工程	工程占地及施工期、运营期噪声，朱鹮正常生境、水资源	洋县、城固
陕西汉江湿地省级自然保护区	线路以汉江特大桥形式跨越新建的汉江湿地保护区实验区	省级自然保护区	湿地生态系统	桥梁工程占地、土石方工程	工程占地及施工期扰动对湿地生态的影响	勉县、洋县、南郑县
天华山旅游区	线路以桥梁及路基形式在CK99＋380～CK99＋890段穿越规划的菜子坪旅游服务中心的员工生活福利区及游客服务中心区南缘外围地带510 m；涉及规划的天华山景区东南缘（位于天华山保护区实验区内），未穿越主要景点	—	规划的景区景观	隧道、桥梁、路基等工程占地、土石方工程	工程占地及施工期、运营期干扰	宁陕县
陕西省牢固关森林公园	推荐线路方案以隧道形式在CK335＋900～CK338＋800段穿越牢固关省级森林公园	省级森林公园	公园景观资源	隧道工程	施工期景观影响	宁强县

续表

保护目标	与线路位置关系	级别	保护对象	工程行为	影响要素	行政区划
菜子坪大熊猫走廊带	线路在CK94＋200～CK105，CK110＋300～CK116＋800段，以桥隧相连及路基形式断续穿越菜子坪大熊猫走廊带共计约17.3 km	—	大熊猫走廊	隧道、桥梁、路基等工程占地、土石方工程	工程占地、施工期大气、噪声等	宁陕县
陕西秦岭生态功能区	线路以隧道和桥梁形式跨越秦岭山地，线路高程及施工活动范围基本在海拔1 500 m以下，仅局部在1 500 m以上，但低于2 600 m	—	秦岭生物多样性及水源涵养功能	隧道、路基、桥梁、站场等工程占地、土石方工程	工程占地、施工期活动、噪声、水资源，动植物正常生境	
丰镐遗址	线路以桥梁形式从国家级文物保护单位丰镐遗址附近通过，工程位于丰镐遗址建设控制地带之外，距离遗址建控地带最近距离约100 m	国家级	旧时都城遗址	桥梁工程	工程占地、景观影响、振动影响	西安市

总的来讲，高铁项目穿越敏感区的可能性较大，结合项目建设内容与要求，分析项目建设对敏感区的生态环境影响，对实施生态环境调控是非常重要的。

5.2.2 施工规划与方式

路基、桥梁、隧道是高铁项目的重点工程，当采取不同的施工规划和施工方式时，产生的生态环境影响差别很大。如施工时序安排不当，很可能加剧生态环境的破坏。例如，桥梁钻孔施工过程如选择在鱼类繁殖季节，除了破坏河堤、河道环境，影响河流水质外，还会影响鱼类产卵与幼鱼生长，因此对水生生物的生存影响很大；隧道开挖或爆破时期若选择在雨季，会增加水土流失量；隧道采用不同的施工方式，产生的弃渣量不同，随之而需要设置的弃渣场规模也有区别。因此，要根据工程建设内容，结合区域环境现状，分析工程施工规划、施工布置情况，并特别关注路基、桥梁、隧道工程的施工，全面分析施工中产生的生态环境影响。

1．路基工程

路基工程开挖、取弃土等土石方作业，将直接破坏生态环境。同时，路基施工前对铁路用地范围及临时工程影响范围场地实施清理作业，将导致原有自然景观和生态环境的破坏，引起地表短时间裸露，并在一定范围内造成水土流失现象。

因此，路基工程的路线走向、开挖填筑位置及工程量、土石方量的合理调配、施工方式，以及施工营地、取弃土场、施工便道等临时工程的设置位置及规模是分析路基工程生态环境影响的基础资料。

2．桥梁与涵洞

桥梁工程较路基工程占地少，但同样在施工时也会产生一定的水土流失，并且跨河桥梁施工时将对水质、水生生物产生不良影响。不同桥梁结构有不同的施工方式，其中桩基施工采用钻孔灌注法，简支梁施工采用预制架设施工，连续梁施工采用悬灌施工，桥墩施工采用围堰、栈桥施工方式等。不同的施工方法，在不同区域，可能产生的生态环境影响是不同的。

高速铁路桥隧比很高，需要了解桥梁与涵洞的数量、位置、桥形、占地及涉水情况，特别是涉水桥涵的施工时间、施工方式；另外，还有桥梁孔跨布置、墩台及梁体的架设等基础资料。涉水桥梁的施工很可能对水生生态产生不良影响，如桥墩等基础施工时间选择在鱼类繁殖季节，将干扰鱼类正常的生存与繁衍。因此，施工规划中需要结合拟建桥梁周边陆生生态环境现状和水域基本资料，分析不同桥梁结构施工组织的合理性。

另外，要分析与桥涵工程配套的临时工程的设置情况，如制存梁场的位置、占地类型、占地面积等，既要考虑减少新增占地，又要考虑运输距离与安全。

3．隧道工程

隧道工程弃渣将占用土地，引起植被破坏和水土流失，同时，隧道施工可能会改变地下水流向，使得原有植被的水源消失，进而引发枯萎、死亡。

隧道工程需要了解隧道起止里程、长度、高程、顶部植被、隧道埋深，以及隧道施工方式、施工组织、隧道洞门设计、洞内轨道结构形式或类型、隧道弃渣场设置位置及占地类型和面积等。

隧道施工的方法根据隧道穿越地层的不同情况而有所不同，山岭隧道可采用矿山法（钻爆法）和掘进机法（TBM）。其中，矿山法又分为传统矿山法和新奥法；对于浅埋及软土隧道，可采用明挖法、盖挖法、浅埋暗挖法和盾构法等。隧道工程不同的施工方法和施工设置会产生不同的生态环境影响。

隧道施工位置若处于潜水层，可能引起地下水渗漏；隧道施工采用不同的方式，决定了弃土量的大小和弃土场的设置规模；采用爆破方法施工时，会惊扰周围野生动物，影响其栖息环境。因此，需详细了解工程施工规划，分析、预测生态环境影响，进而提出相应的生态环境保护措施。

4．站场及动车运用所

站场工程需要了解站场数量及位置、占地面积及类型、土石方作业工程量、站场景观设计等情况。

站场工程将占用土地，引起植被破坏和水土流失；但同时，站场作为城市建筑，优秀的站场设计是城市一张靓丽的名片，对提升城市整体形象非常有利。

5．大临工程

大临工程的基本资料，包括建设内容及建设规模、拟定选址位置、占地面积及占地类型、建设数量、施工工艺、周围敏感目标分布、施工结束后拟采取的复耕或植被恢复措施等。

5.2.3 源强分析

源强分析主要有两大部分：一是生态环境影响源强，二是环境污染源强。

1. 生态环境影响源强

生态环境影响源强，是指造成生态环境影响的各种人为活动。一般高铁项目的生态环境影响源强包括拆迁、占地、开挖，站场、隧道和桥梁施工，大临工程的施工作业等。

源强分析的主要内容是通过了解工程建设规模及建设内容，结合现场调查，从生态完整性和资源分配的合理性对项目建设可能造成的生态环境影响源强进行分析，并尽量给出定量数据。如占地类型（湿地、滩涂、耕地、林地等）与面积、植被破坏量（特别是珍稀植物的破坏量）、拆迁面积、移民数量、水土流失量等均应给出量化数据。

2. 环境污染源强

高铁项目施工和运行时会产生废水、扬尘、固体废物、噪声、振动等环境污染。工程分析主要依据施工机械、高峰期施工人员数量以及运行期工作人员和来往旅客数量等，给出项目建设和运行中生产废水、生活废水的排放量及主要污染物排放浓度；废气给出固定源、移动源、连续源、瞬时源的点位及主要污染物产生量；固体废物给出工程弃渣和生活垃圾的产生量；噪声则要给出主要噪声源的种类和声源强度。

1）废水

（1）施工期

高铁项目施工期的生产废水主要来自钻孔桩施工产生的泥浆

废水、施工机械车辆冲洗和维修废水，以及施工人员驻地排放的生活污水等。废水量按照各施工营地分别核算。参考已有高铁项目，施工营地废水主要污染物为悬浮物（SS）、石油类等。水质为 SS：150 ~ 200 mg/L；石油类：1.0 ~ 2.0 mg/L。施工期生活污水主要来自施工人员，参考已有施工场地，水质为化学需氧量（COD）：200 ~ 300 mg/L；SS：20 ~ 80 mg/L；动植物油：20 ~ 50 mg/L。

桥梁施工废水：桥梁施工工序分为施工准备、下部结构施工、梁片安装、桥上线路施工、附属结构施工五个步骤，对水环境的影响主要集中在下部结构施工，即钢围堰下沉及施工完毕后提起扰动局部泥沙上浮和围堰到位后吸泥清基封底、钻孔出渣排水。根据已有类比资料，桥梁下部施工每根桩基出渣量约为 50 m^3。钢围堰下沉或提起作业施工时间较短，扰动局部泥沙上浮引起水体浊度升高的范围一般在 50 m 内。

隧道施工废水：隧道施工排水含有大量泥沙，若直接排放，容易污染水体和引起受纳沟渠淤积。

（2）运行期

运行期污水主要来自站场、动车运用所等。其中站场主要是生活污水，主要污染物为 COD_{cr}、BOD_5、SS、氨氮等，一般 pH 为 7.5 ~ 8.0，COD_{cr} 为 150 ~ 200 mg/L、BOD_5 为 50 ~ 90 mg/L、SS 为 50 ~ 80 mg/L、氨氮为 10 ~ 25 mg/L。动车所集中在客车外表面清洗及动车检修产生的含油污水，污水中主要污染物为石油类，浓度为 80 ~ 100 mg/L。

运行期污水一般简单处理后排入城市污水管网，对环境影响较小。

2）废气

（1）施工期

施工期产生大气污染的工程行为主要有：以燃油为动力的施工机械产生的废气、运输车辆产生的汽车尾气，施工过程中的开挖、回填、拆迁及沙、石、灰料等装卸过程中产生的粉尘污染，车辆运输过程中引起的二次扬尘等，以及隧道爆破产生的烟尘等。

类比已有高铁工程，高铁施工中产生的扬尘在行车道两侧 TSP

（总悬浮颗粒物）浓度短期内可达 8 ~ 10 mg/m^3，一般影响范围在施工现场的 50 ~ 200 m 以内，而且随着施工的结束，污染也会随之消失。隧道爆破产生的烟气的主要成分有：CO、CO_2、H_2、NO、HCN、CH_4、NH_3、SO_2、NO_2、H_2S 等。

1 kg 工业炸药爆炸后，生成炮烟气体 350 ~ 1 000 L，其中有毒有害气体 60 ~ 150 L。若选用先进施工工艺，比如采用水压爆破法、乳化炸药代替粉状炸药等减少烟气产生量，可以有效减少炮烟污染。采用水压爆破技术，爆破后的破碎岩石均匀，高温高压下被雾化的水充分吸收了有毒、有害气体及粉尘，隧道内没有烟雾和氨味，粉尘浓度可以下降 60% 以上，洞内的空气质量得到了极大的改善，保护了施工环境和作业人员健康。

另外，施工中产生的废气会随着施工的结束而消失。

（2）运行期

运行期，高铁项目均为电力牵引，不再像以往的蒸汽机时代的燃煤机车一样排放大量废气。而对于站场，环境保护部（环办〔2014〕30 号）文件规定，建设项目不得新建 20 蒸吨（地级市及以上）及 10 蒸吨（其他地区）以下的燃煤锅炉。因此，新建高铁项目的站场一般不再新设燃煤锅炉。

高铁运行期间设备检修或维修时，可能有电焊、喷漆等作业，会产生电焊废气、漆雾等污染。焊接时电弧放电产生高温，在熔化焊条和焊件的同时产生了大量烟尘，长期吸入会造成肺组织纤维性病变，即称之为电焊工尘肺。

高铁动车组的漆面保养为两年一次，需要把全车的漆面都刮掉，然后再重新喷漆。喷漆将产生一定的废气，会对工作人员产生一定的危害。

但总的来讲，高铁项目由于使用电力牵引，不会对沿线生态环境和空气环境产生严重的破坏。

3．固体废物

根据高铁运行的特点，固体废物又分为一般废物和危险废物。

施工期产生的固体废物主要是拆迁房屋产生的建筑垃圾和施工人员的生活垃圾，拆迁的建筑垃圾产生量可以按照 0.68 m^3/m^2（拆迁面积）估算。施工营地的生活垃圾主要是办公废弃的纸张，工作人员丢弃的饮料瓶、塑料袋及厨余垃圾等，一般以高峰期施工人数进行估算。如果每人每天产生的生活垃圾按照 0.5 ~ 1.0 kg 计，则高峰期施工人数 2 000 人的工地将每天产生生活垃圾 1 ~ 2 t。

高铁运行期固体废物主要分为两种：一种是列车和车站旅客及工作人员产生的生活垃圾，其成分相对简单；另一种是车辆在运行、检修及保养时产生的固体废物，其成分相对复杂。运行期产生的生活垃圾主要是场站工作人员和过往旅客产生的生活垃圾，如塑料废纸、饮食垃圾、饮料罐、水果皮核类等，以及站场及列车产生的厨余垃圾。生活垃圾的产生量是可以根据人数进行估算的。例如，车站按照生活垃圾排放量为每人每天 0.4 kg 估算，故客运站旅客垃圾产生量一般为 2 ~ 4 t/d。高铁运行时产生的其他固体废物是在动车运用所对高铁列车设备检修、维护和保养时产生的，成分包括清洗除油时废弃的含油棉纱、机动车换下来的废油、车间含油污泥、废活性炭、废油漆桶等，另外还有废弃的金属边角料、金属屑、废动车零部件（如电池）等危险废物。

高铁项目固体废物相对简单，生活垃圾一般由市政工程处置，危险废物交由有资质的单位处理，因此，在采取合理的处置措施后，总的来讲固体废物对周围环境影响不大。

4. 噪　声

高铁项目在施工期和运行期都将产生噪声污染，引起生物生存环境变化。

1）施工期

高铁项目施工期噪声源主要为施工场地的施工机械和运输机械产生的噪声。施工场地内的噪声主要来自拌和站产生的噪声、钢筋加工时产生的噪声。另外，工程施工过程中，施工用船舶、车辆运输时均将产生噪声。

根据相关类比资料，施工机械所产生的噪声，距离声源 10 m 时，测得为 70 ~ 112 dB；距离声源 50 m 时，测得为 65 ~ 90 dB。如推土机、挖掘机等固定源及混凝土搅拌运输车、压路机、各种运输车辆等流动源将会产生很强的噪声。以 A 声级值较高的重型吊车为例，噪声源强为 90 dB（A），无遮挡情况下 315 m 处才会衰减到 60 dB（A）。

施工场地挖掘、装载、运输等机械设备作业时，各类施工机械噪声源强见表 5-3。

表 5-3 施工机械及运输作业噪声

施工阶段	名 称	测点与声源距离 /m	A 声级值 /dB（A）	平均值 /dB（A）
土石方	推土机	10	78 ~ 96	88
	挖掘机	10	76 ~ 84	80
	装载机	10	81 ~ 84	82
	凿岩机	10	82 ~ 85	83
	破路机	10	80 ~ 92	85
	载重汽车	10	75 ~ 95	85
打桩	柴油打桩	10	90 ~ 109	100
	落锤打桩	10	93 ~ 112	105
结构	平地机	10	78 ~ 86	82
	压路机	10	75 ~ 90	83
	铆钉机	10	82 ~ 95	88
	混凝土搅拌机	10	75 ~ 88	82

2）运行期

运营期噪声主要是列车行驶和动车运用所产生的噪声。类比相似项目的噪声预测结果，高铁运行后增加的噪声值可达到 0 ~ 25 dB（A），通常会导致沿线一定范围内敏感点噪声超标，对沿线动物的生存造成一定的干扰，从而迫使其远离高铁线路而另觅他处。

动车运用所噪声主要来自动车组进出库时的列车运行以及场界内检修机器作业的噪声，因为列车速度很低，同时检修作业基本在列检库内进行，有房屋及场界的围墙遮挡，噪声影响对外环境不明显。

5. 振　动

高铁建设中，路基工程、桥涵工程、隧道工程和铺轨工程等作业时，各种施工机械及混凝土搅拌运输车等将对周围环境产生振动影响。其中：

路基工程施工中振动影响主要来源于土石方施工机械，如推土机、挖掘机、铲运机、压路机和自卸运输汽车等。桥涵工程施工中振动影响主要来源于桥梁桩基、桥墩施工及梁的制作、铺架等工序。铺轨工程中振动影响主要来源于重载汽车运输和移动式吊车装卸、板式轨道专用机具作业等。隧道工程施工振动主要来源于隧道洞门开挖及爆破等。

参考已有高铁建设数据，施工机械与运输车辆所产生的振动值，在距离振源 10 m 时为 78.5 ~ 80 dB，距离振源 30 m 时只有 55 ~ 70 dB。一般来讲，高铁施工期振动源主要为动力式施工机械产生的振动，其中柴油打桩机和振动打桩锤为强振设备，产生的振级较大，会给邻近建筑物及周边野生动物的生存带来一定影响。

各类施工机械振动源强见表 5-4。

表 5-4　施工机械振动源强参考振级及达标排放距离

序号	主要施工机械振动源	参考振级/dB（距振源 10 m 处）	达标距离/m	
			昼间（75 dB）	夜间（75 dB）
1	推土机	79	16	22
2	挖掘机	78	14	20
3	混凝土搅拌机	74	9	13

续表

序号	主要施工机械振动源	参考振级/dB（距振源 10 m 处）	达标距离/m	
4	空压机	81	20	28
5	载重汽车	75	10	14
6	旋转钻机	83	25	35
7	压路机	82	22	32
8	柴油打桩机	98	141	200
9	振动打桩锤	93	79	112

高铁建成运营后，列车运行中车轮与钢轨撞击产生振动，经轨枕、道床、路基（或桥梁结构）、地面传播到建筑物，引起建筑物的振动，可能引起周围一定范围内的振动超标，从而影响周围生物的生存环境，导致动物远离线路。类比已有高铁项目，列车运行振动源强见表 5-5。

表 5-5　列车运行振动源强　　单位：dB

车速/（km/h）	路堤线路		桥梁线路	
	无砟轨道	有砟轨道	无砟轨道	有砟轨道
60	70.0	76.0	66.0	67.5
170	70.5	76.5	66.5	68.0
180	71.0	77.0	67.0	69.0
190	71.5	77.5	67.5	69.5
200	72.0	78.0	68.0	70.5
210	72.5	78.5	68.5	71.5
220	73.0	79.0	69.0	72.5
230	73.5	79.5	69.5	73.5
240	74.0	80.0	70.0	74.0
250	74.5	80.5	70.5	74.5

续表

车速/（km/h）	路堤线路		桥梁线路	
	无砟轨道	有砟轨道	无砟轨道	有砟轨道
260	75.0	81.0	71.0	75.0
270	75.5	81.5	71.5	75.5
280	76.0		72.0	
290	76.5		72.5	
300	77.0		73.0	
310	77.5		73.5	
320	78.0		74.0	
330	78.5		74.5	
340	79.0		75.0	
350	79.5		75.5	

5.2.4 环保选线

高铁项目施工线路长，涉及因素众多，选址选线时应该从技术、经济、环保等多角度分析项目的合理性，从而选择最佳方案。

替代方案分析包括工程比选和环境比选两个内容。其中，工程比选是从路线长度、工程地质条件、技术经济条件等方面将替代方案和推荐方案进行对比分析；环境比选的内容主要是分析各方案路线与自然保护区等生态敏感区的位置关系、对各敏感区的影响程度、对保护动植物的影响大小等因素。

近年来，我国高铁建设发展迅速，在替代方案比选上有着众多生动的环保案例，为高铁生态环境保护提供了大量可借鉴的宝贵经验。以拟建工程西安至十堰铁路为例，该铁路西安至商洛段越岭方案的工程比选和环境比选见表 5-6 和表 5-7。

表 5-6　西安至商洛段越岭方案工程经济比较表

项　目	草坪街垭口越岭方案（DK）	牧护关垭口越岭方案（D14K）	张家坪垭口越岭方案（D2K）	灞源垭口越岭方案（D8K）
线路长度/km	71.39	72.25	80.22	86.12
路基长度/km	4.89	3.89	5.54	4.15
桥隧长度/km	66.50	68.36	74.68	81.97
桥隧比例/%	93.15	94.61	93.09	95.18
拆迁量/m^2	8 200	11 320	13 650	14 130
地质条件	较好	较差	较差	较差
重点桥梁	未设置桥高大于 50 m 的桥梁	2 749 m、3 座，桥高大于 50 m，跨辋峪河桥高 130 m，工程设置条件较差，在 F1-1 断裂附近	6 234 m、4 座，桥高大于 50 m	6 386 m、5 座，桥高大于 50 m
静态投资/万元	969 536	971 937	1 083 004	1 156 122
差值/万元	0	2 401	113 468	186 586
影响比较	草坪街方案垭口布线条件好，线路最顺直，工程地质条件最优，工程设置条件最好，工程投资最省，草坪街垭口越岭方案最优			

表 5-7　西安至商洛段越岭方案与敏感环境保护目标关系

项　目	草坪街垭口越岭方案（DK）	牧护关垭口越岭方案（D14K）	张家坪垭口越岭方案（D2K）	灞源垭口越岭方案（D8K）	影响比较
秦岭终南山世界地质公园	穿越三级保护区	穿越王顺山核心景区	穿越王顺山核心景区	穿越王顺山核心景区	草坪街垭口越岭方案最优

续表

项 目	草坪街垭口越岭方案（DK）	牧护关垭口越岭方案（D14K）	张家坪垭口越岭方案（D2K）	灞源垭口越岭方案（D8K）	影响比较
玉山省级森林公园和风景名胜区	不涉及	不涉及	穿越	穿越	草坪街垭口越岭方案最优
王顺山国家森林公园	不涉及	穿越	不涉及	不涉及	
丹江源国家级水产种质资源保护区	穿越丹江源国家级水产种质资源保护区实验区1次	穿越丹江源国家级水产种质资源保护区实验区2次	穿越丹江源国家级水产种质资源保护区核心区3次、实验区3次	穿越丹江源国家级水产种质资源保护区核心区1次、实验区2次	
辋川河国家级水产种质资源保护区	穿越辋川河国家级水产种质资源保护区核心区3次、实验区1次	不涉及	不涉及	不涉及	方案（D14）、方案（D2K）、方案（D8K）较优

从工程地质、线路长度、工程投资等方面将几种方案进行了工程技术经济对比。其中，从垭口工程地质条件分析，灞源垭口方案最差，张家坪垭口方案次之，牧户关垭口方案相对较好，草坪街垭口方案最优。从线路长度、工程投资分析，张家坪垭口和灞源垭口偏离航空线较远，线路展长较多，草坪街垭口和牧护关垭口分列西安至蓝田至商洛的航空线两侧，两方案线路长度相当，草坪街垭口方案最短。由于线路长度及工程地质条件的差异，草坪街垭口方案投资最省，较牧护关垭口方案、张家坪垭口方案、灞源垭口方案分别节省 0.24 亿元、11.35 亿元、18.66 亿元。综上所述，从工程技术

经济的角度出发，草坪街垭口方案最优。

另外，对于各方案与敏感环境保护目标的关系分析，垭口方案均不可避免地穿越秦岭终南山世界地质公园和丹江源国家级水产种质资源保护区，其中除草坪街垭口方案外，其他方案均从秦岭终南山世界地质公园王顺山核心景区通过，且张家坪垭口方案、灞源垭口方案从玉山省级森林公园和风景名胜区穿过，牧护关垭口方案从王顺山国家森林公园穿过。综合分析，草坪街垭口方案在各项减缓与防护措施落实的情况下对环境的影响可控，可作为推荐方案。

替代方案分析需要综合考虑技术、经济、环保的要求，最佳目的是使线路既满足城市规划及技术要求，又能绕避环境敏感点及不良工程地质地段，更能节省土地资源及工程投资，达到技术经济最优。在建设绿色铁路的要求下，生态选线、生态环保将成为今后高铁建设的必需环节。

PART

6 生态环境现状调查与评价

6

高铁建设项目具有“长、高、多、杂”的特点，铁路线路长，经过区域多，可能经过不同的地理单元，穿越各种各样不同地形地貌的区域，也可能经过不同的气候单元，通过寒冷、炎热等不同地带。所以，建设项目产生的生态环境影响程度、深度，除了与项目本身的建设内容有关外，也与项目区域地形地貌特征、生态环境敏感程度、生态系统类型、生态环境问题等因素息息相关。

因此，要科学预测高铁项目的生态环境影响，有效保护区域生态环境，必须开展详细的生态环境现状调查，熟悉我国自然地理环境的地域分布规律，了解地貌、水文、土壤、气候、生态环境等现状；识别各个区域的自然地理和综合自然地理特征，清楚各自然地理成分的特征、结构、动态和发展规律；熟悉各成分之间的相互关系，物质和能量的循环及转化动态过程等内容。另外，还要熟悉国家现有生态环境保护要求，以及项目区域主要生态环境保护目标与项目的关系等内容，以确保项目建设符合国家、地方政府相关规定。

6.1 我国自然地理情况

我国位于欧亚大陆东南，国土广阔，横跨寒温带、温带、暖温带、亚热带和热带，几乎可以见到北半球所有的自然植被类型，从森林、草原到荒漠，从热带雨林到寒带针叶林和山地冻原，有“世界植被缩影”之称。在辽阔的中华大地上，包含着复杂多样、壮丽多姿的地貌类型，有雄伟的高原、起伏的山岭、广阔的平原、低缓的丘陵，还有四周群山环抱中间低平的大小盆地……，所有的这一切，提供了地球上生物生存的必要条件，养育了种类繁多的植物和动物。以下我国自然地理情况内容介绍主要参考赵济等编著的《中国自然地理》。

1. 我国自然环境的基本特征

我国幅员辽阔，自然环境复杂。最北境在黑龙江漠河附近的黑龙江江心，位于北纬 53°31′，最南境为南沙群岛的曾母暗沙，位于北纬 4° 附近，南北相距 5 500 km。其中，由于太阳入射角不同，气温随纬度而有较大差异，我国陆地约有 98% 位于北纬 20° ~ 50° 之间，亚热带、温带所占面积最广。

从海陆分布看，我国位于全球最大陆地与最大海洋之间，因而季风气候显著，加以青藏高原的影响，季风气候更加发达。季风在一年内的交替与进退，对我国自然地理环境的形成及地域差异，起着非常重要的作用。由东部海洋性湿润气候至西部大陆性干旱气候间的水平变化，使得自然景观的经度方向的干湿带性差异颇为显著。此外，我国大陆东海岸的地理位置，使得西风带影响微弱，即使在东部季风区，大陆性气候也有所表现，夏季较世界同纬度地区气温高，而冬季较同纬度地区气温低。

辽阔的国土、优越的地理位置、独特的自然历史条件，使我国具有复杂多样的地理环境和丰富的自然资源，其中最突出的特点是：季风影响显著，范围广阔；地形复杂，高原、山地和丘陵占有很大比重；独特的自然发展历史，土壤、生物资源丰富；人类活动使自然界发生深刻变化。

2．自然区划分

自然区是指在一定范围内各自然地理成分（岩石、地貌、气候、水文、土壤、植被和动物群落等）具有相对一致性的区域。由于自然条件的空间地理分布具有一定的规律性和区域共轭性，以及各自然地理成分之间的相互联系，在地球表面形成一系列等级高低不同的、自然地理特征相对一致的区域。泛指的自然区是这些自然区域的统称，既包括综合自然区划的各种综合自然区，如自然大区、自然区域、自然地区及自然带、自然地带等，又包括部门自然地理学的各种分区，如地貌区、气候区、水文区、土壤区、植被区、动物区等。根据中国科学院编写的《中国自然地理》，我国主要分为东部季风区、西北干旱区和青藏高原区三大自然区，东北、华北、华中、华南、内蒙古、西北、青藏 7 个自然地区，35 个自然副区。

东部季风区是指大兴安岭以东，内蒙古高原以南，青藏高原以东的广大地区。该区主要特点是：海拔较低，有广阔的平原；风向和降水均随季节有明显的变化；河流一般为外流河；植被以森林为主，部分为草原森林；除极少数地方外，天然植被已经不复存在。

西北干旱区是指内蒙古高原、塔里木盆地和准噶尔盆地等地貌单元，其主要特点是：海拔较高但差别显著；气温年较差、日较差大，多大风天气；植被大部分为荒漠，一部分为草原；大部分地区属于内流区；水是农业发展的决定性因素。

青藏高寒区是指以青藏高原为主体的地貌单元，涉及青海、西藏两省区的全部和四川西部、甘肃西南部、新疆南部和云南西北部。其主要特点包括：平均海拔在 4 000 m 以上；空气稀薄，气温低，冻土广布，太阳辐射强，风力大；植被为荒漠、草原与高山草甸灌丛，森林很少，土层薄弱；是许多大江大河的发源地；以畜牧业为主。

6.1.1 地貌特征

我国地势起伏显著，地区间海拔高程差别大，在各地形成不同类型的山地垂直景观，使我国的自然地理环境更加复杂。

1. 地势东高西低，呈阶梯状分布

我国地势西高东低，自西向东逐级下降，形成一个层层降低的阶梯状斜面，成为我国地貌总轮廓的显著特征。

青藏高原雄踞我国西部，海拔平均达 4 000 ~ 5 000 m，是我国最高一级地形阶梯。高原周围耸立着一系列高大的山脉，南侧是世界最高的喜马拉雅山，海拔平均在 6 000 m 以上，超过 8 000 m 的高峰有 7 座，北侧有昆仑山、阿尔金山和祁连山分布，东南有岷山、邛崃山和横断山等排列，地势以巨大落差降低与第二级地形阶梯相接。

青藏高原东缘以东的第二级地形阶梯上，自北向南分布着内蒙古高原、鄂尔多斯高原、黄土高原、云贵高原，海拔 1 000 ~ 2 000 m 不等。地表组成物质和内、外营力的不同，使地表形态差别极为显

著，有的地势起伏和缓，牧草丛生，有的荒漠广布，沙丘累累，有的沟壑纵横，梁、峁遍布，有的坝子众多，喀斯特地貌分布广泛。高原上的山地很多，如阴山、六盘山、吕梁山、秦岭、大巴山、大娄山、武陵山、苗岭等，海拔大多在 1 500 ~ 2 500 m，少数高峰在 3 000 m 以上。四川盆地海拔较低，大部分在 500 m 以下。

在第二级地形阶梯边缘的大兴安岭至雪峰山一线以东，是第三级地形阶梯，主要以平原、丘陵和低山地貌为主。自北向南分布着东北平原、华北平原和长江中下游平原，海拔多在 200 m 以下。这里地势低平，沃野千里，是我国最重要的农业基地，人口、城镇、村落密集，工业基础雄厚，是交通便捷的经济区。长江以南为低山丘陵，广大地区海拔不超过 500 m，地面起伏不平，平坦的河谷平原、盆地与低缓的丘陵、低矮断续相连的低山交错分布。在这些平原、低山丘陵以东，还有一列北北东走向的山脉——长白山、千山、鲁中山地，以及浙闽沿海的仙霞岭、武夷山、戴云山等分布，海拔多在 500 ~ 1 500 m，虽然绝对高度不大，但从低海拔的平原和谷地仰望山峦，也颇为巍峨。海岸线以东，为宽阔的大陆架浅海，是大陆向海洋平缓延伸的部分，水深在 100 ~ 200 m，宽在 400 ~ 600 km，为重要渔场，并蕴藏有丰富的石油资源。在大陆架上，岛屿星罗棋布，以台湾岛和海南岛最为有名。

西高东低、呈阶梯状下降的地势，是我国地貌轮廓最为突出的特点，对河流分布影响最显著。我国著名的江河，大都发源于第一、第二级地形阶梯上，自西向东流注，沟通了东西之间的交通，加强了沿海与内陆的联系。在地势呈阶梯状急剧下降的地段，河流下切，坡大流急，峡谷栉比，水力资源丰富，适于大型水利枢纽工程的梯级开发。

2. 山脉众多，起伏显著

我国是一个多山国家，山地占全国总面积的 1/3，山脉纵横交织，把中国大地分隔成许多网格，高原、盆地、平原和海盆镶嵌于这些网格中，从而构成我国地貌网格状的分布格局。分布广泛的山脉，不仅是构成宏观地貌分布格局的骨架，也是重要的地理分界线。根据走向，我国山脉主要分为以下几种类型：

南北走向的山脉：位于我国的中部地区，自北向南有贺兰山、六盘山及著名的横断山脉等。川西、滇北的横断山脉由一系列平行的岭谷相间的高山和深谷组成，主要有邛崃山、大雪山、沙鲁里山、宁静山、怒山、高黎贡山等，海拔大多在 4 000 m 以上。山脉之间夹峙着大渡河、雅砻江、金沙江、澜沧江、怒江等大河，河谷深切，形成高差显著的平行岭谷地貌。这一南北纵列的山脉，把全国分成东、西两大部分。西部多为海拔超过 3 500 m 的高山和高逾 5 000 m 的极高山，如喜马拉雅山、冈底斯山、祁连山、昆仑山等，山脉主要为北西、北西西走向；东部多为海拔低于 3 500 m 以下的中山和低山，以北北东走向为主，如大兴安岭、太行山、雪峰山、长白山、武夷山等，仅台湾玉山主峰和秦岭太白山海拔超过 3 500 m。

东西走向的山脉：主要有三列，最北是天山和阴山，中间一列大致位于北纬 33°~35°，有昆仑山、秦岭、淮阳山，最南一列是南岭，大致位于北纬 25°~26°。这三列东西走向的山脉，距离大致相等，相距各约 8 个纬度，具有明显的等距性。西部的昆仑山、天山海拔高度多在 4 000~5 000 m，成为青藏高原、塔里木盆地、准噶尔盆地之间的天然分界。由于我国东部总的地势较低，这些山脉仍显得高峻挺拔，成为我国地理上的重要界限。

北西走向的山脉：主要分布在我国的西半壁，主要有阿尔泰山、祁连山、喀喇昆仑山、可可西里山、唐古拉山、冈底斯山、念青唐古拉山等。这些山脉大都山势高峻，气候严寒，普遍有现代冰川发育。

北东走向的山脉：主要分布在东部，自西向东分为西列、东列与外列。西列包括大兴安岭、太行山、巫山、武陵山、雪峰山等；东列北起长白山，经千山、鲁中低山丘陵到武夷山；外列分布在大陆外侧的台湾岛上。

3. 地貌类型复杂多样

我国地域辽阔，地质构造、地表组成物质及气候水文条件都很复杂，按地貌形态可以分为山地、高原、丘陵、盆地、平原五大基本类型，其中以山地和高原面积最广。在纵横交错形成我国网格状格局骨架的山地中，有四大高原（青藏高原、内蒙古高原、黄土高原和云贵高原）、四大盆地（塔里木盆地、准噶尔盆地、柴达木盆地、四川盆地）、三大平原（东北平原、华北平原和长江中下游平原）镶嵌于这些网格中。

青藏高原是全国面积最大、海拔最高的高原。内蒙古高原偏处北部内陆，气候干燥少雨，流水作用弱，地表坦荡开阔，地形起伏和缓，是我国高原形态表现明显、高原面保存比较完整的高原。在第四纪冰期干寒气候条件下，黄土沉积旺盛，形成举世闻名的黄土高原。随着间冰期气候转向温湿，质地疏松的黄土经流水强烈侵蚀，使高原大部地区沟壑纵横、梁峁遍布。由于黄土质地疏松，抗蚀能力差，水土流失严重，地面常被沟壑分割，显得特别破碎，河流的含沙量极大。云贵高原，石灰岩分布范围广，气候暖湿，除滇中、滇东和黔西北尚保存着起伏较为和缓的高原面以外，大部地区为长江、珠江及元江等支流分割成崎岖不平的地表。云贵高原的石灰岩分布地区，喀斯特地貌齐全，发育完好。

柴达木盆地气候干燥，分布着许多盐湖和盐沼，盐矿资源品种繁多，储量丰富；有色金属、黑色金属、稀有金属资源和石油资源等也都非常丰富。盆地日照长，光能资源丰足，农业单产高；河流沿岸，牧草肥美，畜牧业也占重要地位，故有“聚宝盆”之称。塔里木盆地面积 53 万平方千米，是我国最大的盆地。从盆地边缘到盆地内部，地表组成物质和地貌形态呈环带状排列。环盆地边缘，受两侧高山冰雪融水滋润，分布着农业发达、人口集中的沃野绿洲，自古以来就是联系“丝绸之路”的重要通衢。准噶尔盆地是我国第二大盆地。因盆地西部山地不高，又有很多缺口，属半封闭型盆地，降水稍多，植被较密，主要为固定、半固定沙丘，且草场广阔，畜牧业发达。盆地南缘受天山冰雪融水浇灌，绿洲农业发达，城镇集中。四川盆地因中生界紫红色砂、页岩分布广泛，又称“红色盆地”或“紫色盆地”。盆地地处亚热带，气候温暖湿润，水系稠密，人口众多，土壤肥沃，物产丰富，经济发达，是我国富有的地区之一，享有“天府之国”的美誉。

我国的三大平原集中分布于东部第三级地形阶梯上的东西向与北东向山脉之间的网格中，面积辽阔，地势低平，交通便利，人口密集，为全国主要农耕基地。东北平原是我国最大的平原，以黑土面积大、沼泽分布广为特色。华北平原地势低平，地面坡降很小，不少地段河床高于两岸平原之上，地上河与河间洼地相间分布，构成华北平原独特的特色。长江中下游平原以地势低平、湖泊密布、河渠稠密、水田连片为特色，为全国著名的鱼米之乡。

我国的丘陵也主要分布在东部，即第三级阶梯地形面上，以雪峰山以东、长江以南的广大地区最集中，统称“东南丘陵”。东南丘陵主要分布在一系列北东走向的中低山的两侧，其间错落排列着大大小小的红岩盆地，地表形态主要表现为绝对高度低、相对起伏小的丘陵。由于各地岩性不同，在江南丘陵分布着厚层红色砂岩和砾岩；浙闽丘陵花岗岩、流纹岩分布范围大；两广丘陵西部，石灰岩分布面积广，喀斯特地貌发育。山东丘陵和辽东丘陵坐落在山东半岛和辽东半岛上，由变质岩和花岗岩组成，地面切割比较破碎，海岸曲折，多港湾和岛屿，为著名的暖温带水果产区。

除以上五种基本地貌类型外，由于地势垂直起伏大，海陆位置差异明显引起的外营力的地区差别及地表组成物质不同等，还形成冰川、冰缘、风沙、黄土、喀斯特、火山、海岸等多种特殊地貌。

4．高铁与复杂地貌

高速铁路工程以窄条形状通过沿线区域，有着“长、高、多、杂”的特点，我国现有已建成通车的高铁项目中，大部分所经过的区域都具有复杂的地貌。

兰新高速铁路是中国一条连接甘肃省兰州市与新疆维吾尔自

治区乌鲁木齐市的高速铁路，全长 1 775.77 9 km，是飞越天山的钢铁丝路，是我国首条穿越高海拔和戈壁荒漠地区的高速铁路。此外，它还是目前中国海拔最低（艾丁湖 – 155 m）和最高（祁连山隧道 3 607 m）的高速铁路。铁路沿线经过河西走廊和天山北缘，沿线有大坂山、祁连山，有达坂城湿地，还有戈壁荒漠。

西成高铁途经我国地理上最重要的南北分界线，是我国首条穿越秦岭山脉的高速铁路。线路自西安北站引出，自北向南穿越关中平原、秦岭山脉、汉中平原等进入四川盆地，沿线穿越平原、丘陵、山地，地貌条件非常复杂。

复杂地貌为高铁设计施工与安全运行带来困难，也加大了铁路绕避生态环境敏感目标的难度。

6.1.2 气　候

1. 气候特点

我国气候类型复杂多样，以亚热带、温带气候为主。按照气温的不同，从南到北依次为南热带、中热带、北热带、南亚热带、中亚热带、北亚热带、南温带、中温带、北温带 9 个气候带和 1 个高原气候区域，按照水分条件，自东南向西北，又有湿润、半湿润、半干旱和干旱气候区之别。按照海拔高度，各地山区气候垂直带谱又不尽相同。中央气象局根据大于等于 10 °C 积温等气温指标和干燥度指标，又将 9 个气候带划分为 18 个气候大区、36 个气候区，1 个高原气候区域划分为 4 个气候大区、9 个气候区，显示出我国气候的复杂多样。

从气候分类和区划中可以看出，我国绝大多数领土属于亚热带和温带气候区域，而热带气候仅在南海诸岛、台湾南部、琼雷、滇南等少数地区。雷州半岛以北至秦岭-淮河的广阔的亚热带气候区域，在世界气候上颇具特性。因为地球上大约与此相同的纬度带内，多为干燥的沙漠带，而我国这一地带却是终年湿润、四季常青的鱼米之乡。秦岭-淮河以北的温带气候区域，自南向北因气温递减而分成 3 个气候带，自东向西因水分的递减而分成 4 个气候区。庞大的青藏高原，位于我国西部偏南，自身既形成世界上最特殊的气候单元，又通过热力与动力作用影响我国气候，使我国气候的复杂性更加突出。

2. 气　温

我国气温分布总的特点是：北冷南热，冬冷夏热，南北温差大，而且温度差异冬季远大于夏季；平原暖，高原冷；年平均气温由南向北逐渐降低；平原和高原上等温线稀疏，高原边缘和大山脉附近等温线密集。

我国地处中低纬度，温带、亚热带的范围相当广，全国大部分地区四季分明，仅华南地区长夏无冬，大兴安岭、青藏高原等地无夏，藏北地区西部全年皆冬，云南中部四季如春。四季分明的地区，位置越北，春秋季节越短。气温的这些变化特点对农业影响大。它使得喜暖的一年生作物可以向北分布，而又限制了热带、亚热带等的多年生作物向北移植，农业地带性差别因而特别复杂。

3. 降　水

全国平均年降水量 650 mm 左右，自东南沿海向西北内陆逐渐减少。按照正常年降水量可以将我国划分为 5 个降水量带。

年降水量大于 1 600 mm 带，主要分布在我国东南部；年降水量 800 ~ 1 600 mm 带，在上述降水带之北，淮河、汉水之南，包括长江中下游和广西、贵州、云南、四川大部分地区；年降水量 400 ~ 800 mm 带，一般指淮河、汉水之北的秦岭山地、黄土高原、华北平原、东北平原以及边缘山地丘陵，并包括青藏高原东南边缘地区；年降水量 200 ~ 400 mm 带，在上述降水带之北，包括内蒙古高原和青藏高原东部草原带，以及西北内陆地区的天山、阿尔泰山迎风坡低山带；年降水量 200 mm 以下地区，指上述降水带之西北或盆地中部，其中塔里木盆地、柴达木盆地年降水量在 50 mm 以下。

在我国季风气候显著的东部和南部地区，由于季风环流多变，旱、涝都比较突出。如华北地区冬、春的干旱和盛夏的洪涝，长江中下游地区盛夏的伏旱与夏秋季的洪涝都经常发生，尤其是华北的春旱几乎年年都有，只是程度有所不同而已。

4．高铁与复杂气候

高铁项目经过区域地形地貌复杂，各区域气候条件差别很大。恶劣的气候条件也导致区域生态环境非常脆弱，也为高铁项目的生态环境保护带来不少困难。以兰新高速铁路为例，路线经过区域海拔高差大、高寒、高温、风沙大，冬干春旱，还有冰雹、紫外线强……气候条件非常复杂。线路在甘肃、新疆境内大部分穿行于戈壁荒漠地区，气候干旱少雨、风沙大；第二双线西宁至张掖段穿越大坂山、祁连山，涉及区域最冷月平均气温为 – 13.1 °C，极端最低气温为 – 34.5 °C，气候寒冷、生态脆弱；另外，新疆境内有些路段昼夜温差大，甚至有区域温差超过 20 °C，有“早穿棉袄，午穿纱，围着火炉吃西瓜”的说法。并且，新疆段途经烟墩风区、百里风区、三十里风区、达坂城风区四大风区，其中，百里风区、三十里风区的风力最为强劲，部分区段年均大于 8 级大风天气达到 208 天，最大风速达 60 m/s，会造成越野车迎风侧的玻璃瞬间碎掉。

受气候条件的影响，兰新高铁的生态环境保护任务相比其他地区更为艰巨，为此，建设者们也集思广益，因地制宜采用诸多有效方法，积累了众多成功的经验。工程完成了防风工程的技术创新，成功建设了国内首例大规模的世界领先的防风工程。除了是世界上穿越最长风区的高速铁路，兰新高铁还有多个突出的成绩：一次建成通车距离最长的高速铁路、在建项目中防风工程规模最大、防风工程技术运用世界领先。

6.1.3 陆地水

我国河流众多。据统计，我国大小河流总长度约 42 万千米，在气候和地貌的制约下，我国水系的地域分布很不平衡。在夏季风所能到达的湿润和半湿润地区，河网众多，水量丰富或比较丰富，绝大多数河流直接注入海洋，成为外流流域，流域面积约占国土面积的64%。我国主要外流河的上游几乎都在民族地区，流向除东北和西南地区的部分河流外，受我国地形西高东低的总趋势控制，干流大都自西向东流。

我国河流空间分布呈现东多西少、南丰北欠的不平衡性。总体来讲，有珠江水系、长江水系、黄河水系、淮河水系、辽河水系、海河水系和松花江水系。许多拟建、在建、已建的高速铁路穿梭其中。

1. 长　江

长江发源于唐古拉山，流经青海、西藏、四川、云南、重庆、湖北、湖南、江西、安徽、江苏、上海11个省（区市），于崇明岛以东注入东海，全长约6 300 km，长度居世界第三位。

长江流域呈多级阶梯形地形，流经山地、高原、盆地（支流）、丘陵和平原等，如青藏高原、横断山脉、云贵高原、四川盆地、江南丘陵、长江中下游平原。

长江流域气候温暖，雨量丰沛，面积辽阔，地形变化大，因此有着多种多样的气候类型，同时也经常发生洪、涝、旱、冰雹等自然灾害。长江中下游地区四季分明，冬冷夏热，年平均气温16～18 °C，夏季最高气温达40 °C左右，冬季最低气温在－4 °C左右。四川盆地气候较温和，冬季气温比中下游增加约5 °C。昆明周围地区则是四季如春。金沙江峡谷地区呈典型的立体气候，山顶白雪皑皑，山下四季如春。江源地区属典型的高寒气候，年平均气温－4.4 °C，四季如冬、干燥、气压低、日照长且多冰雹大风。

长江流域林木蓄积量占全国的1/4。主要林区在川西、滇北、鄂西、湘西和江西等地。用材林仅次于东北林区；经济林则居全国首位，以油桐、油菜、漆树、柑桔、竹林等最为著称。国家重点保护的野生动植物群落、物种和数量在中国七大流域中多占首位。流域内已建立了约100处多保护目标的自然保护区，最著名的保护区位于湖北神农架。古老珍稀的孑遗植物如水杉、银杉、珙桐；硕果仅存的珍禽异兽，如大熊猫、金丝猴、白暨豚、扬子鳄、朱鹮等驰名中外，多属长江流域特有。

长江流域大部分地处亚热带季风区，气候温暖湿润，四季分明，年积温高，农作物生长期长，许多地区雨热同季，农业生产的光、热、水、土条件优越。流域有耕地2 460多万公顷，占全国耕地总面积的1/4，而农业生产值占全国农业总产值的40%，粮食产量也占全国的40%，其中水稻产量占全国的70%，棉花产量占全国的1/3以上，油菜籽、芝麻、麻类、茶叶、烟草、水果等经济作物，在全国也占有非常重要的地位。成都平原、江汉平原、洞庭湖区、鄱阳湖区、巢湖地区和太湖地区都是我国主要的商品粮基地。

2. 黄　河

黄河，中国古代称大河，发源于中国青海省巴颜喀拉山脉，流经青海、四川、甘肃、宁夏、内蒙古、陕西、山西、河南、山东9个省区，最后于山东省东营市垦利区注入渤海。

黄河流域面积辽阔，山脉众多，东西高低悬殊，各区地貌差异也很大。黄河从河源至贵德多系山岭及草地高原，属青藏高原，海拔均在3 000 m以上山峰超过4 000座，源头河谷地海拔4 200 m，河源段河谷两岸地形平缓、排水不畅，形成大面积沼泽地，湖泊多；贵德自孟津江段是黄土高原地区，黄土高原东为吕梁西坡，南为渭河谷地，北与鄂尔多斯高原相接，西至兰州谷地；黄土高原海拔一般在1 000～1 300 m，地貌起伏不平，坡陡沟深，沟壑地面坡度15°～20°，沟谷面积占40%～50%，沟道密度为3～5 km/m^2，切割深度在100 m以上；孟津以下进入地势低平的华北平原，海拔不超过50 m，进入下游后河道平坦，平均比降只有0.12%，水流变缓，泥沙大量淤积，高出地面4～5 m；由于黄河多次改道，地面积出扇状的古河床和古自然堤，成为缓岗与洼地相间分布的倾斜平原，洼地比较开阔平展。

黄河流域由于处于中纬度地带，受大气环流和季风环流影响的情况比较复杂，因此，流域内不同地区气候的差异显著，气候要素的年、季变化大。流域冬干春旱，夏秋多雨，其中 6 ~ 9 月降水量占全年的 70% 左右；盛夏 7 ~ 8 月降水量占全年降水总量的四成以上。

温差悬殊是黄河流域气候的一大特征。黄河流域地区季节差别大，上游青海省久治县以上的河源地区为“全年皆冬”；久治至兰州区间及渭河中上游地区为“长冬无夏，春秋相连”；兰州至龙门区间为“冬长（六七个月）、夏短（一二个月）”；流域其余地区为“冬冷夏热，四季分明”。

冰雹是黄河流域的主要灾害性天气之一。据统计，黄河上游兰州以上地区和内蒙古境内全年冰雹日数多超过 2 天，其中东经 100° 以西的广大地区多于 5 天，特别是玛曲以上和大通河上游地区多达 15 ~ 25 天，成为黄河流域冰雹最多的区域，也是国内的冰雹集中区。

沙暴和扬沙主要由大风所引起，并且与当地（或附近）的地质条件及植被状况密切相关。据统计，流域的宁夏、内蒙古境内及陕北地区，由于多年平均大风日数均在 30 天以上，区域内又有腾格里沙漠、乌兰布和沙漠和毛乌素沙漠，全年沙暴日数大多在 10 天以上，扬沙日数超过 20 天；有些年份沙暴最多可达 30 ~ 50 天，扬沙日数超过 50 天。

黄河流域土地、水能、煤炭、石油、天然气、矿产等资源丰富，在全国占有重要的地位，发展潜力很大。流域内现有耕地 1.79 亿亩（1 亩约 667 m^2）、林地 1.53 亿亩、牧草地 4.19 亿亩，宜于开垦的荒地约 3 000 万亩。黄河流域上游地区的水能资源、中游地区的煤炭资源、下游地区的石油和天然气资源，都十分丰富，在全国占有极其重要的地位，被誉为中国的“能源流域”。

3. 珠　江

珠江发源于云贵高原乌蒙山系马雄山，流经中国中西部滇、黔、桂、粤、湘、赣六省区及越南北部，在下游从 8 个入海口注入南海。珠江水系共有大小河流 774 条，总长 36 000 多千米，珠江年径流量 3 300 多亿立方米，是中国南方最大河系，也是中国境内第三长河流。

珠江流域为亚热带气候，多年平均气温在 14 ~ 22 °C。年际变化不大，但地区差异大，最高气温 42 °C，最低 – 9.8 °C，多年相对湿度在 71% ~ 82%，年平均风速 0.7 ~ 2.7 m/s，最大风速 30 m/s。流域内雨量丰沛，多年平均年降水量 1 470 mm。降水量由东向西递减，一般山地降水多，平原河谷降水少。径流年内分配在汛期（4 ~ 9 月）的径流量占年径流量的 80% 左右，枯水期（10 ~ 3 月）占年径流量的 20% 左右。珠江的洪水主要由暴雨形成，造成较大洪水的暴雨成因多为锋面、西南槽、热带低压及台风等。流域面积广，暴雨强度大，上中游高山丘陵地区洪水汇流快，中游又无湖泊调蓄，因此遇上大面积的连续暴雨，往往形成峰高、量大、历时长的洪水，危及中下游沿江地势低洼、人口众多、经济发达的城镇和广大农田，制约经济发展，影响社会安定。

珠江流域面积广阔，多为山地和丘陵，占总面积的 94.5%，平原面积小而分散，仅占 5.5%，比较大的是珠江三角洲平原。珠江流域总的地势是西北高，东南低。西北部为平均海拔 1 000 ~ 2 000 m 的云贵高原，在高原上分布有盆地和湖泊群。高原边缘地区激流瀑布很多，其中以北盘江打帮河上源白水河上的黄果树瀑布最为著名。云贵高原以东，是一片海拔在 500 m 左右的低山丘陵，称两广丘陵。在低山丘陵之间也有不少海拔达到或超过千米的山岭，同时分布有许多盆地和谷地。广西以及云贵高原东部广泛分布着石灰岩，到处可以看到奇异的石林、深邃的洞穴和地下暗河，以云南的石林和桂林的山水最为典型。珠江下游的冲积平原是著名的珠江三角洲，河海交汇，河网交错，平畴绿野，美丽富饶，具有南国水乡的独特风貌。

珠江流域内经探明的矿藏资源有 58 种，其中矿石储量亿吨以上的有煤、铁、硫、锡、钨、铝、锰等 25 种，还有金、铀、钛、铌、钽等珍贵矿藏。较著名的矿区有贵州的六盘水煤矿，广西的南丹大厂矿、平果大铝矿、大新下雷锰矿、象州重晶石矿、梧州东南的金矿、岑溪的钛铁矿，广东的云浮硫铁矿，云南的个旧锡矿等。另外，珠江口外南海蕴藏有丰富的石油和天然气。

4. 淮　河

淮河发源于河南省南阳市桐柏县西部的桐柏山主峰太白顶西北侧河谷，地跨河南、湖北、安徽、江苏、山东五省，介于长江和黄河两流域之间，流域面积 274 657 km^2，东西长约 700 km，南北平均宽约 400 km，西北部高，东南部低. 海拔在 600 ~ 1 000 m，豫西石人山最高为 2 153 m。淮河流域上游两岸山丘起伏，水系发育，支流众多；中游地势平缓，多湖泊洼地；下游地势低洼，大小湖泊星罗棋布，水网交错，渠道纵横。

淮河是中国南北方的自然分界线，中国 1 月 0 °C 等温线和 800 mm 年均等降水线大致沿淮河和秦岭一线分布。淮河以北属暖温带半湿润区，淮河以南属北亚热带湿润区，气候温和，年平均气温为 11 ~ 16 °C。气温变化由北向南，由沿海向内陆递增，极端最高气温达 44.5 °C，极端最低气温达 – 24.1 °C。淮河流域地处北亚热带向暖温带过渡区，属大陆性季风气候，大气系统复杂多变，降雨时空分布不均，极易产生水旱灾害。

淮河流域 5 月至 8 月的汛期 3 个月通常降雨 500 ~ 600 mm，特别是 6 月、7 月，江淮地区特有的梅雨季节，降雨可持续一两个月，范围之大，可覆盖全流域；丰水年和贫水年交替，降水量平均相差四五倍。研究淮河灾害史发现，近 530 年流域性洪涝灾害 131 次。其中，洪灾平均 3 年多一次。历史上黄河“夺淮入海”，黄河泥沙在下游的沉淀，加剧了淮河下泄不畅的地理特征，使内涝成为淮河水灾的重要形态。

淮河上游源头区域，总土地面积 21 109 km^2，2001 年原国家环保总局将河南省信阳市 10 个区县和南阳桐柏县等 11 个区县所属区域作为“南水北调”的重要水源区，批准为淮河源国家级生态功能保护区试点，加强对该区域水资源及生物多样性的保护工作。2008年，环境保护部与中国科学院联合发布《全国生态功能区划》，将该区域确定为国家重要生态功能区；2010年，国务院发布《全国主体功能区规划》，将该区域部分地区确定为国家重点生态功能区；2010年，国务院批准实施《中国生物多样性保护战略与行动计划》（2011—2030年），将该区域确定为大别山区生物多样性保护优先区域。淮河源生态功能与生物多样性保护的战略地位已引起国际国内的高度关注。

淮河流域矿产资源以煤炭资源最多，初步探明的煤炭储量有700多亿吨，主要集中在安徽的淮南、淮北和豫西、鲁西南、苏西北等矿区，且煤种全、煤质好、埋藏浅、分布集中，易于大规模开采，煤炭产量约占全国的1/8。苏北沿海素为我国重要盐产区，流域内苏北、淮南、豫西等又先后发现多处大型盐矿，可供大量开采。

5. 黑龙江及其支流松花江

黑龙江跨中国、俄罗斯、蒙古三国，全长4 440 km（以海拉尔河为源），流域面积达185.6万平方千米，为世界第十位，在中国境内的流域面积约占全流域面积的48%。黑龙江共有支流200余条，其中较大的有松花江、乌苏里江、结雅河、布列亚河等。

该流域为季风气候——来自大陆和海洋的风随季节转换。冬季，从西伯利亚来的干冷空气带来晴朗干燥的天气，伴有强霜。夏季，以温暖潮湿的海风为主，带来大雨从而提高该流域及其主要支流的水位。秋季，温暖而干爽。该流域降水量不平衡，沿海地带最大，每年在600 ~ 900 mm。

河流主要靠夏秋降落的季风雨补给，雨水很快流入河中，形成5 ~ 10月的洪涝期，其平均流量约为403 m^3/s。冬季，在哈巴罗夫斯克（伯力）附近，流量降低为5.5 ~ 7.4 m^3/s。10月下半月黑龙江开始结冰。上游在11月初封冻，下游在11月下半月封冻。河流下游在4月底解冻，上游在5月初解冻。冰塞常在河流急弯处发生，暂时抬高水位多达15 m。河流每年约带来2 000万吨的沉淀物。

该流域的许多地方在泰加林植被带。特别是在泥炭区，落叶松是主要树种，在较干的地方有一些松、云杉和枞。在南面的大、小兴安岭，可见阔叶林与阔叶针叶混交林，林中以蒙古栎树、松和落叶松为主。该流域鱼类丰富，下游约有 100 种鱼，上游约 60 种，甚至超过了窝瓦河和多瑙河一类的欧洲大河。黑龙江的一个特点是，大量鱼类在海中发育，以避免遭受夏季河中出现的水位急剧变化的损害。

6．辽　河

辽河发源于河北省平泉市七老图山脉的光头山，流经河北、内蒙古、吉林、辽宁四省区，全长 1 345 km，注入渤海，流域面积 21.9 万平方千米，是中国七大河流之一。

辽河流域山地占 35.7%，丘陵占 23.5%，平原占 34.5%，沙丘占 6.3%。西部为大兴安岭、七老图山和努鲁儿虎山，高程 500 ~ 1 500 m，东部为吉林哈达岭、龙岗山和千山，高程 500 ~ 2 000 m，流域地势大体是自北向南、自东西两侧向中间倾斜，中下游形成辽河平原，高程 200 m 以下。

辽河流域大部分地区属温带半湿润半干旱的季风气候，全流域多年平均年径流量为 126 亿立方米。辽河年径流的地区分布不均，西辽河面积占全流域的 64%，水量仅占 21.6%，下游沿海一带面积占 31%，而水量占 73%。辽河流域气温的分布，平原较高，山地较低，年平均气温在 4 ~ 9 °C，自南向北递减。

辽河流域的降雨多集中在 7 ~ 8 月，往往又集中在几次暴雨中降落，故辽河流域洪水主要由暴雨产生。辽河流域上游山丘区，多为黄白土和风沙土，水土流失严重，植被差，覆盖度 30% 以下，是中国东北地区风沙干旱严重的地区。

7．海　河

海河位于京津冀地区，是华北区重要河流之一，支流众多，各支流河床上宽下窄，进入平原后，又因纵坡减缓，河床淤塞，河道泄洪能力大减，多筑有堤防以防止泛滥。河床越淤越高，久而久之，高出两岸地面，形成“悬河”，而两河道之间却形成封闭型的河间洼地。每逢雨季，地表水无出路，常积而成沥，因沥而涝，因涝而碱。洪水季节，河堤也易溃决。河北平原也就成了洪、涝、旱、碱经常发生的地区。

海河流域内北有燕山东西横贯，西有军都山、太行山呈东北—西南走向，三山形成一弧形屏障，环抱着海河平原。由于大地构造的断裂和沉降作用，在山区形成若干山间盆地。

海河平原又称河北平原，地势南部由西南倾向东北，北部自西北倾向东南，海河各支流由北部和西部的山地流向河北平原，在地势最低的天津附近汇集，然后经海河干流东流入海。

海河流域属暖温带半干旱、半湿润季风气候。虽濒临渤海，但渤海为内海，对气温影响不大，因此大陆性气候显著，气温变化较急骤。

海河流域年降水在中国东部沿海各流域中是最少的，流域多年平均年降水量多在 400 ~ 700 mm。降水的地区分布不均，燕山南麓和太行山东麓降水最多，年降水量为 700 ~ 800 mm，形成一个弧形的多雨带。海河流域春季降水量只占全年的 10% 左右，春季降水变率又大，这时正值作物需水时期，有的年份 4 ~ 5 月份滴雨不下，春旱现象经常发生。

海河流域的植被覆盖度不大，但流域各部分也有差异，永定河、滹沱河及浊漳河上游，山势陡峻，盆地内黄土广布，这里除高山地区有零散的森林分布外，植被覆盖度较小，再加暴雨集中，水土流失严重，成为海河流域几个主要的泥沙源地。

大清河及滏阳河上游地区为太行山迎风坡，山高坡陡，降水丰沛。原来森林茂密，植被覆盖度高，但中华人民共和国成立以前，由于乱砍滥伐，森林几被破坏殆尽，致使 60% 以上的面积成为光山秃岭，人为造成了严重的水土流失。中华人民共和国成立以后，我国采取了封山育林等一系列保护植被的措施，山上残存的次生林得到恢复和发展，同时新植林面积也在逐年增加，水土流失现象逐渐减轻。

潮白、蓟运河中、上游在燕山迎风坡，降水较多，黄土分布少。海拔 1 000 m 以上的山地有成片森林，1 000 m 以下地区为次生林和灌丛草坡，植被生长情况较好。其中，长城以北的植被覆盖度大于长城以南，下游燕山丘陵坡地区多灌草丛，植被较差。由于海河流域目前植被覆盖度较小，水土流失现象较为普遍和严重，海河也因此成为一条多沙的河流。

海河各支流冬季一般均结冰。平均初冰日期多在 11 月下旬至 12 月中旬，终冰日期为 3 月中下旬，只有子牙河与南运河可提早至 2 月下旬。冰期为 3 月到 3 个半月。平均封冻日期多在 12 月中下旬，解冻日期为 3 月中上旬，平均封冻天数为 50 ~ 80 天。

8. 雅鲁藏布江

雅鲁藏布江河床一般高程在海拔 3 000 m 以上，是中国最高的大河，也是世界上海拔最高的大河之一。河流发源于西藏西南部喜马拉雅山北麓的杰马央宗冰川，由西向东横贯西藏南部，绕过喜马拉雅山脉最东端的南迦巴瓦峰转向南流，经巴昔卡出中国境。雅鲁藏布江天然水能蕴藏量达 7 911.6 万千瓦，仅次于长江，居全国第二。

雅鲁藏布江全长 2 900 km，流域面积 61.7 万平方千米。中国境内河长 2 057 km，流域面积 24 万平方千米。干流在拉孜以上为上游，河床海拔在 3 950 m 以上，为高寒河谷地带；拉孜到米林县派乡为中游，河谷宽阔，气候温和，支流众多，水利条件好，是西藏农业最发达的地区；派乡以下为下游，其中中国境内河道穿行于高山峡谷之中，河岸陡峻，入印度境逐步进入平原和三角洲。中国境内从南迦巴瓦峰顶到雅鲁藏布江水面高差 6 009 m，绵延 504.6 km，它独特的地形、地貌，奇特的大拐弯，绚丽的河道，以及气势磅礴的大瀑布，已成为世界第一大峡谷，成为众多人士考察观光的胜地。

雅鲁藏布江源头区域生态环境脆弱，全球气候变化和人类活动的干扰使得湿地萎缩、草场退化、沙漠化面积增大，源头区水源涵养、水土保持功能下降。2001 年，原国家环保总局批准雅鲁藏布江源头生态功能保护区作为第二批国家级生态功能保护区建设试点，自治区环境保护局编制了《雅鲁藏布江源头国家级生态功能保护区规划》，规划了建设和保护的总体布局，以期在生态效益上，建立起高寒、干旱草原生态系统的良性循环，使源头区水源涵养功能、水土保持功能得到恢复和加强，让源头区的高山草原、高山草甸、沼泽湿地、河流等多种生态系统，以及高寒地区特有的和世界稀有的生物种群得到有效保护。

9. 高铁与河流水系

高铁项目线路长，通常会跨越不同河流水系。如经过内陆河片区与黄河流域的兰新高铁，还有经过海河流域、黄河流域、长江流域和淮河流域的京沪高铁，以及经过海河流域、黄河流域、长江流域、淮河流域外，终点止于珠江流域的京广高铁。

不同流域的景观格局不同，生态系统的大小、形状、数量、类型、组成等各有特色，生态系统各组成之间的能量、物质、物种的流动和变化也差别很大，因此，高铁建设的生态环境保护措施，需要从流域特征的角度综合考虑路线经过区域的生态环境特征。

6.1.4 地下水

地下水主要来自大气降水和地表水，根据埋藏条件的不同，可分为包气带水、潜水和承压水，按照埋藏介质的不同，又可分为孔隙水、裂隙水和岩溶水。

我国地下水分布区域性差异显著。就区域水文地质条件而言，中部的秦岭山脉是我国地下水不同分布规律的南北界线。北方地区（15 个省、区）总面积约占全国面积的 60%，地下水资源量约占全国地下水资源总量的 30%，但地下水开采资源约占全国地下水开采资源量的 49%。

南北分布不同的地下水类型，在东西方向上也有明显的变化。总的来讲，基岩裂隙水分布面积较广，松散沉积物孔隙水主要分布在我国南部和北部即昆仑山—秦岭—淮河一线以北大型盆地，冻土区地下水主要出现在阿尔泰山和大兴安岭北端的南纬度地区，甚至青藏高原也出现了世界罕见的中低纬度高原多年冻土区地下水。

地下水是水资源的重要组成部分，是农业灌溉、工矿和城市的重要水源之一。但若水库建设不合理开挖、开采地下水，可能会引起沼泽化、盐渍化、滑坡、地面沉降等生态破坏现象。

高铁建设很可能会影响地下水走向，特别是复杂水文地质条件下隧道开挖可能加剧地下水疏干，破坏附近植被，影响当地动物生存，也会引起居民生产生活用水困难。因此，地下水的生态环境保护也是高铁建设项目重点关注的问题之一。

6.1.5 我国主要的生态系统类型

我国地处欧亚大陆东南部，位于北纬 4°15′ ~ 53°31′，东经 73°34′ ~ 135°5′，自北向南有寒温带、温带、暖温带、亚热带和热带 5 个气候带。中国植被的分配规律，遵循着纬向地带性、经向地带性、垂直地带性的规律，形成了从东到西、从南到北、从下向上的丰富多彩的植被类型。

中国地貌类型十分复杂，由西向东形成三大阶梯：第一阶梯是号称“世界屋脊”的青藏高原，平均海拔在 4 000 m 以上；第二阶梯从青藏高原的北缘和东缘到大兴安岭—太行山—巫山—雪峰山一线之间，海拔在 1 000 ~ 2 000 m；第三阶梯为我国东部地区，海拔在 500 m 以下。我国气候和地势特征奠定了我国森林、灌丛、草地、湿地、荒漠、农田、城市等各类陆地生态系统发育与演变的自然基础，以及我国社会经济发展的空间格局。

1. 森林生态系统

我国森林面积为 190.8 万平方千米，森林覆盖率为 20.2%。我国森林生态系统主要分布在湿润、半湿润地区，其中，东北、西南与东南地区森林面积较大。从北到南依次分布的典型森林生态系统类型有寒温带针叶林、温带针阔叶混交林、暖温带落叶阔叶林、亚热带常绿阔叶林和温性针叶林、热带季雨林、雨林等。

2. 灌丛生态系统

我国灌丛面积为 69.2 万平方千米，占全国国土面积的 7.3%，主要类型有阔叶灌丛、针叶灌丛和稀疏灌丛。其中，阔叶灌丛集中分布于华北及西北山地，以及云贵高原和青藏高原等地；针叶灌丛主要分布于川藏交界高海拔区及青藏高原；稀疏灌丛多见于塔克拉玛干、腾格里等荒漠地区。

3. 草地生态系统

我国草地包括草甸、草原、草丛，面积为 283.7 万平方千米，占全国国土面积的 30.0%。

温带草甸主要分布于内蒙古东部，高寒草甸主要分布在青藏高原东部。

温带草原主要分布于内蒙古高原、黄土高原北部和松嫩平原西部，温带荒漠草原主要分布在内蒙古西部与新疆北部，高寒草原与高寒荒漠草原主要分布在青藏高原西部与西北部。

草丛主要分布在我国东部湿润地区。

4. 湿地生态系统

我国湿地类型丰富，湿地总面积为 35.6 万平方千米，居亚洲第一位、世界第四位，并拥有独特的青藏高原高寒湿地生态系统类型。在自然湿地中，沼泽湿地为 15.2 万平方千米，河流湿地为 6.5 万平方千米，湖泊湿地为 13.9 万平方千米。

5. 荒漠生态系统

荒漠生态系统主要分布在我国的西北干旱区和青藏高原北部，以及降水稀少、蒸发强烈、极端干旱的地区，总面积为 127.7 万平方千米，约占全国国土面积的 13.5%，包括沙漠、戈壁、荒漠裸岩等类型。

6．农田生态系统

我国是农业大国，农田生态系统包括耕地与园地，面积为 181.6 万平方千米，占全国国土面积的 19.2%，主要分布在东北平原、华北平原、长江中下游平原、珠江三角洲、四川盆地等区域。耕地包括水田和旱地，其中水田以水稻为主，旱地以小麦、玉米、大豆和棉花等为主。园地包括乔木园地和灌木园地，乔木园地主要包括果园以及海南、云南等地热作园，灌木园地主要包括我国南方广泛分布的茶园。

7．城镇生态系统

全国城镇生态系统面积为 25.4 万平方千米，占国土面积的 2.7%，主要分布在中东部的京津冀、长江三角洲、珠江三角洲、辽东南、胶东半岛、成渝地区、长江中游等地区。

8．高铁与生态系统类型

近年来，我国高铁建设发展迅速，已经遍布全国多个省市，穿越农田、森林、灌丛、草地、荒漠、湿地、城市等各种生态系统。如兰新高铁穿越荒漠、草地、湿地等生态系统，京广高铁穿越农田、森林、城市等生态系统……。复杂多样的生态系统，为过往旅客提供了各种不同的美丽景色，但同时也为生态环境的保护带来了难题。

6.2 生态环境现状调查要求与方法

6.2.1 生态环境现状调查要求

开展生态现状调查是生态影响预测、实施生态环境保护措施的基础和依据。生态环境现状调查的内容和指标应能反映项目范围内的生态背景特征和现存的主要生态问题，调查内容应该围绕生态系统（包括植物、动物、非生物环境）、敏感保护目标（包括敏感区的敏感程度与保护内容、与项目的位置关系等）、敏感生态环境问题（包括水土流失、生物入侵、地质灾害、洪涝灾害、极端天气等）三大内容开展调查与评价。同时，属于涉及敏感生态保护目标的项目，如穿越特殊生态敏感区和重要生态敏感区，或其他需要特别保护的对象时，应做专题调查。

6.2.2 现状调查方法

1．资料收集法

开展生态现状调查之前，收集资料是不可少的。要收集当地已有的、可能与项目相关的生态环境资料，如植物、动物、重要林地等种类与分布，国家公园、自然保护区、世界自然遗产地、风景名胜区、饮用水源保护区、生态功能区划等规划文本及图件等基础资料，确定铁路与沿线生态环境敏感区的位置关系，初步分析项目建设对保护对象的影响。

收集的现有能反映生态现状或生态背景的资料，从表现形式上分为文字资料和图形资料，从时间上可分为历史资料和现状资料，从收集行业类别上可分为农、林、牧、渔和环境保护等各部门资料，从资料性质上可分为环境影响报告书，有关污染源调查、生态保护规划、规定、生态功能区划、生态敏感目标的基本情况以及其他生态调查材料等。使用资料收集法时，应保证资料的现时性，引用资料必须建立在现场校验的基础上。

2．现场勘查法

现场调查时应结合项目设计文件，给出样方实测、遥感等方法测定的采样地生物量、物种多样性等数据，给出主要生物物种名录、受保护的野生动植物物种等调查资料。

现场勘查应遵循整体与重点相结合的原则，在综合考虑主导生态因子结构与功能的完整性的同时，突出重点区域和关键时段的调查，并通过对影响区域的实际踏勘，核实收集资料的准确性，以获取实际资料和数据。

3．专家和公众咨询法

专家和公众咨询法是对现场勘查的有益补充。通过咨询有关专家，收集评价工作范围内的公众、社会团体和相关管理部门对项目影响的意见，发现现场踏勘中遗漏的生态问题。专家和公众咨询应与资料收集和现场勘查同步开展。

4．生态监测法

当资料收集、现场勘查、专家和公众咨询提供的数据无法满足评价的定量需要，或项目可能产生潜在的或长期累积效应时，可考虑选用生态监测法。生态监测应根据监测因子的生态学特点和干扰活动的特点确定监测位置和频次，有代表性地布点。生态监测方法与技术要求须符合国家现行的有关生态监测规范和监测标准分析方法；对于生态系统生产力的调查，必要时需现场采样、实验室测定。

5．遥感调查法

当涉及区域范围较大或主导生态因子的空间等级尺度较大，通过人力踏勘较为困难或难以完成评价时，可采用遥感调查法。遥感调查过程中必须辅助必要的现场勘查工作。

另外，针对具体的影响对象不同，生态环境现状调查方法还有海洋生态调查方法，水库渔业资源调查方法，陆生、水生动植物调查方法，淡水浮游生物调查方法等，具体操作可以参考相关行业颁布的标准。

6.2.3 生物多样性评价方法

生物多样性调查是生态环境现状调查的主要内容之一，对科学判断区域内生态系统状况及组成具有很大的参考意义。

1．物种的重要值参数及计算

重要度是评价植物种群作用的一项综合性数量指标，它是植物物种的相对密度、相对优势度、相对频度的总和。

在样方调查（主要是进行物种调查、覆盖度调查）的基础上，可依下列方法计算植被中物种的重要值：

密度 = 个体数目/样地面积

相对密度 = (一个种的密度/所有种的密度) × 100%

优势度 = 底面积(或覆盖面积总值)/样地面积

相对优势度 = (一个种优势度/所有种的优势度) × 100%

频度 = 包含该种样地数/样地总数

相对频度 = (一个种的频度/所有种的频度) × 100%

重要值 = 相对密度 + 相对优势度 + 相对频度

2．物种多样性指数及计算

生物多样性是指在一定时间和一定地区所有生物（动物、植物、微生物）物种及其遗传变异和生态系统的复杂性总称。生物多样性包括遗传多样性、物种多样性和生态系统多样性。其中，物种多样性是生物多样性的中心，是生物多样性最主要的结构和功能单位，代表地球上动物、植物、微生物等生物种类的丰富程度，是衡量一定地区生物资源丰富程度的一个客观指标。物种多样性包括两个方面：一方面是指一定区域内物种的丰富程度，可称为区域物种多样性；另一方面是指生态学方面的物种分布的均匀程度，可称为生态多样性或群落多样性。

物种多样性指数是指生物群落中种类与个体数的比值，其常用的测度方法通常有 3 种：α-多样性、β-多样性、γ-多样性。

其中，α-多样性是在栖息地或群落种的物种多样性，包括物种丰富度指数、优势度指数和信息指数（香农-维纳指数）；β-多样性是度量在地区尺度上物种组成沿着某个梯度方向从一个群落到另一个群落的变化率，可以定义为沿着某一环境梯度物种替代的程度或速率、物种周转率、生物变化速率等；γ-多样性反映的是最广阔的地理尺度，指一个地区或许多地区内穿过一系列群落的物种多样性。

3．植物调查

在调查区域内，基于全国统一划分的调查网络（分辨率为 10 km × 10 km），开展植物多样性调查。

调查线路应覆盖区域内各种植被类型，并布设在植物生长旺盛的典型地段。陆生植物调查线路应注意覆盖调查区域内不同的海拔段、坡位、坡向、生境，并尽量覆盖更多网格。森林、灌丛类型的调查线路每条长度为 5 ~ 10 km，草原、湿地类型的调查线路每条长度为 2 ~ 5 km。

重点物种详查采用样方调查法。调查样方按照典型取样原则，布设在重点调查物种及其群落的集中分布区。对于罕见、稀有、种群数量稀少的种类，在调查区域内发现到的所有分布点均应布设样方。对于分布较广泛的种类，在调查区域内，每种目标物种调查的总样方数不少于 15 个。

4．动物多样性调查

动物多样性调查多采用样线调查法，通常在评价区域设置 10 km × 10 km 的网格开展调查。

（1）哺乳类：主要利用样线调查法、红外触发相机法和直接计数法等对网格进行调查，其中调查样线要求尽量覆盖调查区域内不同生境、不同海拔段，布设长度不少于 5 km，每条样线调查 2 ~ 3 次。

（2）鸟类：主要利用样线调查法、样点调查法、鸣声回放法、直接计数法等对网格进行调查，调查样线要求尽量覆盖调查区域内不同生境、不同海拔段，布设长度不少于 1 ~ 3 km，调查次数为 4

次（其中夏季1次、冬季1次、春秋迁徙季节各1次）。

（3）两栖爬行类：主要利用样线调查法进行调查，调查样线要求尽量覆盖调查区域内不同生境、不同海拔段，布设长度一般为100～1 000 m，每条样线不少于4次，并尽量覆盖更多网格。

（4）昆虫：主要采用样线（踏查）法和马来氏网法对网格进行调查。其中，调查样线要求覆盖调查区域所有生境，并尽量覆盖更多网格，每条调查样线长度为不小于1 km，每种生境类型中设置不少于3个马来氏网诱捕昆虫。

5．大型真菌调查

大型真菌的调查区域一般要除开农田和城镇区域，根据调查区域内的生态类型（如森林、草地、灌木林等）和海拔高度确定调查区域，每种生态类型至少调查3个区域。调查方法采用样线法、踏查法、访谈和市场调查相结合的方式。其中，自然保护区、风景名胜区、自然遗产地、其他原始植被分布区等生物多样性丰富的区域采用踏查法，其他区域采用样线法。具有重要经济价值的大型真菌，需要结合访谈和市场调查法。

6．水生生物调查

水生生物的调查区域应包括调查范围内主要自然及半自然水域，采样点应覆盖激流、浅滩、深潭、河口、支流河口、河漫滩、水库和湖泊的代表性生境类型，重要物种和珍稀种类的索饵场、洄游通道、产卵场等重要栖息地。威胁因子发生地点应设置采样点。根据河流类型与环境条件，鱼类应在采样点布设样线，采用围网法、撒网法、刺笼法等方法进行直接采样，并通过鱼市调查作为补充，底栖动物及浮游生物应布设断面进行采样。

6.2.4　生物量估算方法

生物量估算方法多种多样，这里简单介绍森林、草地、农作物等生物量的估算。

1．森林生物量的估算

森林是陆地生态系统的重要组成部分。森林生物量是指在特定的时间范围内，单位面积森林植物群落在其生命过程中所产有机物质的干重，包括地上生物量和地下生物量。地上生物量主要由树干、枝条和叶生物量组成，地下生物量为树根生物量。

森林生物量可通过直接测量和间接估算方法获得。前者如收获法，其破坏性大，不大适用于乔木等高大树木的生物量测定；后者是利用生物量模型、生物量估算参数和3S技术等方法进行估算。

1）收获法

收获法是测量森林生物量最早、最原始的方法，主要包括皆伐法、平均木法和相对生长法。

皆伐法是指对单位面积样地内所有的树木逐个伐倒，对每株树木分别称取其叶、枝条、树干等组成部分的全部鲜重，并采集各组成部分样品，分别测定其鲜重和干重，通过换算得到树木的生物量，将各个单株生物量相加获得样地森林生物量。此法一般结合伐区作业进行测定。

平均木法是指对单位面积样地内的所有树木进行每木检尺，计算样地林木平均胸径和平均树高，依据此指标选定数株平均标准木，并将选定的标准木伐倒，按皆伐法计算标准木的平均生物量，再乘以单位面积样地内林木的株数量，获得样地森林生物量。

相对生长法是指对单位面积样地内所有树木进行每木检尺，根据径阶分布曲线，按比例从各径阶中选择相对数量的标准木，伐倒后分别测定各标准木的树干、枝条、叶等各部分生物量，并将标准木的各部分生物量与测树学指标（胸径、树高）建立回归关系。常见的相对生长方程如下：

（1）胸径直线相关法：$W=a+bD$；

（2）胸径曲线相关法：$W=aD^b$；

（3）胸径、树高曲线相关法：$W=a(D^2H)^b$；

（4）胸径抛物线相关法：$W=a+bD+cD^2$。

式中，W 为树木各部分或者整株树木的生物量；D 为胸径；H 为树高；a、b、c 为拟合参数。

2）生物量模型法

生物量模型中的异速生长方程法通过构建相对易测的植株结构和功能特征指标（如生物量等）与易测的植株形态学变量（如胸径、树高等）的数量关系模型，从而估测林木或林分的生物量。因其精确度较高，而且能有效降低对森林和植被的破坏性取样，因而是在森林生态系统生物量和生产力估算中较为广泛使用的方法。

目前，国内外已有不少学者汇编了不同尺度下各树种的异速生长方程，如陈传国、冯宗炜、胥辉、罗云建及 WANG 等综合了我国主要树种的异速生长方程，JENKINS 和 TER-MIKAELIAN 等对美国主要树种的异速生长方程进行了归纳，ZIANIS 等汇编了美国和澳大利亚等地区主要树种的异速生长方程。但查阅汇编的方程较为烦琐，且只适用于某一地点和特定林分进行生物量估算，并不能应用到大尺度范围上森林生物量的估算。MONTAGU 和 WILLIAMS 等证实了可以构建不同种和不同区域的桉树生物量异速生长方程，用于生物量估算，但也仅针对澳大利亚桉树种植区。政府间气候变化委员会（Intergovernmental Panel on Climate Change，IPCC）发布的《土地利用、土地利用变化和林业的优良做法指南》和《IPCC 国家温室气体清单编制指南 2019 修订版》建议采用生物量估算参数法（IPCC 法）用于区域尺度森林生物量估算。

3）生物量估算参数法

生物量估算参数法是利用立木蓄积量，通过生物量估算参数估算区域尺度森林生物量的方法，常用的参数包括生物量转化与扩展系数 BCEF（Biomass Conversion and Expansion Factor）、生物量扩展系数 BEF（Biomass Expansion Factor）和根茎比 R（Root：shoot Ratio）等。

Brown 等提出了基于森林材积推算生物量的方法。此法将生物量与蓄积量之比作为一个常数，即生物量转化因子。因此，需要搜集各地生物量和蓄积量研究数据，利用林分生物量与木材蓄积量比值的平均值，乘以该森林类型的总蓄积量，得到该森林的生物量。后期有研究者指出，林分生物量和蓄积量与森林类型、林龄、立地条件和林分密度等诸多因素有关，将生物量与蓄积量之比作为常数的生物量转换因子法不能准确估算森林生物量。为了弥补生物量转换因子法将生物量与蓄积量比值作为常数的不足，研究者进行了不断探索。Brown 和 Sehroeder 等利用幂指数函数来表示 BEF 与林分蓄积量（V）的关系，即

$$\mathrm{BEF} = aV^{-b}$$

式中，a、b 为参数。

但是这种关系由样地调查到区域推算的尺度转换存在严重的数学推理困难，理论上不能用该函数估算区域尺度的森林生物量。方精云等利用倒数方程来表示 BEF 与林分蓄积量的关系，即

$$\mathrm{BEF} = a + b / V$$

式中，a、b 为参数。

当林分处于幼龄林时，蓄积量很小，BEF 很大；当林分处于成熟林时，蓄积量很大，BEF 趋于常数 a。这一简单的数学关系符合生物的相关生长理论，并且可以实现由样地调查到区域推算的尺度转换。周广胜等利用双曲线关系模型来表示 BEF 与林分蓄积量的关系，即

$$BEF = 1/(a + bV)$$

式中，a、b 为参数。

另外，关于被破坏生物量及物种量的预测，也通常采用被破坏植被面积与生态单元的比例关系进行估算。

4）3S 技术

随着“3S”技术的快速发展，关于森林资源的遥感数据也越来

越丰富，研究者根据不同遥感数据提出了不同的森林生物量估算方法，极大地推动了森林生物量遥感估算法的发展。遥感技术下的生物量估算方法多利用红波段和近红外波段的波段组合（植被指数）与地面生物量数据的关系进行多元回归分析建模，通过间接方式估算森林生物量。

光学遥感数据是生物量遥感研究中最初采用的遥感数据，属于被动式遥感系统，常用的数据源为 landsat TM、ETM +、OLI 数据、NOAA/AVHRR 数据、MODIS 数据和 SPOT 数据等。其信号主要来源于森林表层，对森林空间结构信息不敏感，可能存在饱和效应，所以在森林郁闭度以及蓄积量较高的地区，冠层的层叠以及物种分布的多样性会导致遥感信息饱和，从而出现基于植被指数估测生物量低于正常值的现象。

微波具有一定的穿透能力，可以穿透林冠，与树干发生作用，因此利用微波遥感能够全面、准确地反映森林生物量。合成孔径雷达（SAR）是自 20 世纪 90 年代以来发展最快的微波遥感数据之一。作为一种主动式微波传感器，SAR 不依赖于太阳辐射的变化，拥有全天时、全天候对地观测能力，可以随时随地获取植被信息。但是根据 SAR 数据估测森林生物量的后向散射机理可知，影响森林后向散射的因素将增加利用 SAR 数据反演森林生物量的复杂性，所以需要考虑林木结构、植物含水量、林下状况和地形等对后向散射产生的影响。此外，雷达视角也是影响 SAR 数据进行森林生物量提取的因素，一般利用当地 DEM 数据进行辐射干扰面积校正。

激光雷达技术最早于 20 世纪 80 年代应用于林业研究，但由于激光雷达设备昂贵，缺乏数据，限制了更多研究人员的参与。激光雷达是通过发射激光束照射物体表面并分析其返回信号的一种主动遥感系统，所发出的激光脉冲能够穿透森林冠层到达地表，从而获取植被的三维结构特征，已经被成功应用到森林参数反演中，尤其是在估测林木高度及林木空间结构方面具有独特的优势，通常是通过建立生物量与设备可获取的生物物理参数（林分高度等）之间的关系模型来估算生物量。但是激光雷达数据至今成本依然很高，难以实现大尺度范围的生物量估算，并且由于缺乏历史数据，基于激光雷达的森林生物量难以实现多时相动态监测。

2．草地生物量估算

草地生物量估算有收割样方称重法、3S 技术等。

1）收割样方称重法

收割样方称重法是一种样方实测调查方法。比如，选择 50 cm × 50 cm 的样方，将样方内的草地地上部分齐地面全部剪割，除去土壤、砾石等杂物后对绿色鲜草和干枯部分进行分拣，之后烘干称重。绿色鲜草部分烘干后的质量就是草地鲜草生物量，草地干枯部分烘干后的质量就是干枯部分的干物质质量，两部分合计为草地上干物质总重，即草地地上生物量。该方法可以作为遥感法等方法的验证和补充。

2）3S 技术

3S 技术可以参考森林生物量测定方法，常用的包括利用 MODIS 遥感数据、高光谱数据、雷达数据等获得植被指数，并结合草地地面实测的生物量数据，研究草地地上生物量的空间分布。

3．农作物生物量估算

目前，农作物生物量估算方法主要是基于统计数据的估算方法和基于遥感信息的估算方法两大类。

基于统计数据的农作物生物量估算方法，通常是对研究区域实地调查数据及相关文献数据进行一定的数学分析，以获取其秸秆系数（作物田间秸秆产量与经济产量的比例），然后根据某种作物的经济产量对其秸秆生物量进行估算。此方法原理简单，所需数据量较小，且容易获取，可以对大尺度的（省、地市）农作物生物量进行快速估算；但是，其秸秆系数的时效性难以保证。同时，由于其获取的作物经济产量数据具有非实时性和较大的空间尺度等特点，难以对作物的秸秆生物量进行预测及县域内的空间分布分析。

随着遥感技术的飞速发展，越来越多高空间、时间、光谱分辨率数据投入应用，同时利用遥感数据提取地表植被信息及相关参数技术和方法不断完善，使得快速、准确、多空间尺度的农作物生物量估算成为可能。目前，基于遥感信息的农作物生物量估算方法根据其采用模型不同分为以下四类：基于植被指数、净初级生产力、作物生长模型和作物表面模型的生物量估算方法。

6.2.5 生态监测

环境监测包括生态监测、化学监测、物理监测。其中，生态监测是开展生态环境现状评价、预测开发建设活动对生态系统的影响、保护生态环境、恢复重建生态系统、合理利用自然资源等的重要依据之一。铁路建设项目里程长，沿线生态系统类型复杂多样，采用生态监测技术有利于科学评价项目建设对沿线生态系统、敏感生态环境保护目标及敏感生态环境问题的影响。

1. 生态监测的分类

1）按照生态系统类型划分

按照区域生态系统类型来划分生态监测类别，能够突出生态监测对象的价值尺度，获得关于各生态系统生态价值的现状资料、受干扰程度、承受影响的能力、发展趋势等基础资料。

高铁项目由于路线长，穿越的行政区域多，经过区域的生态系统类型复杂多样，生态监测的类别也多种多样，可能出现城市生态监测、农村生态监测、森林生态监测、草原生态监测、湿地生态监测、水体生态监测及荒漠生态监测等多种类型。

2）按照空间尺度划分

高铁项目占地范围呈现窄条带状形式，涉及路线长，结合现今生态监测的内容，可以在空间尺度上将高铁项目的生态监测分为宏观监测和微观监测两大类。

宏观生态监测是指利用遥感技术、生态图技术、区域生态调查技术及生态统计技术等，对区域范围内各类生态系统的组合方式、镶嵌特征、动态变化和空间分布格局等，以及各类生态系统对人类活动影响的变化情况进行监测的方法。宏观生态监测一般在原有的自然本底图和专业图件的基础上进行，所得的几何信息多以图件的方式输出，从而建立地理信息系统。监测的内容多为区域范围内具有特殊意义的生态系统的分布及面积的动态变化，如热带雨林生态系统、沙漠化生态系统、湿地生态系统等。宏观生态监测的地域等级，从小的流域生态系统扩展到全球，既有按照流域监测，也有按照行政区域监测。

微观生态监测是指对一个或几个生态系统内各生态因子的监测，监测对象是某一特定生态系统或生态系统聚合体的结构和功能特征及其在人类活动影响下的变化。微观生态监测通常以物理、化学及生物学的方法提取生态系统各个组分的信息。

根据监测的具体内容，又可以把微观生态监测分为干扰性生态监测、污染性生态监测、治理性生态监测、环境质量现状评价生态监测。宏观生态监测必须以微观生态监测为基础，而微观生态监测又必须以宏观生态监测为主导，二者相互独立又相辅相成。一个完整的生态监测应包括宏观和微观监测两种尺度所形成的生态监测网。

2. 生态监测的指标体系

生态监测指标体系是指一系列能敏感清晰地反映生态系统基本特征及生态环境变化趋势并相互印证的项目，建立生态监测指标体系是开展生态监测的主要内容。

1）生态监测指标体系的原则

生态监测指标体系的构建，需要遵循以下几个原则：

（1）代表性：指标能够反映生态的主要特征，表征主要的生态环境问题。

（2）敏感性：对特定环境污染或感染敏感，并以结构和功能指标为主反映生态过程变化。

（3）综合性：完整反映生态系统的时空变化特征。

（4）可行性：易于准确测定，便于分析比较。

（5）可比性：同类生态系统在不同区域或不同发育阶段具有可比性。

（6）层次性：由生物个体到宏观系统，由基层一般性监测部门到专业性监测研究部门，应有要求不同、层次分明的指标体系。

2）生态监测指标体系的类型

高铁项目所涉及的生态系统类型多种多样，各类生态系统又有各自的结构、功能，因此，其生态监测指标体系应针对不同生态系统类型而有所不同。其中，陆地生态系统如森林生态系统、草地生态系统、农田生态系统、荒漠生态系统及城市生态系统等，重点监测内容应包括气象、水文、土壤、植物生长发育、植被组成及动物分布等；水域生态系统包括淡水水生生态系统和海洋生态系统，重点监测内容主要有水动力、水文、水质、水生生物组成及生长发育等。

生态系统进行监测时一般应设置常规监测指标、重点监测指标和应急监测指标。生态监测常规指标见表 6-1。

表 6-1 生态监测常规指标

要 素	常规指标
气 候	气温、湿度、主导风向、风速、年降水量及其时空分布、蒸发量、土壤温度梯度、有效积温、大气干湿沉降物的量及其化学组成、日照和辐射强度等
水 文	地表水化学组成、地下水水位及化学组成、地表径流量、侵蚀模数、水温、水深、水色、透明度、气味、pH、石油类、重金属、COD（化学需氧量）、BOD（生化需氧量）等
土 壤	土壤类别、土种、营养元素含量、pH、有机质含量、土壤交换当量、土壤团粒构成、孔隙度、容重、透水率、持水量、土壤 CO_2 和 CH_4 释放量及其季节动态、土壤微生物、总盐分含量及其主要离子组成含量、重金属及其他有毒物质的积累量等

续表

要　素	常规指标
植　物	植物群落及高等植物、低等植物的种类、数量、种群密度、指示植物、指示群落、覆盖度、生物量、生长量、光能利用率，珍稀植物及其分布特征和植物体，重金属，作物灰分，粗蛋白，粗脂肪，粗纤维等
动　物	动物种类、种群密度、数量、生活习性、食物链、消长情况、珍稀野生动物的数量及动态、重金属
微生物	微生物种群数量、分布及其密度和季节动态变化、生物量、热值、土壤酶类与活性、呼吸强度、固氮菌及其固氮量、致病细菌和大肠杆菌的总数等
底质要素指标	有机质、总氮、总磷、pH、重金属、硫化物、COD、BOD等
底栖生物	动物种群构成及数量、优势度及动态、重金属及有毒物质富集量等
人类活动	人口密度、资源开发强度、生产力水平、退化土地治理率、基本农田保存率、水资源利用率、有机物质有效利用率、工农业生产污染排放强度等

除了以上常规生态监测指标外，针对不同类型的生态系统，在监测过程中还应包括重点监测指标，表 6-2 为不同类型的生态系统监测过程中的特殊监测指标。

表 6-2　不同生态系统重点监测指标

生态系统类型	重点监测指标
湿地生态系统	大气干湿沉降物及其组成、河水的化学成分、泥沙及底泥的颗粒物组成和化学成分、土壤矿物质含量、珍稀生物的数量及危险因素、湿地生物体内有毒物质残留量
森林生态系统	全球气候变暖所引起的生态系统或植物区系位移的监测；珍稀濒危动植物物种的分布及其栖息地的监测

续表

生态系统类型	重点监测指标
草地生态系统	沙漠化面积及其时空分布和环境影响的监测、草原沙化退化面积及其时空分布和环境影响的监测、生态脆弱带面积及其时空分布和环境影响的监测、水土流失、沙漠化及草原退化地优化治理模式的生态平衡监测
农田生态系统	农药化肥施用量、残留量所造成的食品安全监测
湖泊生态系统	水体营养物质、藻类等对湖泊、水库和海洋生态系统结构和功能影响的监测
河流生态系统	污染物对河流水体水质、河流生态系统结构和功能影响的监测

3．生态监测的基本方法

铁路建设项目路线长，沿线生态系统类型复杂多样，常用的生态监测技术包括地面监测、遥感技术（RS）、地理信息系统（GIS）、全球定位系统（GPS）等。其中，地面监测可以跟踪许多生态系统的结构和功能方面的变化，并有效验证遥感等数据的精确性，是卫星遥感技术的有效补充。

1）环境污染与生态系统的监测

生态监测包括环境污染的监测和生态系统的监测，可以在分子、细胞、生物个体、种群、群落、生态系统及景观水平等不同层次上获取监测信息，监测内容包括生物个体生态监测、种群生态监测、群落生态监测、生态系统层次生态监测等。

（1）生物个体生态监测

生态系统中的生物个体的生长和分布受外界环境影响，环境对生物的时空分布有决定性作用，一旦生物生存的环境发生变化，则生物个体在形态、生理机能等方面均会表现出不同程度的变化，因此，对生物个体形态、生理特征等的监测，可反映环境的变化。

（2）种群生态监测

当环境条件发生变化时，种群的数量、密度、年龄结构、性别比例、出生率、死亡率、迁入与迁出率、种群动态、空间格局等均会发生相应变化，因此对以上指标进行监测，可了解环境条件改变对生态系统的影响以及生物的响应。

（3）群落生态监测

群落物种组成、群落结构、生活型、群落外貌、季相、层片、群落空间格局、食物链、食物网统计等均可反映环境条件的变化。

（4）生态系统层次生态监测

环境条件一旦发生变化，可能会导致生态系统的分布范围、面积大小等发生显著变化，因此对其分布格局进行统计，可分析生态系统的镶嵌特征、空间格局及动态变化过程。而许多传统的监测技术不适应这种大区域的生态监测。3S 技术及遥感技术（RS）和地理信息系统（GIS）一体的高新技术则适宜于大区域的生态监测。

2）生态破坏的生态监测

对生态破坏的生态监测，可根据生态破坏的对象，从植被破坏的生态监测、土壤退化的生态监测、水域破坏的生态监测等方面着手进行。

（1）植被破坏的生态监测

森林生态系统监测应采用地面样地调查、森林资源监测、航空调查，以及其他生物和非生物的数据源调查等。监测可从探测性监测、评价性监测、定点持续监测三个层次进行。

（2）草地退化的生态监测

可以利用 3S 技术对草地实现动态监测，查清生态破坏对草地资源的时空分布和动态变化的影响，可掌握草地资源分布规律和退化发生机制，对资源价值、生态价值的多功能性进行评估，为草地植被保护、恢复和重建提供有效的科技支持，并按照生态学原理设计恢复途径和方案，实现草地畜牧业的可持续发展。

同时，地面信息也是草地动态监测的必要条件。为了建立实用的草地动态监测体系，在草地类型和生态条件方面具有代表性的区域建立若干观测点。全部观测点都按照统一的技术规程进行观测并搜集有关资料。在牧草生长期内定期测定草地生物量和草地光谱，获取在时间上较为连续的主要草地类型动态变化数据和光谱特征数据。为了保证遥感信息的地面信息有明确的相关关系，这两个数据获取应具有相同的时空特性。

（3）水生植被破坏的生态监测

水生植被作为水体生态系统的重要调节者，在固定底泥、防治沉积物再悬浮、净化水质等方面起着非常重要的作用。对水生植被破坏的生态监测可以从四个方面进行：水生植被的种类、群落结构、时空变化、生物多样性。

（4）土壤退化的生态监测

土壤退化包括土壤侵蚀、土壤沙化、土壤盐化、土壤污染、耕地的非农业占用等方面，而生活在退化土壤中的生物，其生活力、代谢特点、行为方式、种类组成、数量分布、体内污染物及其代谢产物含量等均不同程度地受到外环境的影响。

（5）水域破坏的生态监测

水域破坏的生态监测，应针对不同的破坏类型展开特定监测，如饮用水源区破坏的生态监测、渔业养殖安全的生态监测等。对饮用水源区破坏的生态监测，应包括常规的理化指标监测和生物指标监测，如粪大肠菌群和微囊藻毒素-LR 等。调查渔业养殖安全，应掌握渔业水体的天然饵料生物资源状况及相应的生态关系，为渔业生产提供技术支撑；另一方面，应监测环境污染及生态退化对鱼类及渔产品的影响，以保障渔业生产和人类健康安全。

3）生物多样性监测

开展生物多样性监测，能够了解生物多样性面临的压力、现状及变化趋势。生物多样性保护最主要的目的是为管理和决策服务，为保护生物多样性、制定土地利用规划、评价环境影响等问题提供科学依据。

由于生物多样性监测点多、面广，且对物种的认识到目前为止比较欠缺，监测困难很大。因此，目前对生物多样性监测主要集中在以下几个方面：

（1）不同时间、空间尺度上的监测。由于监测时间、尺度不同，生物多样性监测对象、结果以及监测手段有很大的不同。一般来说，中短期监测仅能反映生物多样性量的变化，即物种增加或减少的变化；长期监测可能需要十年、几十年甚至更长时间，但能准确反映生物多样性的变化。监测的空间尺度包括地方监测、地区性监测和全球性监测。

（2）不同生物系水平上的监测。

基因监测：包括遗传变异与家养动物的繁育，通过对种内基因的测定，跟踪物种的遗传标记和遗传变异。

物种监测：包括对关键种、外来种、指示种、重点保护种、受威胁种、对人类有特殊价值的物种、典型的或有代表性的物种的监测。

种群监测：包括种群大小与密度、种群结构分析、影响种群的人口压力变化等。

生态系统与景观监测：包括生态系统过程、景观破碎化、生境破坏及其他干扰的影响，种群抵抗人类干扰的变化趋势、对全球气候变化的影响，由关键种的灭绝可能导致的生态系统变化，森林覆盖与土地利用对生物多样性的影响等。

（3）自然保护区监测。自然区域比受干扰的区域保持有较高的生物多样性水平。保护区监测包括四个方面的基本内容：保护区管理的有效性、保护区关键性要素的状态、保护区面临的威胁、保护区的利用及其社会经济效益。

（4）保护区以外的监测：包括农业、林业和渔业等生态环境内的生物多样性的监测。

6.3 高铁项目生态环境现状调查

由于高铁项目“长、高、多、杂”的特点，其路线长、施工周期长、建设内容杂、经过区域生态系统类型和可能受影响的敏感目标多等原因，其生态环境现状调查范围要根据不同的建设内容来定。如路基工程设置在铁路工程设计外侧轨道用地界向外 300 m 以内区域，施工便道设置在施工便道中心线两侧各 100 m 以内区域等。

生态环境现状调查的方法一般采用“以点带线、点线结合”的方法，常用的调查方法包括资料收集法、现场勘查法、专家和公众咨询法、生态监测法、遥感调查法等。

结合项目建设内容，开展生态环境现状调查的主要内容应该包括三大部分：生态系统、敏感保护目标和主要生态环境问题调查。

6.3.1 生态系统

高铁建设项目对生态系统的影响，主要体现在对植物、动物与非生物环境，以及生态系统的类型、结构、功能等因素的影响方面。

结合高铁项目特点，在进行高铁项目现状调查的时候，需要详细了解当地的生态系统情况，特别关注生物资源（珍稀保护动植物、地方特有种等保护物种）和区域主要生态环境特征。

生物部分重点调查受保护的珍稀濒危物种、关键种、土著种、建群种和特有种，以及天然的重要经济物种等。如涉及国家级和省级保护物种、珍稀濒危物种和地方特有物种时，应逐个或逐类说明其类型、分布、保护级别、保护状况等；对于相关的非生物因子特征，主要包括土地利用、气候、土壤、地形地貌、水文及水文地质等，同时，需要根据生态影响的空间和时间尺度特点，调查影响区域内涉及的生态系统类型、结构、功能和过程。

1．植物调查

1）植物区系及组成调查

根据现场踏勘、调查走访和标本鉴定，并参考当地《植物志》和地方林业部门调查的本底资料，确定受影响范围内的植物区系及组成，了解当地种子植物，如裸子植物、被子植物等科、属、种的基本情况，并统计列表。

如在“新建商丘至合肥至杭州铁路”的生态环境现状调查中，对区域的种子植物进行分析统计，如表 6-3 所示。

表 6-3 新建商丘至合肥至杭州铁路项目评价范围内种子植物统计

区 域	种子植物						合 计		
	裸子植物			被子植物					
	科	属	种	科	属	种	科	属	种
评价区	8	23	109	140	552	1695	148	575	1 804
全 国	10	34	238	291	2 940	25 000	301	2 974	25 291
评价区占全国/%	80.00	67.55	45.80	48.11	18.78	6.78	49.17	19.33	7.13

根据调查资料，判断新建商丘至合肥至杭州铁路工程所在区域属泛北极植物区，中国—日本森林植物亚区的华北平原、山地亚地区和华东地区，其区系特征为温带成分比重大，东部成分占的比重偏高，中西部比重小，沿线种类最多的是泛热带分布成分，常见的有紫金牛属（*Ardisia*）、榕属（*Ficus*）、苎麻属（*Boehmeria*）、紫珠属（*Callicarpa*）、冬青属（*Ilex*）、崖豆藤属（*Millettia*）、乌桕属（*Sapium*）、花椒属（*Zanthoxylum*）、黄檀属（*Dalbergia*）、山矾属（*Symplocos*）、鹅掌柴属（*Schefflera*）、柿属（*Diospyros*）、菝葜属（*Smilax*）等。如榕属、柿属、鹅掌柴属等许多种类是常绿阔叶林的组成树种，冬青属、山矾属、紫金牛属、菝葜属等是林下中下层的习见种类。

工程沿线天然林分布面积较大的区域主要集中在安徽省含山县、浙江省安吉县境内，其余地域大多被马尾松林、杉木林等针叶林类型或毛竹林所替代。此外，工程沿线还广泛分布有一年蓬、小白酒草、凤眼莲、喜旱莲子草、土荆芥、铺地黍等外来物种。

2）受影响区域自然体系生产力现状

生态系统生产力的本底值，或理论生产力，理论的净第一性生产力，可以作为评价生态系统现状的类比标准。区域自然体系生产力现状，主要根据不同区域不同植被的平均净生产力来推算，其常用的计算公式如下：

$$S_a = \sum(S_i \times M_i) / M_a$$

式中　S_a——评价范围平均净生产力，gC/（m^2·a）；

S_i——某一植被类型平均净生产力，gC/（m^2·a）；

M_i——某一植被类型在评价范围内的面积，m^2；

M_a——评价范围总面积，m^2。

在对不同植被的平均净生产力进行取值时，主要参照国内该区域中关于自然生态系统生产力和植被生物量的研究成果，结合评价区内地表植被覆盖现状和植被立地情况综合分析。

3）植物群落调查与生物量估算

植物群落调查是在实地踏勘的基础上，确定典型的群落地段，采用法瑞学派样地记录法进行群落调查，记录样地的所有种类，并按 Braun-Blanquet 多优度-群聚度记分，利用 GPS 确定样方位置，确定区域优势物种。

生态系统生产力、生物量是其环境功能的综合体现。生态系统的生物量，是指一定地段面积内某个时期生存着的活有机体的数量。生态系统生产力本底值，可以作为生态系统现状评价的类比标准。

地球上生态系统的净生产力和植物生物量估算可以参考表 6-4。

表 6-4　地球上生态系统的净生产力和植物生物量

生态系统	面积 /10^6 km^2	平均净生产力 /[gC/(m^2·a)]	世界净生产量 /(10^9 t/a)	评价生物量 /(kg/m^2)
热带雨林	17	2 000	34	44
热带季雨林	7.5	1 500	11.3	36
温带常绿林	5	1 300	6.4	36

续表

生态系统	面积 /10^6 km^2	平均净生产力 /[gC/(m^2 ·a)]	世界净生产量 / (10^9 t/a)	评价生物量 / (kg/m^2)
温带阔叶林	7	1 200	8.4	30
北方针叶林	12	800	9.5	20
热带稀树干草原	15	700	10.4	4.0
农　田	14	644	9.1	1.1
疏林和灌丛	8	600	4.9	6.8
温带草原	9	500	4.4	1.6
冻原和高山草甸	8	144	1.1	0.67
荒漠灌丛	18	71	1.3	0.67
岩石、冰和沙漠	24	3.3	0.09	0.02
沼　泽	2	2 500	4.9	15
湖泊和河流	2.5	500	1.3	0.02
大陆总计	149	720	107.3	12.3
藻床和礁石	0.6	2 000	1.1	2
港　湾	1.4	1 800	2.4	1
水涌地带	0.4	500	0.22	0.02
大陆架	26.6	300	96	0.01
海　洋	332	127	420	1
海洋总计	361	153	53	0.01
整个地球	510	320	162.1	3.62

4）植物样方

分析自然植被现状，应进行现场样方调查。样方调查中首先需确定样地大小，样地大小依据植株大小和密度确定，一般草本的样地在 1 m^2 以上，灌木样地在 10 m^2 以上，乔木样地在 100 m^2 以上。其次，需确定样地数目，样地的面积需包括群落的大部分物种，一般可用种与面积的关系曲线确定样地数目。样地的排列有系统排列和随机排列两种方式。样方调查中“压线”植物的计量需合理。

样方调查在选调查点时，既要保证样方布设的代表性，还要求保证植被调查结果的准确性。同时，由于高铁线路长且建设内容复杂，也希望能够在调查中最大限度减少工作量，需要遵循几个原则：

（1）所选样地植被在评价范围内要具有代表性。

（2）样方尽可能在拟建高铁沿线均匀布设。

（3）重点类型重点监测，对重点和分布广泛的植被类型，增加样方数量。

（4）样方调查时，采取详查与普查相结合的方式，对代表性较强的植物群落，应详细调查群落特征的各项指标，对特征、组成相似的植物群落，可采用普查方法。

某项目 K11 + 200 处的调查样方概述见表 6-5。

表 6-5 某项目 K11 + 200 处的调查样方概述

植被类型	杜鹃灌丛	环境特征				
		地形	海拔标高	坡位	坡向	坡度
地　点	K11＋200	高山	3 410 m	下	SE	0°
灌木层	盖度：30%	草原杜鹃为建群种，常见爬柳、金露梅、高山绣线菊、直枝杜鹃				
草木层	盖度：20%	珠芽蓼、景天为优势种，常见康定委陵菜、羊茅、小丽草等分布				

在样方调查中，生物量估算是指根据生物量测定的原理和方法，采取实测与估测相结合，对植被生物量进行测算。其中，灌草丛生物量利用收割法，乔木生物量采用无样地四分法取样单株测量法；森林和经济林的生物量则采用材积源-生物量的方法（Volume-biomass methd）进行估测，即通过设计森林调查样地（面积为 20 m × 20 m），对样地内的林木进行每木测尺，实测树高和胸径，由相关树种或树种类别的二元材积表查算林分蓄积量，再根据

方精云、刘国华等推荐的森林蓄积量与生物量回归方程推算出林分乔木层的生物量。

5）植被类型及分布

我国有八大植被区域，分别是寒温带针叶林区域，温带针叶阔叶混交林区域，暖温带落叶阔叶林区域，亚热带常绿阔叶林区域，热带季雨林、雨林区域，温带草原区域，温带荒漠区域，青藏高原高寒植被区域。

通过查找相关资料，了解工程沿线区域自然和人工植被，结合现场勘查，分析项目区域的植被类型隶属于哪种类型，并开展样方调查和统计，如表 6-6 所示。

表 6-6 某项目调查区内主要植被类型统计

针叶林	Ⅰ寒温性常绿针叶林	1. 川西云杉林	沿线海拔 3 200～4 200 m 的阴坡、半阴坡分布较广
		2. 川滇冷杉林	分布于海拔 3 600～4 000 m 的河谷地带
		3. 鳞片冷杉林	分布于沿线海拔 3 400～4 200 m 阴坡半阴坡，呈块状分布
	Ⅱ温性针叶林	4. 高山松林	分布于沿线河中、上游的河谷谷坡下部
	Ⅲ温性针阔混交林	5. 铁、槭、桦林	分布于沿线气候温和潮湿的生境
阔叶林	Ⅳ硬叶常绿阔叶林	6. 黄背栎林	沿线分布较广，多在谷坡中下部
		7. 川滇高山栎林	分布于峡谷阳坡，呈块状分布，常与黄背栎林交错出现
	Ⅴ落叶阔叶林	8. 山杨林	偶见分布，但面积小，呈条块状
		9. 沙棘林	分布于溪沟两岸，呈狭长的带状分布
		10. 糙皮桦林	多与槭树形成混交林

续表

灌丛和灌草丛	Ⅵ丛	11. 硬叶柳灌丛	分布于两侧宽谷、沟谷谷底
		12. 草原杜鹃灌丛	分布于山脊两侧
		13. 矮高山栎灌丛	拟建区域分布广泛
		14. 小马鞍羊蹄甲、小叶枸子灌丛	间断分布于沿线
	Ⅶ草丛	15. 须芒草草丛	拟建海拔在 3 000 m 左右零星分布
		16. 蕨草丛	
草甸	Ⅷ草甸	17. 康定委陵菜草甸	拟建沿线海拔 3 500 m 以上缓坡
		18. 四川蒿草草甸	
		19. 羊茅草甸	

6）评价范围内珍稀野生保护植物及古树名木

调查项目沿线珍稀野生植物种群、古树名木的分布情况，并详细调查保护植物的保护级别、生长年限，结合项目设计文件，详细调查珍稀野生保护植物在项目沿线的分布路段、与项目建设的位置关系等资料。

2. 动物调查

野生动物资源包括陆生动物和水生生物。其中，陆生动物调查主要参考沿线地方林业、渔业部门提供的野生动物调查资料、相关研究文献，并结合实地调查走访，综合分析后得出工程评价范围内野生动物分布情况；水生生物主要调查藻类植物、浮游动物、底栖动物以及鱼类种类组成和分布等。

1）陆生动物调查

关于陆生动物现状调查的内容，参照铁道第三勘察设计院集团有限公司编制的《新建铁路郑州至周口至阜阳铁路环境影响报告书》公示全本。

据中国动物地理区划，郑州至周口至阜阳铁路新建工程位于华北区的黄淮平原亚区，动物组成明显反映出古北界华北区动物特征。

（1）两栖动物资源

两栖类的种类较少，无国家级重点保护物种。其中，河南省重点保护动物1种：黑眶蟾蜍（*Duttaphrynus Melanostictus*）；安徽省重点保护动物有中华大蟾蜍（*Bufo gargarizans*）、花背蟾蜍（*Bufo raddei*）、黑斑蛙（*R. nigromaculata*）、金线蛙（*R. plancyi*）。该段两栖动物优势种为中华大蟾蜍、沼蛙（*Ranaguentheri Boulenger*）和泽蛙（*Euphlyctis limnochmris*）。

（2）爬行类动物

爬行类动物主要是蛇目、蜥蜴目的一些常见种，如壁虎科（*Gekkonidae*）的无蹼壁虎（*Gekk swinhonis*），游蛇科（*Colubridae*）的黄脊游蛇（*Coluber spinalis*）、赤链蛇（*Dinodon rufozonatum*）、乌梢蛇（*Zaocys dhumnades*）等。

（3）哺乳类动物

沿线哺乳动物资源较少，多为鼠科（*Muridae*）、鼬科（*Mustelidae*）、蝙蝠科（*Vespertilionidae*）等的一些种类，如普通伏翼（*Pipistrellus abramus*）、小家鼠（*Musmusculus*）、褐家鼠（*R. novegicus*）、黄鼬（*Mustela sibirica*）等。鼠类多为害鼠，沿线附近未发现有大型野生哺乳动物和国家级保护兽类。

（4）鸟类资源

根据资料记载，拟建工程沿线有鸟类100多种。其中，国家一级保护动物有东方白鹳、白头鹤、大鸨、金雕4种；国家二级保护动物有大天鹅、小天鹅、鸳鸯、鸢、赤腹鹰、普通鵟、红隼、燕隼、灰鹤、短耳鸮、长耳鸮11种；河南省重点保护动物有鸿雁、三宝鸟、普通夜鹰等8种；安徽省级重点保护动物有鸿雁、灰雁、花脸鸭、绿头鸭、斑嘴鸭、绿翅鸭、环颈雉、鹌鹑、四声杜鹃、大杜鹃、灰头啄木鸟、大斑啄木鸟、家燕、金腰燕、红尾伯劳、棕背伯劳、黑枕黄鹂、暗绿绣眼鸟等。

拟建工程沿线以农耕区为主，大面积的森林面积较小，根据资料记载及现场调查，鸟类的种类组成受季节的影响较大，春秋迁徙季节呈现高峰段。从种群数量上看，稀有种种类较多，而优势种仅有麻雀、灰喜鹊、家燕等当地的常见种。重点保护鸟类主要集中分布于沿线的湿地保护区、湿地公园等区域。

综上所述，工程沿线经过区域大多为农田、人口密集度较高的乡镇，由于该地区开发较早，人类活动频繁，沿线农田、村落分布较多，受生境单一化、外界人类活动干扰及既有交通廊道（既有宁洛高速、S102 等）的影响，沿线区域动物资源较为匮乏，且多为常见种。

2）水生生物调查

水生生态系统有海洋生态系统和淡水生态系统两大类别。高铁项目一般涉及淡水生态系统。淡水生态系统又有河流（流水）生态系统和湖泊（静水）生态系统之别。建设项目的水生生态环境调查，一般应包括水质、水温、水文和水生生态群落的调查，同时应包括鱼类产卵场、索饵场、越冬场、洄游通道、重要水生生物及渔业资源等特别问题的调查。

水生生态调查一般包括初级生产力、浮游生物、底栖生物、游泳生物和鱼类资源等调查，有时还有水生植物调查等。

（1）鱼类调查

鱼类是水生生态调查的重点，一般调查方法有网捕、附加市场调查法等。鱼类调查既包括鱼类种群的生态学调查，也包括鱼类作为资源的调查。一般调查指标有以下几个方面：

① 种类组成与分布：区分目、科、属、种及相应的分布位置。

② 渔获密度、组成与分布：渔获密度（尾/网）及相应的种类、地点。

③ 渔获生物量、组成与分布：渔获生物量（g/网）及相应的种类、地点。

④ 鱼类区系特征：不同温度区及其适宜鱼类种类，不同水层（上、中、底层）中的分布，不同水域（静水、流水、激流）鱼类分布。

⑤ 经济鱼类和常见鱼类：种类、生产力。

⑥ 特有鱼类：地方特有鱼类种类、生活史（食性、繁殖与产卵、洄游等）、特殊生境要求与利用、种群动态。

⑦ 保护鱼类：列入国家和省级一、二类保护名录中的鱼类及其分布、生活史、种群动态和生境条件。

（2）初级生产量的测定

初级生产量的测定包括 O_2 测定、CO_2 测定，可参考《海洋调查规范》（GB 12763）。

（3）浮游生物调查

浮游生物包括浮游植物和浮游动物，也包括鱼卵和幼鱼。浮游生物调查指标包括以下几个方面：

① 种类组成及分布：包括种及其门类等，不同水域的种类数（种/网）。

② 细胞总量：平均总量（个/m^3）及其区域分布、季节分析。

③ 生物量：单位体积水体中的浮游生物总质量（mg/m^3）。

④ 主要类群：按各种类的浮游生物的生态属性和区域分布特点进行划分。

⑤ 主要优势种及其分布：细胞密度（个/m^3）最大的种类及其分布。

⑥ 鱼卵和幼鱼的数量（粒/网或尾/网）、种类及其分布。

（4）底栖生物调查

底栖生物活动范围小，常可作为水环境状态的指示性生物。底栖生物也是很多鱼类的饵类生物，它的丰富与否和水生生态系统的生产能力密切相关，因此在水生生态环境调查与评价中，底栖生物的调查与评价是必不可少的。

底栖生物的调查指标包括以下几个方面：

① 总生物量（g/m^2）和密度（个/m^3）。

② 种类及其生物量、密度：各种类的底栖生物及其相应的生物量、密度。

③ 种类、组成、分布。

④ 群落与优势种：群落组成、分布及其优势种。

⑤ 底质：类型。

3. 非生物环境

如前所述，非生物环境部分的调查对象包括土地利用、气候、地形、土壤、光照、地质、景观等因素。另外，还包括生态完整性调查，生态系统类型、结构、功能等。其中，生态完整性调查包括陆地生态系统生产能力估测和稳定状况两个方面。

1）沿线自然环境概况调查

我国幅员辽阔，不同区域自然环境条件差异大。高铁项目路线长，经过区域多，可能涉及不同的自然区，地形地貌、土壤、气候、雨量、日照、风力风向等条件会根据区域不同而有所变化。因此，需要调查当地的自然环境状况，以分析区域自然条件对高铁建设的制约关系，以及高铁建设对区域生态环境的影响，如表 6-7 所示。

表 6-7 沿线自然环境概况调查内容

分类	调查内容	主要指标	指标用途
气候与气象调查	降雨情况	降雨量与降雨时间分布	分析生态系统类型，确定区域水土流失情况，施工时段避开雨季
	蒸　发	蒸发量、土壤湿度	分析生态系统的特点，了解生态系统的脆弱性与稳定性
	光照、温度	年日照时数、年积温	分析生态系统的类型、生物生产力
	风	风向、风速、风频	分析水土流失、风灾害，合理确定施工时序
	极端气候	台风、沙尘暴、霜冻、暴雨等	分析生态系统的稳定性和气候灾害，合理确定施工时序

续表

分类	调查内容	主要指标	指标用途
地质与水文	地形地貌	地貌类型、地形特点、分布等	分析生态系统的特点、稳定性，初步判断土石方量大小、区域生态环境问题
	地质	地质构造结构、特点、地质灾害	判断生态系统的类型与稳定性，分析生态建设要求，判断生态防护区域
	地表水	涉及主要河流及水系径流特点、水资源量、水质、水域功能、水资源利用情况	分析水生生物、桥梁设置与施工要求
	地下水	地下水流向、水位、地下水补排及利用情况	分析隧道、路基等施工要求
生态环境问题	水土流失	历史演变、流失面积及分布、侵蚀类型及侵蚀模数、水土流失成因	分析项目建设区域生态系统的动态变化、水土流失的保护要求及控制措施
	环境污染	项目区域噪声、大气、地表水、地下水达标情况及主要污染源	分析减少环境污染、恢复生态系统的措施

高铁项目通常会涉及河流、湖泊等水体，现场调查时需要了解区域所属流域的概况，包括流域气候、流域沿线生态系统类型、干流支流等水文条件、主要矿产等情况。

2）土地利用

高铁项目建设不可避免地会产生占地现象，新增占地不管是临时性的还是永久性的，都会对生态环境、当地经济发展等造成一定影响，因此，调查区域土地利用现状是必不可少的。

为分析区域生产力，了解生态环境功能（如持水性、保肥力、生产潜力等），首先要了解区域的土壤分布情况，需要调查区域土壤的成土母质、演化类型、性状、理化性质、厚度、物质循环速度、土壤肥力、土壤有机质、土壤生物情况以及外力影响等因素。

土地利用现状资料主要来自当地国土部门，根据当地的土地利用现状图及分类情况，结合遥感影像的解译精度和受工程影响区域内土地利用实际状况，将土地利用类型分为耕地、林地、园地、草地、建设用地（包括商服用地、工矿仓储用地、住宅用地、公共管理与公共服务用地，交通运输用地按建设用地进行归类）、水域 6 大类型，分别统计高铁建设工程线路两侧受影响范围内各类土地利用现状类型的面积，以确定区域内主要的土地利用类型。

由于国家对基本农田保护的要求，在现状调查中需特别注意基本农田的分布情况，原则上，基本农田不得占用。

3）景观

高速铁路景观包括高铁本身形成的独特的线状景观及其沿线的自然景观和人文景观，它是高铁与其周围景观的综合景观体系。

高速铁路穿越平原、丘陵、山区、湿地、沙丘、湖泊、河流等各种地形、地貌，沿线生态结构复杂，景观类型多样。从景观生态学角度考虑，其经过区域景观可大致划分为自然景观、农田景观、城市景观、乡村景观和城乡过渡景观等类型。

高铁开发行为对景观的影响因地而异，调查时需根据拟建铁路沿线区域气候、地貌、植被及人类活动的影响特点，调查自然景观和人文景观。其中，自然景观一般有地形地貌、水体水面、林木花草等；人文景观包括城镇建筑风貌、农村建筑风貌、农业景观、乡村文化以及名人遗迹、文物古迹等，因此应重点调查高铁景观敏感点段和重要景观资源。

4）稳定状况

稳定性调查包括恢复稳定性和阻抗稳定性。

生态系统由具备不同稳定性和不稳定性的元素构成，有三种基本的稳定元素类型，即最稳定元素、低亚稳定性元素、高亚稳定性元素。

最稳定元素是封闭系统，而两类亚稳定元素属于开放系统，因此，对生态系统恢复稳定性的度量，是采取对植被生物量进行度量的方法来进行的。

阻抗稳定性与高亚稳定性元素的数量、空间分布及其异质化程度密切相关。

景观以上的自然等级系统都需要有高的异质性。异质性使人类生存的自然系统具有长期的稳定性和必要的抵御干扰的柔韧性。景观以上的自然等级体系的一致性，包括时间异质性、空间异质性、多维空间异质性、时空耦合异质性。空间异质性带有边缘效应，与该系统功能状况密切相关。异质性的组分具有不同的生态位，给动物物种和植物物种中的栖息、移动，以及抵御内外干扰提供了复杂和微妙的相应利用关系。

异质化程度高时，当某一特定嵌块是干扰源时，相邻的嵌块就可能形成了障碍物，这种内在异质化程度高的生态体系或组分，很容易维护自己的地位，从而达到增强生态体系、抵御内外干扰、增强该体系生态稳定性的作用。

6.3.2 生态环境敏感保护目标

1. 生态功能区划

在开展现状调查之前，需要查找当地的生态功能区划，了解高铁经过区域的生态区划分及开发保护要求，如新建安庆至九江铁路，经过安徽、湖北、江西三省，其中路线在安徽省境内属于沿长江平原生态区，在湖北省境内属于长江中游平原湿地生态区，在江西省境内属于赣北平原湖泊生态区。详细划分见表 6-8。

分析项目沿线经过区域的生态功能区划情况，可以了解项目沿线区域的主要生态功能、区域整体生态问题，从而可以为项目在设计期、施工期实施的生态环境保护措施提供依据。从表 6-8 中可以看出，新建安庆至九江铁路，区域主要生态功能以农业生产、水土保持、洪水调蓄、湿地保护、生物多样性保护等为主。区域整体生态问题主要体现为水土流失、环境污染和生态破坏严重，其中丘陵

表 6-8　新建安庆至九江铁路沿线区域所属生态功能区划

序号	行政区划	线路里程	生态功能区			主要生态服务功能	主要生态环境问题
			生态区（一级）	生态亚区（二级）	生态功能区（三级）		
1	安徽省	① 安庆西至庐山正线：CK171＋400～CK194＋700 ② 安庆西至安庆正线：CK0＋000～ZCK20＋500	Ⅳ沿长江平原生态区	Ⅳ1 大别山南麓山前平原农业生态亚区	Ⅳ1-1 大别山南麓山前平原农业生态功能区	农业生产与水土保持	丘岗高处灌溉条件差，常有干旱威胁；土壤流失严重；局部环境污染和生态破坏严重
2		① 安庆西至庐山正线：CK162＋000～CK171＋400，CK194＋700～CK257＋600 ③ 合肥至安庆联络线：SLCK0＋000～SLCK5＋433，XLCK0＋000～XLCK4＋114			Ⅳ1-2 江北丘陵水土保持与湿地保护生态功能区	水土保持与湿地保护	低山丘陵植被覆盖低，采矿导致矿区土壤侵蚀剧烈，水土流失和其他地质灾害非常敏感；部分地区工矿业环境严重
3		① 安庆西至庐山正线：CK257＋600～CK265＋450 ② 安庆西至安庆正线：ZCK20＋500～ZCK25＋000		Ⅳ2 皖江沿岸湿地与平原农业生态亚区	Ⅳ2-1 华阳湖群洪水调蓄与生物多样性保护生态功能区	洪水调蓄、湿地保护，生物多样性保护	水土流失和农业面源污染对湿地生态系统有一定威胁，部分湖区养殖强度过大，洪涝灾害频发，水禽生境受威胁

续表

序号	行政区划	线路里程	生态功能区			主要生态服务功能	主要生态环境问题
			生态区（一级）	生态亚区（二级）	生态功能区（三级）		
4		② 安庆西至安庆正线：ZCK25＋000～ZCK28＋350	Ⅳ沿长江平原生态区	Ⅳ2-1 华阳湖群洪水调蓄与生物多样性保护生态功能区	Ⅳ2-2 安庆-铜陵沿江湿地生态保护生态功能区	湖泊湿地保护与生物多样性保护	水土流失剧烈，湖盆淤积严重，部分湖泊湖区网箱养殖强度过大，矿区水土流失和其他地质灾害严重，涝渍灾害常发
5	湖北省	① 安庆西至庐山正线：CK265＋450～CK316＋700 ④孔垄联络线：KLSCK0＋000～KLSCK9＋078，KLXCK0＋000～KLXCK8＋103	Ⅲ长江中游平原湿地生态区	Ⅲ3 鄂东沿江平原农业与工矿生态区	Ⅲ3-1 鄂东沿江平原农业生态功能区	农业生产与水土保持	水土流失较严重，农业面源污染对河流、湿地生态系统有一定威胁，水禽生境受威胁
6	江西省	① 安庆西至庐山正线：CK316＋700～CK333＋598	赣北平原湖泊生态区	Ⅰ-1 鄱阳湖平原北部农田与水域生态亚区	Ⅰ-1-1 鄱阳湖平原西北部水质保护与防洪生态功能区	水质保护和防洪，其他功能还有农业环境保护、水土保持、生物多样性保护、旅游休闲和城市生活环境保护，综合服务功能比较重要	环境污染问题比较突出，南部和北部平原地区洪涝灾害威胁较大，丘陵山地森林质量较差、水土流失比较严重，受血吸虫病和地质灾害威胁较大

山地区还存在植被覆盖度低，平原区农业存在面源污染等问题。因此，通过以上现状调查内容分析，可以确定主体工程建设的重点是加强对林地和农田资源的保护，减少工程用地数量，减少工程建设对森林资源的破坏、对农田水利灌溉设施的破坏和对河道的阻断，同时做好水土流失的防治措施，保证沿线评价区域内森林动植物资源和农田水肥条件不因本工程建设而降低。

2. 生态敏感目标

根据环境保护相关的法律法规以及有关规定，生态环境的敏感目标包括国家公园、自然保护区、风景名胜区、世界文化和自然遗产地、海洋特别保护区、饮用水水源保护区，以及除上述区域外的生态保护红线管控范围，永久基本农田，基本草原，自然公园（森林公园、地质公园、海洋公园等），重要湿地，天然林，重点保护野生动物栖息地，重点保护野生植物生长繁殖地，重要水生生物的自然产卵场、索饵场、越冬场和洄游通道，天然渔场，水土流失重点预防区和重点治理区，沙化土地封禁保护区，封闭及半封闭海域；另外还包括地方划定的文物保护单位、有历史纪念意义的保护场馆等。

对于涉及敏感目标的路段，需要了解整个敏感区的生态环境现状，除详细勘察拟建项目与敏感区的位置关系之外，还需要了解自然保护区、湿地公园、风景名胜区等保护区的经纬度关系、保护区范围和类型、保护区性质和保护对象、功能分区、保护要求及保护区的自然条件和生物资源等。

例如，新建铁路郑州至周口至阜阳铁路经过的安徽颍州西湖自然保护区位于阜阳市西 15 km，地处东经 115°11′ ~ 115°46′、北纬 32°56′ ~ 33°09′ 之间，范围包括景区、程集、西湖、九龙、姜堂、颍西、马寨、新村、闻集、中市、宁老庄 11 个乡（镇、办事处），保护区总面积 11 000 hm^2。

保护区性质：安徽颍州西湖自然保护区，是以保护湿地生态系统和越冬水禽为主，兼具开展经营利用和科学研究、生态旅游、自然保护教育于一体的自然保护区。

保护对象：湿地生态系统和生物多样性，国家重点保护的水禽，自然生态环境和自然资源，自然景观、人文景观。

保护区类型：保护区境内湿地生态环境保存完好，珍稀濒危水禽种类、数量丰富，为迁徙和越冬水禽提供了重要的越冬地和歇息地，并具有良好的自然属性和适宜的面积，根据《自然保护区类型与级别区分原则》（GB/T 14529—93），该保护区属湿地鸟类和湿地生态系统类型的自然保护区。

随着环境不断改善和对保护鸟类的不断加强，湖区留鸟日益增多，而且由于颍州西湖处于暖温带向亚热带过渡带，是许多候鸟迁徙的必经之地，优良的环境、充足的饵料使越来越多的候鸟在湖区停歇、栖息。该区生物资源较为丰富，是阜阳市脊椎动物最为集中分布地之一。

保护区分区：核心区为部分旧西湖遗址、部分三十里河和新老泉河水域。面积 2 750 hm^2，占保护区面积的 25%。缓冲区为核心区周边的洼地为缓冲区，面积 3 080 hm^2，占保护区面积的 28%。实验区由其他湖泊、草洲和村庄组成，面积 5 170 hm^2，占保护区面积的 47%。

西湖保护区内有国家级保护物种 13 种，均为鸟类。国家级保护物种主要分布在保护区的核心区及缓冲区，主要位于泉河及两侧湿地，实验区南缘罕有分布。根据保护区动植物分布图及咨询保护区管理人员，拟建工程经过的区域分布的鸟类主要有草鹭、金腰燕、红隼、鸬鹚、牛背鹭 5 种，其中红隼为国家二级保护动物，分布区域广泛，主要营巢于林中高大的树上，项目周边林地等适宜性生境很多；金腰燕为省级保护动物，属于夏候鸟，常结小群活动，主要以昆虫为食，多栖息于电线或枝叶较少的树枝上，项目沿线适宜性生境很多。

拟建工程在 CK278 + 350 ~ CK281 + 380 段以临阜特大桥形式跨越安徽颍州西湖省级自然保护区的实验区约 3 030 m，占地面积约 5.45 hm^2，保护区内桥墩数量约 95 个，桥墩占地面积约

1 140 m^2。工程距离缓冲区最近距离约 120 m，距离核心区最近距离约 410 m。桥梁穿越区段植被类型结构单一，大部分为农田区域（现状主要为种植玉米、大豆、棉花、番薯、芝麻等），乔木主要为杨树、榆树、柳树等当地常见种，盖度 60%～70%，未发现珍稀保护物种。

6.3.3 生态环境问题

高铁项目区域现有的生态环境问题调查，可以先从项目区域生态环境的脆弱性与稳定程度分析展开，重点调查影响区域内已经存在的制约本区域可持续发展的主要生态问题，如水土流失、沙漠化、石漠化、盐渍化、自然灾害、沼泽化、湿地破坏、森林和湖泊面积急剧减少、矿产资源破坏、生物入侵等，指出其类型、成因、空间分布、发生特点等。

高铁项目建设引发的生态环境问题中表现比较突出的有水土流失、土地荒漠化、森林和草地资源减少，生物多样性减少等。如果拟建项目可能导致敏感生态环境问题出现，那么在生态环境影响预测与调控措施分析中就需要进行重点评价其可能产生的影响，并且提出相应的环保措施。

生态环境问题调查的主要内容见表 6-9。

水土流失是我国常见的生态环境问题，下面以水土流失为例简单介绍生态环境问题调查的主要内容。

1．我国水土流失分布现状

我国地质地貌及气候特点，构成了各种类型土壤侵蚀发生的基本条件。各地自然条件和人为活动不同，形成了许多具有不同特点的土壤侵蚀类型区域。根据我国的地貌特点和自然界某一外营力（如水力、风力等）在较大区域起主导作用的原则，辛树帜等（1982）将全国分为 3 大土壤侵蚀类型区，即水力侵蚀为主的类型区、风力侵蚀为主的类型区和冻融侵蚀为主的类型区。

表 6-9　生态环境问题调查的主要内容

生态问题	指　标	评价作用
水土流失	历史演变、流失面积与分布、侵蚀类型、侵蚀模数、水分肥分流失量、泥沙去向、原因与影响	分析生态系统动态变化、环境功能保护要求、控制措施与实施特点
沙漠化	历史演变、面积与分布、侵蚀类型、侵蚀量、原因与影响	分析生态系统动态化变化、环境功能需求，改善措施方向
盐渍化	历史演变、面积与分布、盐渍化程度、原因与影响	分析生态系统的敏感性、水土关系，寻求减少危害和改善的途径
污染影响	污染来源、主要影响对象、影响途径、影响后果	寻求防止污染、恢复生态系统的措施
自然灾害	类型、地区、面积、历史变迁、发生率、危害等	评价规划布局、确定防护区域、编制生态建设方案和管理计划

1）水力侵蚀为主的类型区

水力侵蚀面积约有 179.4 万平方千米，大体分布在我国大兴安岭—阴山—贺兰山—青藏高原东缘一线以东的地区，可进一步划分为 6 个 2 级类型区。

西北黄土高原区：该区涉及青海、甘肃、宁夏、内蒙古、陕西、山西、河南七省（区），由黄土塬沟壑区与黄土丘陵沟壑区两大地貌类型区组成。这一区域土层深厚疏松、沟壑纵横、气候干旱、植被稀少、降水时空分布不均，是我国生态系统脆弱、水土流失最严重的地区。在黄河中游近 60 万平方千米的范围内，土壤侵蚀面积达 43 万平方千米，严重的土壤侵蚀面积达 28 万平方千米以上，最严重的多沙粗沙区面积为 15.6 万平方千米。

东北低山丘陵区：该区南界为吉林省南部，西、北、东三面为大兴安岭、小兴安岭和长白山所围绕，在区内，除林区和三江平原外，其余地区都有不同程度的水土流失。其主要侵蚀形式有沙砾化面蚀、细沟和沟状侵蚀、河沟侵蚀、崩塌、冻融侵蚀等。

北方山地丘陵区：该区指东北漫岗丘陵以南、黄土高原以东、淮河以北，包括东北的南部及河北、河南、山东等省范围内有水土流失现象的山地、丘陵地区，涉及海河、淮河两个流域，主要分布在流域上游的太行山、沂蒙山、桐柏山、大别山、伏牛山等地。该区降雨集中，土层浅薄，山丘区一半以上耕地土层厚度小于 50 cm，水土流失对土地生产力破坏极大。

南方山地丘陵区：该区北界为大别山，包括湖北、湖南及华东、华南各省区，其中江西南部水土流失强烈，是我国南方具有代表性的水土流失区。土壤侵蚀集中在长江和珠江中游，以及东南沿海的各河流中上游山地丘陵，在植被遭到破坏的浅山、丘陵岗地，土壤侵蚀特别严重。

四川盆地及周围山地丘陵区：该区涉及四川、重庆、云南、西藏、贵州、甘肃、陕西和湖北 8 个省（区、市）。区域地质构造复杂而活跃，山高坡陡，人口密集，降雨集中，坡耕地比重大，水土流失严重，滑坡、泥石流等山地灾害频发。四川盆地大致在北以广元、南以叙永、西以雅安、东以奉节为四个顶点连成的一个菱形地区内，盆地西部为成都平原，其余部分为丘陵。本区主要为农区，林木分布极少，土壤侵蚀以面蚀、荒地鳞片状侵蚀和沟蚀为主。四川盆地气候温和，雨量丰富，大部分地区年均降水量在 1 000 mm 左右，但季节分布不均，夏季降雨集中，多暴雨，径流丰沛，径流系数为 40%～50%，因而侵蚀强烈。由于盆地中多紫色砂页岩，土壤呈现红色，大量的深丘和浅山部分遭到不合理开垦，植被受到明显破坏，地面缺乏植被覆盖的山地、丘陵，土壤侵蚀十分严重，年侵蚀模数达 1 000～5 000 t/km^2。

云贵高原区：该区包括云南、贵州及湖南西部、广西西部的高原、山地和丘陵。该区土壤侵蚀营力主要是流水，仅安宁河流域有显著的风蚀现象，高山峡谷和某些地区有重力侵蚀发生，云贵高原四周都是崎岖的山岭，中央部分岩层比较平缓。高原西部横断山脉最显著的特点是高山与峡谷相间，相对高差达千米以上，由此造成的水土流失也较为严重。

2）风力侵蚀为主的类型区

新疆、甘肃河西走廊、青海柴达木盆地，以及宁夏、陕北、内蒙古、东北西部等地的风沙区，是风力侵蚀为主的类型区，其中风力侵蚀的沙漠及沙地面积达 187.6 万平方千米。这些区域主要表现为土地过度开垦和草场超载放牧，植被覆盖度低，风力侵蚀和水力侵蚀交替发生，生态十分脆弱。

3）冻融侵蚀为主的类型区

该区主要分布在我国西部青藏高原、新疆天山、东北黑龙江流域和大小安岭等高寒地区，受人类活动影响较小，以自然侵蚀为主。

2. 高铁建设引发的水土流失

开展生态环境现状调查时，要分析区域水土流失现状。以郑州至周口至阜阳新建铁路为例，调查资料显示，铁路线路所属地区位于黄淮冲积平原中西部，岭岗、洼地等微地貌发育，地形微起伏，由西向东微倾斜，沿线地面高程由 120 m 降至 30 m。项目区所经河南段区域属于桐柏山大别山预防保护区、河南省重点监督区。工程沿线水土流失侵蚀类型以轻度、微度水蚀为主。项目区黄淮冲击平原原地貌土壤侵蚀模数均在 1 500 ~ 2 000 $t/(km^2 \cdot a)$。项目区属于平原地区，容许土壤流失量为 200 $t/(km^2 \cdot a)$。

掌握现状资料后，进一步分析项目建设可能引发的新增水土流失量，综合评价项目建设的水土流失影响，为提出科学合理的生态环境保护措施提供依据。

6.4 高铁项目生态环境现状评价

开展高铁项目生态环境现状调查的目的是详细了解项目经过区域的生态系统类型、主要植被、珍稀保护动植物分布、敏感目标与项目关系、区域内主要生态环境问题等。完整的现状调查资料，可以为科学评价项目区域的生态环境状况、预测分析项目对生态环境影响，以及制定针对性的生态环境保护措施提供依据。

在对区域生态基本特征调查的基础上，结合生态环境现状评价方法，采用文字和图件相结合的方式，对评价区的生态现状进行定量或定性分析评价。

生态环境影响评价的主要内容可以从三大部分展开：生态系统、敏感生态保护对象和敏感生态环境问题。其中，生态系统又可以具体划分为植物与动物资源现状、生态系统结构与功能等。具体可以从以下内容展开：

（1）根据高铁沿线区域主要动植物的现状组成及其分布情况，分析涉及区域的生物多样性，特别调查区域内受保护的敏感物种的生态学特征，可采用植被覆盖指数、物种丰富度及多样性指数等对生态背景状况进行定量评价，同时采用生境适宜度指数模型或其他生境评价模型对物种生境现状进行评价。

（2）分析高铁涉及区域的生态系统现状，包括生态系统类型、气候水文等自然条件；生态系统功能情况，如水源涵养、防风固沙等主导生态功能。可采用多样性指数、景观指数、生物量、生产力、生态系统服务功能相关评价指标对评价范围内的生物多样性水平、景观格局以及生态系统的质量、功能进行评价。涉及河流生态系统的，可采用生物完整性指数对评价范围内的水生生态系统状况进行评价。

（3）调查区域可能涉及的特殊生态敏感区或重要生态敏感区，分析其与生态环境有关的规划、生态环境现状、保护要求和存在的问题等，分析保护区与工程的位置关系。

（4）调查区域内存在的主要生态环境问题，调查已经存在的制约工程所在区域可持续发展的主要生态问题，如水土流失、沙漠化、石漠化、盐渍化、自然灾害、生物入侵和污染危害等；调查可能会引起生态系统变化的主要因素和可能的总体变化趋势等；分析、调查已经存在且与工程相关的生态保护目标产生不利影响的干扰因素。

6.5 高铁项目的生态图件

生态图件是指以图形、图像的形式对生态影响与保护措施有关空间内容的描述、表达或定量分析，是开展区域生态环境现状评价的主要依据和成果的重要表示形式。一般来讲，生态图件能够更直观、形象地表达项目区域的生态环境现状及建设项目可能造成的生态环境影响。

应用现今先进的 GIS 等技术绘制生态图件，可以让生态分析从定性走向定量，而且由定量进一步向图形和图像化发展。高铁建设项目使用生态制图，可以有效确定项目的生态环境影响的范围、可能涉及的敏感目标，并可以对拟将实施的环保措施的有效性进行分析，这将是今后开展生态环境影响预测与实施调控措施的重要工具。

在实际工作中，生态图件要求能够全方位展示项目涉及的行政区划、自然环境、社会经济与区域环境特征。根据高铁项目的建设和运行特征，一般生态环境相关图件包括基础图件和特殊图件。

1．数据来源

生态影响评价图件制作基础数据来源包括已有图件资料、采样、实验、地面勘测和遥感信息等。

2．生态图件的基本要求

（1）当评价项目涉及特殊生态敏感区域和重要生态敏感区时，必须提供能反映生态敏感特征的专题图，如保护物种空间分布图；当开展生态监测工作时，需提供相应的生态监测点位图。

（2）生态制图的工作精度一般不低于工程可行性研究制图精度，成图精度应满足生态影响判别和生态保护措施的实施。成图应能准确、清晰地反映预测与评价主题内容。

当基本图件底图的工作精度不满足评价要求时，应开展针对性的测绘工作。当成图范围过大时，可采用点线面相结合的方式，分幅成图；当涉及敏感生态保护目标时，应分幅单独成图，以提高成图精度。

（3）生态图件应符合专题地图制图的规范要求，成图应包括图名、比例尺、方向标、经纬度、图例、注记、制图数据源（调查数据、实验数据、遥感信息源或其他）、成图时间等要素。

3. 生态图件的内容

1）生态环境现状基础图件

生态环境现状图件的内容可以参考《环境影响评价　生态环境》中的一级评价的基本图件、推荐图件的要求，图件构成见表 6-10。

表 6-10　生态环境现状评价图件构成（一级评价）

基本图件	推荐图件
（1）项目区域地理位置图； （2）工程平面图； （3）土地利用现状图； （4）地表水系图； （5）植被类型图； （6）生态保护目标空间分布图； （7）动物迁徙（或洄游）路线图（涉及迁徙或洄游物种）； （8）调查样方（或样线）、调查断面和站位布设图； （9）主要评价因子的评价成果和预测图； （10）生态监测布点图； （11）典型生态保护措施平面布置示意图	（1）当评价工作范围内涉及山岭重丘区时，可提供地形地貌图、土壤类型图和土壤侵蚀分布图； （2）当评价工作范围内涉及河流、湖泊等地表水时，可提供水环境功能区划图；当涉及地下水时，可提供水文地质图件等； （3）当评价工作范围涉及海洋和海岸带时，可提供海域岸线图、海洋功能区划图，根据评价需要选做海洋渔业资源分布图、主要经济鱼类产卵场分布图、滩涂分布现状图； （4）当评价工作范围内已有土地利用规划时，可提供已有土地利用规划图和生态功能分区图； （5）当评价工作范围内涉及地表塌陷时，可提供塌陷等值线图

地理位置图来自高铁建设项目的可研报告，大致描述路线长度、路线走向与行政区划的关系，是最基本的图件。通过地理位置图，可以直接了解项目经过行政区域的基本情况，初步判断项目可能涉及的主要自然环境条件。

除项目地理位置图外，条件允许时，还应该有项目经过区域的生态功能区划图、区域土地利用现状图、区域水系图、植被分布图、水土流失现状图、项目周边城镇饮用水源分布示意图等。

生态功能区划图是以图件的形式，根据区域生态系统格局、生态环境敏感性与生态系统服务功能空间分异规律，将区域划分成不同生态功能的地区，如图 6-1 所示。

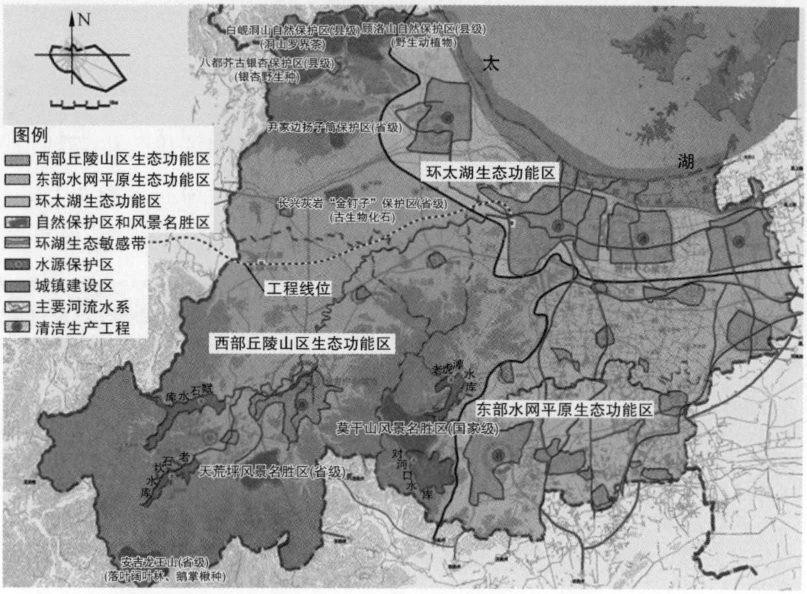

图 6-1　新建商丘至合肥至杭州铁路在湖州市生态功能区划中的位置关系
（摘自《新建安庆至九江铁路环境影响报告书》）

高铁项目通常会涉及特殊生态敏感区域和重要生态敏感区等敏感目标，因此，需要根据调查资料，绘制项目沿线敏感区与项目位置关系图件、项目工程与区域候鸟迁徙路线关系图等，这类图件被称为特殊图件。特别是当项目穿越敏感区时，要在图件上明确标注项目经过敏感区的位置与长度。当需要对敏感区内的某些保护目标开展生态监测时，需要绘制相应的生态监测布点图。

2）工程基础图件

基础图件要能够反映高铁建设行为及其对生态环境的影响，包括项目平纵缩图、大临工程［取弃土（渣）场、轨铺基地、运输便道、施工营地、制（存）梁场、轨道板场、采石料场等］布置图等。

PART

7 高铁建设生态环境影响预测

7

高速铁路项目具有“长、高、多、杂”的特点，通常会穿越不同的生态系统，遇见各具特色的自然景观、生物群落等，生态环境影响因素复杂。

高铁建设中，其施工作业时的占地、开挖、取弃土、土石方运输等对土壤、珍稀保护物种、生态敏感保护目标等会造成一定的环境影响，运行期除了产生噪声与振动等环境污染外，也会引起铁路沿线的微气候发生变化，造成两侧动物交流阻隔，从而导致生物生存环境的改变等。

7.1 概 述

高铁生态环境影响预测时可以从建设内容、建设时段、建设区域、敏感保护目标及敏感生态环境问题等方面综合展开，通过分析项目建设对生态环境的可能影响，为制定合理的生态环境保护措施提供依据，以期实现建设绿色铁路的目标。

7.1.1 预测目的

对高铁建设项目的生态环境影响进行预测、评估，拟达到四个主要目的：

1. 为高铁建设合理选址选线提供依据

高铁项目的选址选线，除要满足工程建设相关的技术要求外，还需要满足环境保护相关的法律法规要求。如绕避自然保护区核心区和缓冲区、风景名胜区的一级保护区、各地划分的生态保护红线范围等国家禁止开发建设的区域，同时应避开重要生境、现有生态环境问题严重的区域等。

因此，需要详细调查区域内的生态环境保护目标分布与线路位置关系，查明沿线区域主要生态环境问题，并根据项目建设内容对敏感目标可能产生的环境影响进行分析预测，判断敏感保护目标受影响程度，为合理选址选线提供基础依据。

2．为工程的环保设计提供科学依据

结合环境现状与工程建设内容，在生态环境影响预测的基础上开展环保设计，是建设绿色铁路的重要组成部分。高铁项目可以实施的环保设计有：经过重要湿地、保护野生动物迁徙路线等区域以高架桥方式通过；依据水生生物产卵和繁殖、迁徙特点合理设置涉水桥墩的数量和位置；合理设计隧道洞口，既保证安全通行，又能减少水土流失、美化景观等。

在工程建设中，采用科学的环保设计可以有效降低生态环境破坏，而结合环境现状和项目建设内容，对高铁项目的生态环境影响进行预测和评估，是开展环保设计的有效保证。

3．明确施工建设者的环境责任

通过生态环境影响预测，分析生态环境影响源强，明确可能产生生态破坏的施工建设行为和场所，可以针对施工中可能造成的环境破坏和不利影响提出具体预防措施并付诸实施，便于明确施工建设者的责任，为建设单位制定合理的施工方式和施工时序，科学确定取弃土（渣）场、采石料场、施工便道、施工营地等临时用地的位置和规模等提出合理化建议。

同时，根据现场调查结果和预测分析结论，有助于制定不同施工工段的管理制度：如对野生动物活动区域，设置珍稀保护动物措施、严禁捕猎野生动物等具体实施要求；对森林覆盖率较高路段，禁止乱砍滥伐等行为；对人类活动较为频繁、历史悠久的地区，制定施工中发现文物古迹时的应对措施；对涉及风景区的路段，设置施工的景观保护措施；根据施工中产生的环境污染，制定相应的环境污染治理措施并确保达标排放等。

4．为环保部门实施监督管理提供依据

环境保护管理部门的职责是对所属区域环境保护工作进行监督和指导。因此，各地环保部门需要对高铁建设项目施工期、运行期全过程的环境保护实施监督管理，而依据区域生态环境现状和生态环境影响预测结果，可以对项目的生态环境破坏情况进行评估，这些是执行监督管理工作的有效参考。

7.1.2 基本原则

高铁建设不可避免地会产生生态破坏，而且由于高铁的“长、高、多、杂”等特点，每个项目所处区域、建设规模、工程选址、施工方式等内容不同时，其造成的生态环境影响是不一样的。因此，开展生态环境影响预测，必须结合区域生态环境现状和项目建设内容，充分考虑区域的资源特征和生态特征，综合论证项目的合理性，分析可能对现有生态环境带来的长期、短期、有利、不利、潜在、复合影响等的程度和范围，为最终提出有针对性的环保措施服务。

实施高铁建设项目的生态环境影响预测，需要遵循以下原则：

1．分区域预测

高铁经过区域众多，通常会穿越不同的生态系统，也可能涉及各类敏感保护目标，因此，开展影响预测时，可以分不同的生态系统类别，如城市、森林、农田、河流、湿地等，或者按照一般区域和敏感区域划分，也可以参照行政区划分区进行预测。

2．分不同建设内容预测

高铁项目建设内容繁杂，如临时工程、永久性工程（如隧道、桥梁、路基等重点工程）。不同工程的生态环境影响不同，在预测时可以分不同建设内容分别开展预测。

3. 分不同时段预测

根据高铁项目的特点，可以从选址选线期、施工期、运行期分别开展生态环境影响预测。

7.1.3 生态环境影响预测难点

1. 生态系统是一个有机的整体

环境是一个综合系统，保护环境，就是要保护在环境中生存的生物和非生物，保护整个生态系统。生态环境中生态因子间联系复杂且密切相关，生态系统中任何一个因素都是整个系统中的有机组成部分，任何一种生物或环境因素都同等重要。保护某种生物，不是只保护该生物本身，而是除了该生物之外，还要保护与之息息相关的生物链上的其他各种生物及其生存环境和各环境要素。如实施湿地保护时，除了湿地环境本身，还要考虑在湿地中栖息的各种生物、湿地区域气候、水文、水源和排水去向等。

另外，生态系统的整体性，也决定了某个区域的生态环境变化可能影响其他区域的生态环境。就水土流失来讲，往往下游地区的严重的水土流失是由上游地区植被砍伐过度造成的。

2. 生态环境具有明显的区域性特征

不同的区域条件下，生态系统中生物成分的组成和比例是不一样的，非生物环境如气温、降雨量、海拔、地形地貌等差别也非常大，体现出区域自然环境强烈的个性。

生态环境具有很强的区域性。例如，青藏高原是中国最大、世界海拔最高的高原，被称为“世界屋脊”。该区高山大川密布，地势险峻多变，地形复杂，其平均海拔 4 000 m 以上，远远超过同纬度周边地区；该区辐射强烈，日照多，气温低，积温少，气温随高度和纬度的升高而降低，气温日较差大；干湿分明，多夜雨；冬季干冷漫长，大风多，夏季温凉多雨，冰雹多，生态环境极为脆弱，但该区又是东亚、东南亚和南亚许多大河流发源地；高原上草地、湖泊众多，受人类干扰相对较少，各类珍稀动物、植物分布较广。

而成都平原地势自西北向东南倾斜，一般海拔 600 m 左右，土壤肥沃，农业发达，人口稠密，自古有“天府之国”的美誉。该区四季分明，日照少、气候温和，降雨充沛，是四川盆地主要的粮食、蔬菜等农产品生产基地，也是中国人口分布高度密集的区域之一。区域内人类活动频繁，具有丰富地方传统文化、历史文化价值的景点分布较广。

显而易见，要修建跨越成都平原和青藏高原两个完全不同的地理单元的项目，其产生的生态环境影响的区域性特征非常明显，平原地区土地资源紧张，而在青藏高原地区施工建设更为脆弱、复杂。

3．生态环境问题具有很强的累积性

生态环境问题，往往是逐步发展的，起初变化是不显著的，但当这种变化到一定程度，就会显著地和出人意料地将结果显示出来。目前，人们对突如其来的环境污染和生态破坏问题关注较多，而对短期内难以察觉、影响范围较大、存在范围较广的生态破坏行为，往往考虑较少，但正是这些难以觉察的生态破坏行为，经过积累后很容易发展成为不可逆转的生态衰退。

在生态学上，生态累积效应通常与生态安全或生态风险协同研究。因此，实施高铁项目的生态环境保护，还需要参考已有的类似项目的生态环境变化，研究可能的发展趋势，综合考虑项目的生态环境累积影响。

7.2 生态影响预测方法与内容

高铁项目属于交通运输类项目，其生态环境影响与公路、普通铁路有相似之处，也有不同之处。高铁生态环境影响预测的方法，可以参考相关资料，并结合高铁建设特点进行选择。开展生态环境影响预测的重点应该包括项目选址选线的对比分析，线路施工和建成后对区域土地利用格局和地表土壤使用现状的改变及因此而引发的生态环境问题，线路对动植物物种迁移的阻断影响及由此而引发的生物多样性保护问题等。

7.2.1 预测方法

生态影响预测应根据评价对象的生态学特性，在调查、判定该区主要生态功能，以及完成功能必需的生态过程的基础上，分别采用定量分析与定性分析相结合的方法进行预测与评价。常用的方法包括列表清单法、图形叠置法、生态机理分析法、景观生态学法、指数法与综合指数法、类比分析法、系统分析法和生物多样性评价等。

其中，通过现状分析获得评价区动植物现状资料之后，根据工程施工活动的范围、类型、工期，类比相似工程，预测、分析施工期和营运期对植物的影响及恢复程度，并采用生态机理分析方法预测项目建设对动物的影响。

在遥感数据分析的基础上，运用景观生态学的原理，通过对比工程前后评价范围内景观格局、多样性、优势度等特征的变化，预测分析工程建设对评价范围生态完整性的影响。

水土流失预测采用类比调查法，选用“土壤侵蚀模数”指标进行估算，并根据 SL190—2007《土壤侵蚀分类分级标准》评价工程建设可能造成的土壤侵蚀情况。

在研究生态环境影响的累积效应问题上，有学者提出幕景分析法、层次分析法相结合，按时间序列描绘的不同幕景，反映出该区域生态环境一系列主要变化过程，直观展示不同的规划方案或者拟议活动情景下的累积生态环境影响后果。

7.2.2 生态影响预测要求

生态影响预测应该以生态环境现状评价结果和工程分析内容为依据，依据区域生态保护要求和受影响生态系统的主导生态功能选择评价预测指标，重点关注生态系统及其主要生态因子、敏感生态保护目标、主要生态环境问题等内容。

（1）开展受影响生态系统及其主要生态因子的影响预测。通过分析高铁建设产生的生态环境影响的方式、范围、强度和持续时间来判别生态系统受影响的程度；预测生态系统组成和服务功能的变化趋势，重点关注其中的不利影响、不可逆影响和累积生态影响。

（2）敏感生态保护目标的影响预测应在明确保护目标的性质、特点、法律地位和保护要求的情况下，分析项目的影响途径、影响方式和影响程度，预测潜在的后果。

项目如果涉及国家公园、自然保护区、世界遗产地、风景名胜区等特殊和重要生态敏感目标时，一般采用“五段论”评价模式：

① 简要介绍敏感区基本情况，如建立时间、历史缘由、保护级别、保护对象、功能划分及要求、管理现状等。

② 与开发建设项目的位置关系。重要的是给出位置关系图（标明方位、距离等），明确工程施工与敏感区的关系，判断项目是在敏感区外，还是在敏感区内。如果工程在敏感区外，必须清楚地给出工程建设边界与敏感区边界的距离；如果是穿越敏感区，要明确工程线路穿越敏感区里程桩号、位置、长度，以及敏感区内工程的设置情况。

③ 进行替代方案比选。对于经过保护区路段，要从保护区级别及可能受影响的保护对象、可能引发的环境影响和技术条件等内容充分分析多方案的可行性，给出环境最优方案。

④ 开展影响分析与预测评价。针对敏感区内工程情况，结合敏感区保护对象，有针对性地分析其影响，特别是针对其结构、功能、重要保护对象及价值的影响。

⑤ 提出影响保护措施（或对策与建议）。针对项目建设，对生

态环境敏感保护目标提出相应的保护措施、对策或建议。

（3）预测高铁建设项目对区域现存主要生态问题的影响趋势。先分析造成区域现有主要生态问题的原因，查找工程建设内容与成因的主要联系，预测其影响的程度、范围及其可能的发展趋势。高铁项目可能产生的主要生态问题最多的是水土流失，也可能导致滑坡、泥石流、生物入侵、湿地破坏等问题。另外，项目本身也受到大风、沙尘、暴雨及洪涝灾害等自然灾害的威胁。因此，开展高铁生态环境影响预测，需要结合区域现有生态环境问题及项目建设内容展开细致分析。

7.2.3 对生态系统的影响分析

分析高铁建设对生态系统产生的影响，其主要评价对象有植物、动物、非生物环境等受影响因子。

1．对植被影响分析

1）对植被生存影响

新建铁路对植被影响主要是因新增占地、施工作业等破坏植被生存环境，占用部分植被资源，减少植被覆盖率等。

施工期间，对植被的影响主要为施工产生的扬尘对附近百米范围内的植被的影响。漂浮的扬尘会附着在植物的叶子上，使植物的光合作用和呼吸能力降低，影响植物的新陈代谢。工程施工机械放出的废气也会对周围植被生长产生一定影响。另外，施工废（污）水主要有生活污水、施工机械排出的含油污水，可能对流经地方的植物造成一定影响，这种影响范围不大，一般不会造成植物死亡，但可能影响其生长。

铁路项目路线长，通过山地丘陵地区的可能性很大，施工期间，路基开挖导致原有山坡土体形成新的裸露边坡，在这些新的坡面上易引起雨水溅蚀。另外，路基填筑施工使得土质疏松，工程弃渣属松散堆积体，结构疏松，容易造成水土流失，还可能进一步诱发滑坡、崩塌等地质灾害，加剧对植被的不良影响。

铁路修建过程中为了保证地基稳定而采取的一系列工程措施会造成路基附近排水状况的改变，可能引起周边环境的恶化，进一步可能影响植被生长。另外，施工人员有可能随着施工便道进入周围灌木林、草甸内进行乱砍滥伐和践踏，这些不良的生活方式和行为直接造成活动范围内的植被退化或死亡。

铁路施工中由于炸药库和雷管库的管理不善、施工人员抽烟做饭火种管理不善，存在发生火灾的可能。尤其是冬季（11 月至次年 4 月）气候干燥，降水稀少，多晴天和大风的天气，一旦失火将会给本地区的动植物资源造成损失。

铁路建成后，永久占地内的林地、农田等植被将完全被破坏，取而代之的是路面及其辅助设施，形成建筑用地类型。铁路将原来整片的灌草地用一条带状空地相隔，使群落产生林缘效应，从林地边缘向林内，光辐射、温度、湿度、风等因素都会发生改变，而这种小气候的变化会导致林地边缘的植物、动物和微生物等沿林缘—林内的方向发生不同程度的变化。

2）对植物种类及生物量影响分析

植被是生态环境中最重要、最敏感的自然要素，对生态系统变化及稳定起决定性作用。工程施工将造成路基、站场等永久占地内植被的永久性消失和施工营地、施工场地等临时用地内植被的暂时性消失。

关于受建设项目影响的生物量及物种量的预测，可以采用被破坏植被面积与生态单元的比例关系进行分析。

生物量估算：$P_m = B_m\left[1-\dfrac{S_z}{S}\right]$

式中 P_m——项目建成后植被的生物量，t/hm^2；

B_m——项目建设前植被生物量现状值，t/hm^2；

S_z——被破坏的植被面积，hm^2；

S——生态单元的面积，hm^2。

物种量估算：$P_s = B_s\left[1-\frac{q}{S}\right]$

式中　P_s——项目建成后植被的物种量，种/hm^2；

B_s——项目建设前植被物种量现状值，种/hm^2；

q——项目建设砍伐的植被种类数，种；

S——生态单元的面积，hm^2。

因此，工程建设会造成一定范围内某些植被类型面积的减少，从而对植被生物量和自然体系生产力产生负面影响。如果项目区存在国家、地方珍稀保护物种时，可能造成该类物种数量或种类的减少。所以，为减少对珍稀保护物种的破坏，高铁项目在选线时应该避开珍稀保护植物集中区域，而尽量选择常见种分布区域。下面以《新建安庆至九江铁路环境影响报告书》中生物量预测内容为例，详见表 7-1。

表 7-1　评价范围自然体系生产力及植被生物量变化统计

植被类型变化	工程占用植被面积/hm^2	完工后植被面积/hm^2	平均生物量/（t/hm^2）	生物量变化/t
针叶林	151.91	3 249.70	86.34	−13 115.48
阔叶林	8.00	171.03	90.47	−723.31
灌草丛	14.06	455.70	20.56	−289.07
栽培植被	419.22	7 192.27	34.38	−14 412.78
水生植被	15.81	3 433.23	1.20	−18.97
合　计	608.99	14 501.92		−28 559.61
工程建成后评价区域自然体系平均生产力/[gC/（m^2·a）]				604.10
评价区域自然体系平均生产力变化/[gC/（m^2·a）]				−28.88

注：本数据摘选自《新建安庆至九江铁路环境影响报告书》。

由表 7-1 可见，新建安庆至九江铁路工程建设完成后，被占用的土地类型变为无生产力的交通建设用地，使评价区域自然体系生产能力由现状的 632.98 gC/（m^2·a）降低到 604.10 gC/（m^2·a），自然体系的平均生产力减少 28.88 gC/（m^2·a），减少量占评价范围现状值的 4.78%，说明工程建设对预测范围内的自然生产力将产生一定的负面影响，会进一步增加该地区的生态压力。但从整体上分析，这种影响程度甚微，远远不会使本区域植被自然生产力下降一个等级，因此，工程建设对自然体系生产力的影响是能够承受的。

一般来讲，铁路工程是以窄条状的方式通过拟建区域，而且高铁项目的桥隧比高，相对来讲，由于涉及开挖、填筑而引发的植被破坏量较少，加上施工结束后的绿化复耕等措施，因此，高铁建设对自然体系的生产力影响一般是在可接受的范围内。

3）外来物种的影响分析

工程建设将破坏评价区内原有相对封闭的区域，铁路施工和运行期间，由于车辆、人员的进入，人们将会有意无意地将外来物种带进该区域。由于某些外来物种可能比当地物种更好地适应和利用被干扰的环境，这将导致当地生存的物种数量减少、树木逐渐衰退。在沿线形成的裸地有可能形成外来物种的入侵近道，并且逐步成为局部的优势群落，从而排斥当地的土著植物。在植被砍伐迹地，这些植物最先侵入并形成单优种群落，影响植物群落的自然演替，降低区域的生物多样性，从而破坏当地的生态平衡。

2. 对动物影响分析

1）对生境的破坏

施工人员的施工活动、生活活动会导致局部植被破坏，造成动物栖息地生境的干扰和破坏，如施工中砍伐树木对鸟类巢穴的破坏，在经过河流路段，路基的挖方和填方将对兽类、两栖和爬行类，特别是对两栖类动物小生境造成破坏等。

营运期，铁路占地会引起生境片段化，随之伴随着动物生境的丧失，动物被迫寻找新的生活环境，这样便会加剧种间竞争。生境片段化对动物产生的影响是缓慢而严重的，由于生境的分割，动物限制在狭窄的区域，不能寻找它们需要的分散的食物资源，使动物产生饥饿。同时铁路项目使得动物活动范围受到一定影响，对其觅食、交偶可能存在一定的潜在影响。并且随着车辆的运行，可能对动物产后交通致死，生态干扰带将进一步加宽。

当铁路横跨一片生态板块时，首先会引起直接的路域栖息地流失，紧接着与周边植被间便很快建立起边缘效应，并产生边缘小气候和边缘物种。

铁路建设导致的空间异质性的加大会造成受影响区域与外界信息势差的加大，信息流将增强，影响动物敏感度，如噪声会造成动物对声音信息敏感程度降低。因此，动物选择生境和建立巢区时通常会回避和远离铁路。

2）对兽类、爬行类、两栖类等动物的影响

对陆生动物来讲，铁路工程永久性及临时性建筑具有一定的阻隔作用。施工期钻眼、爆破、装渣、喷混凝土产生的噪声、扬尘和施工人员的活动等可能惊扰周围生活的各类野生动物，特别是对兽类、爬行类、两栖类等动物有一定的惊吓作用，迫使其被驱赶至他处，从而改变其原有的生活习性。如果施工管理不严格，还会发生偷猎现象，造成对野生动物的直接伤害。

施工期临时性和永久性用地会改变土地利用性质，使得原有的耕地、林地被占用，破坏土地附生植被、硬化土壤，将野生动物从原有的庇护场所或栖息环境中驱离；此外，施工场地产生的噪声、振动、水污染、粉尘污染和光污染也会对周边野生动物产生驱赶作用，迫使其远离施工区域，从而对部分野生动物的生存产生一定的不利影响。一般来讲，动物受影响最大的是铁路两侧300 m 范围内。

铁路建成后，会成为一道屏障，对两侧的居民或动物产生分离与阻隔作用，将原有的自然生境切割成两部分，如图 7-1 所示，影响两侧动物的交流与繁殖，进一步导致生活在其中的生物变得脆弱。若是铁路线路位于动物的迁徙路线上，将会对动物的繁殖和生存产生阻碍。因此，在选址选线前需要详细调查沿线区域的动植物种类和生活习性，分析项目路线走向、临时工程设置、施工作业等对动植物的影响。

图 7-1　高铁项目对两侧的阻隔

3）对鸟类的影响

鸟类分为留鸟和候鸟。

随着施工人员的进入，区域内留鸟赖以生存的农田或林地等栖息场所丧失，施工噪声、夜间施工照明对鸟类栖息、繁殖的干扰会迫使鸟类离开原有栖息场所。一般来讲，高铁项目影响范围呈带状分布，横向影响范围小，铁路沿线区域可供留鸟选择的替代环境较多，因此施工扰动虽对施工场地周边留鸟活动产生一定的不利影响，但不会对其栖息环境造成毁灭性的破坏。

对候鸟的影响分析，首先要了解候鸟的栖息地条件、迁徙路线与项目的关系，选线时尽量避开对迁徙路线的切割。一般来讲，铁路项目呈带状影响，候鸟可能停留的栖息地如河流、滩涂、耕地、林地等多属于常见类型，一般铁路沿线区域可供候鸟栖息的替代环境较多，工程对周边区域候鸟的栖息、繁殖影响有限。只要制定合理的环保措施，总的来讲对鸟类影响不大。

以西安至成都客运专线为例，该线路穿越俗称“秦岭四宝”之一的朱鹮活动区，建设单位在保护区附近沿高铁两侧安装特殊的防护网，同时在合适的区域以高架桥的形式穿行，并在下方设置宽大的桥洞，供鸟类和其他动物安全通过。根据现有运行跟踪监测资料，沿线鸟类等动物基本适应铁路环境，生态环境保护措施效果良好，有效减少了项目建设和运行对朱鹮的影响。

4）对水生生物的影响

水生生物主要包括浮游植物、水生维管束植物、浮游动物、底栖无脊椎动物以及鱼类等。高铁项目线路长，不可避免地会跨越河流、水库、湖泊、池塘等水体，破坏水生生态环境，特别是涉水桥墩永久性占用水体范围，以及施工期产生的噪声、振动、水污染等会影响水生生物的生存与繁殖等。

施工期跨河桥梁施工作业会导致跨越河流水质的变化及水域附近的生态环境的变化，从而引起水生生物、两栖类动物生存环境的变化，造成两栖类物种数量的减少。在铁路施工期间，生产废水、施工人员生活污水及桥梁、涵洞的建设必然会导致水质的变化及水域附近的生态环境变化，从而造成鱼类、两栖类动物的生活环境发生变化。施工所产生的废弃物也对两栖、爬行动物造成一定的影响。

跨河桥墩施工中进行围堰和拆堰时，将有一些泥沙落入水体，河水瞬时悬浮物含量将有所增加，短时间内对河水有一定的影响。影响范围一般为施工点 50 ~ 100 m 内，但随着河水的流动、泥沙沉降，围堰和拆堰对河水水质产生的影响很小，并且随着围堰和拆堰的结束，施工引起的悬浮物增加对河流水质的影响也将结束。

施工噪声将对施工区鱼类产生惊吓效果，在噪声刺激下，会诱发一些个体行为紊乱，从而不可避免地会妨碍其正常索饵、洄游行为。如果噪声处于产卵场附近，或在鱼类繁殖期产生，则会对其繁殖活动产生一定影响。

各种施工机械及混凝土搅拌运输车等产生的振动对鱼类的生殖洄游、产卵繁殖会有影响。工程施工生产废水主要含悬浮物（SS），施工产生的悬浮物主要为泥浆，悬浮物扩散将影响水体透明度和初级生产力；由于在枯水期，特别是春末、夏初是鱼类生长和繁殖的重要季节，SS 增加对鱼类有一定的影响；而丰水期天然河道含沙量大，施工导致的 SS 增加相对很小，并且由于河水流速较大，污水被迅速稀释、扩散，不会形成污染带，对鱼类的影响较小。

在工程施工期，河岸旁边的渣场，若不采取有效的防护措施，雨季中大雨、暴雨来临时，渣体面临洪水冲刷易被冲毁垮塌。这些流失的弃渣和泥土将进入沿线河段，在一定程度上侵占边缘河道和增大江水中的泥沙含量，对鱼类造成影响。另外，在工程施工期，大量施工人员集中在河段两岸，也会对鱼类造成一定程度的影响。

水中浮游植物种群的数量变化和演替，受到光（透明度）、营养、温度和摄食压力等因素的影响。浮游动物以细菌、有机碎屑和藻类等为食，由于施工期对水质影响有限，加上浮游动物可以去他处觅食，故高铁项目一般不会改变区域营养源的状况，对浮游动物整体影响有限。

涉水桥梁工程施工将对底栖动物产生一定的影响，但高铁项目桥梁水下桥墩占用水域较少，且不占用岸线，加上工程不改变整体营养状况，其影响程度相对较小。

5）交通致死的影响

施工期的交通致死对动物的影响主要是小型野生动物穿越施工场地时与车辆相撞引起伤亡。根据已有高铁建设项目施工期的调查，在工程施工开始时，由于新老道路上行驶车辆增多，压死两栖、爬行动物经常可见，尤以早晚夜间更多。两栖类动物因经常在水域和陆地之间迁移，且行动缓慢，很容易与车辆相撞而产生伤亡；半水栖、湿生的游蛇类中不少种类在水中觅食、陆生繁殖，多数需要横过工地，因此，在此期间压死两栖、爬行动物的概率会有一定程度的增加。

运行期动物穿越铁路时也可能会被行动的列车压死，但高速铁路桥隧比高，沿线设置了较多的桥梁、涵洞、隧道，可在一定程度上减少交通致死发生的概率。

3．对非生物环境影响分析

1）工程占地对土地利用的影响

一般来讲，土地利用类型包括耕地、林地、园地、交通用地、工矿仓储用地、住宅用地、水域及水利设施用地以及特殊用地等。

与其他铁路项目一样，高铁项目建设不可避免地会产生永久性和临时性占地，其中永久占地包括路基、站场、隧道、桥涵占地，临时性占地包括取土场、弃土（渣）场、铺轨基地及制存梁场、施工便道等临时辅助工程占地。

占地的直接影响是永久性或临时性改变原有土地的使用功能，使得项目区域一定范围内土地利用格局发生一定程度的变化。工程永久用地被铁路主体工程所占用后，其原有土地功能会永久性发生改变，占地使以耕地、林地、水域为主的自然、半自然土地利用形式转变为以交通运输为主体的城镇建设用地。如果占用的土地性质属于耕地，将直接造成粮食减产，如原有土地属于林地，则将直接降低当地植被覆盖率，导致占地区域一定范围内土地利用格局发生一定程度的变化。临时用地则在主体工程施工完毕后归还地方使用，其功能的改变主要集中于施工期，如果施工结束后采取有效的植被复垦、绿化等恢复措施，将有效降低对土地利用的不利影响。

工程永久占地将使评价区内耕地、林地、水域及水利设施用地等面积减少，城镇建设及交通用地面积增加。总的来讲，高铁项目属于线状工程，线路横向影响范围较狭窄，占用的土地比例不大，不会导致沿线土地利用格局发生明显变化。而且临时用地在工程结束后如采取绿化恢复、工程治理或进行复垦等措施，预计施工结束后 3～5 年，可基本恢复土地的原有使用功能。因此，高铁工程建设整体上对评价区域土地利用格局影响相对轻微。

2）环境污染对生境的影响

铁路施工和运营产生很多生态干扰因子（视觉干扰、噪声干扰等，其中交通噪声影响最显著），动物选择生境时为回避这些干扰而远离铁路，即动物的生境选择会由于铁路的存在而发生改变，形成生境回避和巢区转移。

3）高速铁路的集聚效应对城市周边土地的长期影响

高速铁路通过集聚效应促进城市间要素流动，对城市经济增长存在拉动和分配效应，通过同城化来优化城市间分工，从而使城市空间联系增强和知识可达性提高，促进城市群一体化。高速铁路提供的迅捷高效运能促进沿线城市产业升级，带动沿线城市旅游商贸等第三产业快速发展，并带动关联产业发展。

高速铁路对城市结构的影响主要表现为改变产业布局、形成高速铁路站枢纽地区增长极等。同时，高速铁路促使两端大城市沿铁路线向边缘区域转移产业和人口，调整经济活动区位，改变城市空间结构，特别是对咨询业、商业、餐饮业、旅游业、房地产业等第三产业有着有利的推动作用。

由于项目运行，高铁客运站枢纽地区人口密度和土地集约利用度逐渐上升，成为新增长极，发展重心偏移，促进城市向多中心结构转变。

城市结构的调整和沿铁路发展的趋势，会导致铁路沿线城市化发展加剧，从而间接造成铁路沿线土地利用格局的变化。国外高铁发展的研究表明，高速铁路发展引起大城市人口分布核心区向铁路站点所在核心区聚集，铁路站点沿线房地产开发加速，使得原有农田、林地等土地变更为住宅、商业等建设用地，导致农业、林业产出减少，从而改变周围土地利用性质。若场站选择地点属于土地肥沃、耕地分布广、植被茂密的区域，高速铁路将不可避免地对农业、林业产出率造成不良影响，破坏区域生态系统。

因此，在设计站点的时候，应该考虑高铁通车带来的当地城市发展的变化，在选择站场建设地址的时候，应当远离土地肥沃、耕地分布广、植被茂密的区域，尽量选择贫瘠的荒地及其他建设用地，以减少后期对生态系统的破坏。

4）森林边缘效应影响分析

在山区或丘陵地区，以路基或路堑方式通过的铁路，其永久占地内的林地植被将完全被破坏，形成交通运输用地类型。由于原来整片封闭的林地要留出一条带状空地，使森林群落产生林缘效应，而这种小气候的变化会导致林地边缘的植物、动物和微生物等沿林缘—林内发生不同程度的变化。一般研究认为，边缘效应对小气候的影响可从林缘延伸至林内 15 ~ 60 m 处。另外，由于皆伐地的彻底暴露，林外的空地经常由外来种控制，外来种有入侵边缘的趋势，而且干扰越大，越利于其入侵，外来种的大量涌入甚至能影响小片段内原来的群落结构。

5）接近效应对生态系统的影响

铁路的开通将导致沿线区域的人流和物流强度增加、速度加快，同时，也扩大了人类的活动范围，增加了原有难以达到或进入区域的可达性，这对原本生存的野生植物和动物会构成很大的威胁，特别是珍稀保护物种被破坏的可能性增大。

同时，铁路通车后，区域的交通更为顺畅，新兴的工业区或城镇均倾向靠近铁路发展，从而导致沿线的商业化和城镇化，进一步间接引起沿线自然生态系统向城市生态系统的转变，从而影响当地生物的生存。

7.2.4 对敏感保护目标的影响

高速铁路要求线路尽量顺直，线路平纵断面设计标准也随着速度的提高而不断提高，最小曲线半径和线间距都在不断增大。根据《高速铁路设计规范》（TB 10621—2014），区间正线的最大坡度不宜大于 20‰，困难条件下，经技术和经济比较，不应大于 30‰。对于速度 350 km/h 的高速铁路，正线的线路平面曲线半径推荐值为 8 000 ~ 10 000 m，曲线半径一般情况最小为 7 000 m，困难情况下有砟轨道为 6 000 m，无砟轨道为 5 500 m。这一技术条件限制了线路的走向变化，使位于特殊区域的线路更加难以绕避生态功能区划中划定的限制开发区域，可能会穿越国家公园、自然保护区、风景名胜区、水源保护区、重点文物保护区等生态敏感区，从而对敏感目标产生影响。

高铁项目的生态环境影响预测的内容，包括分析高铁建设是否符合区域生态功能区划、生态保护红线要求，以及国家公园、自然保护区、风景名胜区等敏感目标的相关规划，分析项目建设是否对自然保护区的保护对象产生影响、对风景名胜区景观视觉产生冲击，是否会破坏地质遗迹、森林公园、重要湿地、饮用水源保护区等敏感目标的使用功能，高铁建设与运行是否会影响文物保护单位及其他具有重要历史纪念意义的建筑等内容。

1．对生态功能区的影响分析

要分析评价高铁项目对生态环境的影响，首先需要判断项目建设是否符合当地生态功能区划，预测项目建设对生态功能区的影响是否属于可接受范围。

我国根据生态功能类型及其空间分布特征、生态系统类型的空间分异特征、地形差异、土地利用的组合，划分生态功能区，包括 3 大类、9 个类型和 242 个生态功能区，确定了 63 个重要生态功能区。同时，各省、自治区、直辖市等也制定了当地的生态功能区划及相关规划，确定了开发保护范围、目标和要求。

在确定拟建高铁项目路线走向与了解区域的生态功能区划之后，分析区域主要生态功能及保护要求，可以判断项目建设与生态功能区规划的符合性，根据预测结果提出相应的环保措施。

以盐城至南通铁路工程为例，根据江苏省生态功能区划，盐城至南通铁路工程所在区域位于“Ⅰ2 淮河下游平原农业与湿地生态亚区”“Ⅱ1沿江平原丘岗城市与农业生态亚区”，所在区域为平原，地势平坦，植被类型以人工栽培植被为主，是江苏省重要的农业基地，区域的主要生态功能为农业生产。高铁建设的新增占地会影响当地的土地利用，特别是减少农业产出。因此，该项目在江苏段的生态保护要求之一是合理设计线路，加强对农田资源的保护，减少工程用地数量，同时避免因占地对农田水利灌溉设施的破坏和对河道的阻断，并做好水土流失的防治措施，保证沿线评价范围内区域水肥条件不因该工程建设而降低。

整体而言，高铁项目的建设行为，必须符合当地生态功能定位，合理设置路线走向，绕避禁止开发区域，合理避让限制开发地段，合理规划取弃土（渣）场、梁场、板场等临时工程的位置和规模，加强施工管理，确保污染物达标排放，避免加剧当地生态环境问题。

2. 生态保护红线

2016年，国家发展改革委等9部委印发《关于加强资源环境生态红线管控的指导意见》的通知（发改环资〔2016〕1162号），要求树立底线思维和红线意识，设定并严守资源环境生态红线，并与空间开发保护管理相衔接，实行最严格的管控和保护措施。推动资源环境生态红线管控与经济社会发展相适应，预留必要的发展空间。为此，全国各省市为保护生态环境，陆续制定出区域的生态保护红线方案，将水源涵养、生物多样性维护、水土保持功能极重要区，以及水土流失和土地沙化、石漠化极敏感区等各类保护地纳入生态红线，禁止或者限制各类开发项目进入生态保护红线。

而高铁项目的施工运行，将直接加剧项目区域水土流失、土地利用性质改变、植被面积减少、动物栖息地丧失等不良生态环境影响，从而破坏当地环境。因此，在选择路线方案时，必须符合当地区域生态保护红线管控要求，减少对当地生态环境的破坏。

3. 自然保护区、风景名胜区等生态敏感区

高铁项目由于“长、高、多、杂”的特点，穿越国家公园、自然保护区、风景名胜区、饮用水源保护区、重要湿地、地质公园、森林公园等敏感目标的可能性很大。

根据自然保护区要求，高铁建设如果确实不能绕避自然保护区时，不能穿越核心区和缓冲区，只能在实验区内实施建设活动，且必须符合保护区规划。穿越自然保护区的高铁项目，如果拟建区域在保护目标的活动范围（如受保护的珍稀野生动物的栖息、繁殖、迁移路线）时，高铁施工产生的噪声、扬尘、占地等行为将影响保护区的自然环境，造成植被破坏，破坏动植物的生存环境；运行期由于线路的阻隔，两侧动物交流困难，进一步影响动物的繁殖和生存。

高铁建设施工时，如果将取弃土（渣）场、施工便道、采石料场、梁场、板场、施工营地等临时设施设置在风景名胜区内，将破坏景区植被、地形地貌，并且进一步破坏原有自然景观特色。高铁项目建成后，将会以狭长的线形方式通过路线区域，使原有的景观割裂开来，破坏原有景观的完整性。高铁项目中的桥梁、隧道洞口设计若不符合风景名胜区景区特色，会破坏当地景观，降低景区的形象。风景名胜区内的施工活动，会产生废水、噪声、振动、大气污染，并很容易诱发水土流失现象，若不采取有效措施，会影响环境质量，破坏水体、林草植被、野生动物资源。

高铁项目在跨越水体时，在涉水桥墩的施工过程中，会产生 SS、石油类污染等，从而破坏水质，影响饮用水安全。因此，跨河桥梁的涉水桥墩选址应该在饮用水水源保护区外，并且施工中采用保护措施，以免对水源造成污染。

湿地是野生动物重要的栖息地，一旦被破坏很难恢复。高铁项目如在湿地内修建路基，会采用填埋、排干湿地等方式破坏湿地，改变湿地用途；施工场地、采石料场、取弃土（渣）场等临时设施如设置在湿地，除了破坏湿地功能外，会产生生活污水、生产废水、

生活垃圾等污染湿地。而且随着施工人员的进入，可能会有采挖野生植物、猎捕野生动物、私自引进外来物种等破坏行为。

高铁项目如不能避开森林公园，将不可避免地造成植被损失、水土流失、景观破坏等不良影响。临时工程若设置在森林公园内，同样会产生水、大气、噪声、固体废物等各种污染，进一步破坏生态环境。

国家地质公园是以具有国家级特殊地质科学意义、较高的美学观赏价值的地质遗迹为主体，并融合其他自然景观与人文景观而构成的一种独特的自然区域。高铁项目若在地质公园内施工，将会破坏地质遗迹的原有风貌，特别是在地质公园内采石、取土、弃土等行为，可能会破坏地质遗迹的完整性。

荒野地是指基本以自然力作用为主且尚未被人类活动显著改变的土地，即没有永久性居住区或道路、未强度垦耕或连续放牧的土地，是人类尚未完全占领的野生生物生境，是野生生物得以生存的主要避难所。但是土地的占用和铁路穿越的分割作用，会减少荒野地的面积，破坏荒野地的价值。

高铁项目的线路长，很容易涉及文物保护单位，在其施工期和运行期，施工爆破、钻探、挖掘等作业以及列车运行时的噪声和振动的影响，可能会对文物造成一定的损坏。

7.2.5 对生态环境问题的影响

1. 水土流失

水土流失是我国普遍存在的生态环境问题。工程建设过程中，路基开挖、回填、平整，取土、弃土、弃渣以及隧道、桥梁、站场修筑等作业时，会扰动原地表，损坏原地表土壤、植被，致使地表抗蚀能力降低，造成新的水土流失。

高铁项目的水土流失预测期分施工准备期、施工期和自然恢复期。

一般工程施工准备期按 0.5 年预测；施工期路基工程、桥梁工程、站场工程、隧道工程按设计文件开展预测；自然恢复期一般按2年预测。

预测前首先需要确定项目水土流失防治责任范围，包括铁路建设主体工程的永久性占地区（路基、站场等）和取土场、弃土（渣）场、制存梁场、施工场地、施工便道、施工营地等其他临时工程占地区。

水土流失量可以采用类比法、模式计算法进行预测。根据有关高速铁路建设情况分析，新增水土流失量与拟建项目当地土壤侵蚀模数、土壤侵蚀面积、工程挖填方量、取弃土（渣）场设置等有关。工程施工期水土流失量远大于自然恢复期，是水土流失的重点防护时段。

2. 崩塌、滑坡及泥石流等地质灾害

高速铁路项目建设的高填深挖作业会影响地质结构，诱发滑坡、崩塌、泥石流等地质灾害。

在地形高差大的峡谷地区，铁路工程边坡施工将破坏自然坡体，使坡体下部失去支撑而发生下滑，引发滑坡。特别是在滑坡密集发育区，如我国从太行山到秦岭，经鄂西、四川、云南到藏东一带，诱发滑坡的可能性更大。

铁路修筑时，开挖边坡切割了外倾的或缓倾的软弱地层，大爆破时对边坡强烈震动、削坡过陡都可以引起崩塌。如果在可能产生崩塌的地段不适当地堆渣、弃渣、填土，会增加崩塌体荷载，破坏坡体稳定，进而诱发坡体崩塌。列车行进中的震动，也有可能会诱发崩塌。

铁路修建的不合理开挖，会破坏山坡表面，从而诱发泥石流。不合理堆放弃土、弃渣，也有可能造成泥石流现象。

3. 生物入侵

千万年来，海洋、山脉、河流和沙漠为物种和生态系统的演变提供了隔离性天然屏障。但在近几百年间，这些屏障受到全球变化

的影响已变得无效，外来入侵物种远涉重洋到达新的生境和栖息地，并成为外来入侵种。外来入侵种就是对生态系统、生境、物种、人类健康带来威胁的外来种，可能威胁当地动植物的生存，导致庄稼减产，使海水和淡水生态系统退化。

1）生物入侵影响物种多样性

入侵物种常常表现出极强的适应进化能力，这是其成功入侵的主要原因。能够成功入侵的外来物种，往往具有先天的竞争优势，在入侵地摆脱了原来的制约，就会出现疯长现象，甚至抑制、排挤本地物种，形成单一的优势种群，最终导致入侵地物种多样性丧失，如飞机草、紫茎泽兰、豚草、凤眼莲等入侵物种，已经在我国云南、广西、四川、福建造成入侵地当地物种的减少或灭绝等。

2）生物入侵影响遗传多样性

外来物种入侵导致入侵地局部野生、原始种群消失的同时，也伴随着遗传材料减少，从而导致遗传多样性的丧失。外来物种入侵还使种群破碎化，导致遗传漂变和近亲交配，使个体适应性和生活力下降。

3）生物入侵影响生态系统多样性

在自然界长期进化过程中，生物与生物之间相互制约、相互协调，形成稳定的生态平衡系统。外来物种入侵对当地自然生态环境的改变，使生态系统内部能量流动和物质循环难以进行，导致生态失衡、生态系统紊乱。例如，薇甘菊在珠江三角洲一带大肆扩散蔓延，遇树攀缘、遇草覆盖，仅深圳市受薇甘菊危害的林地面积已达 2 667 hm^2。外来物种入侵的后果是导致不同生物地理区域生态系统的组成、结构和功能均匀化，并最终退化，失去其服务功能。

4）生物入侵造成经济损失

生物入侵最直接的危害是经济上的巨大损失，据统计，我国每年几种主要外来入侵物种造成经济损失达 574 亿元人民币。据林业专家测算，仅森林公害一项我国每年损失就有 50 亿元；有统计资料表明，水葫芦所造成的损失达 80 亿 ~ 100 亿元。生物入侵导致生态灾害频繁爆发，对农林业造成严重损害。

5）生物入侵影响人群健康

外来生物入侵不仅给生态环境和国民经济带来巨大损失，还直接威胁到人类健康。外来入侵种带来许多新的医学问题，而且全球化会使那些对人类有害病毒（如传染性疾病）的影响进一步扩大。

豚草、三裂叶豚草现已分布在东北、华北、华东和华中的 15 个地区，它的花粉就是引起人类花粉过敏的主要病原物，每到豚草开花散粉季节，过敏体质者便发生哮喘、打喷嚏等症状，体质弱者甚至有并发症发生。

7.3 重点工程的生态环境影响

7.3.1 路基工程

路基工程产生的生态环境影响主要是占地、水土流失，破坏农业生产和城市景观环境，以及对沿线野生动植物的影响等。

1．路基的选线

高铁的路线走向是开展生态环境影响预测的基础，路线的选址选线是实施生态环境保护的第一步。在路线整体走向上，如果仅考虑技术和经济的要求，铁路路线很可能穿越世界自然遗产地、自然保护区、珍稀野生动植物保护地等敏感区域，甚至可能穿越重点保护文物区域，造成对自然和人文环境的破坏。

在高铁的选址选线过程中，除了资料收集、意见调查、专家咨询等室内作业外，还需要室外现场勘察。勘察工作中不可避免地会有人员进驻、车辆运输，以及勘测营地的设置和钻探作业等人为活动。人员的进入、车辆的运行、施工机械的使用会造成一定的环境影响，其中包括植被破坏、生物干扰等。

2．路基工程的生态破坏

1）占地

路基工程属于永久性占地，征用土地后将彻底改变原有土地的使用功能，影响农业、林业生产。铁路工程的临时性占地和永久性占地，均会导致受影响区域的植被生产力和生物量减少。

现今我国建设的高铁项目，桥梁和隧道比例远高于路基工程，很多高铁桥梁比例超过 90%，因此，路基在整个线路中的比例较普通铁路低，其产生的占地、植被破坏等不良生态环境影响较普通铁路小。

2）植被破坏及水土流失

路基坡面在护坡工程完成之前，若防护不当，尤其在断面开挖之后，遇风雨天气，易造成对坡面的冲刷，产生水土流失，甚至形成边坡坍塌，冲毁农田和植被；位于河流附近的路堤有可能堵塞、压缩河流、沟渠，有可能对路基边的农田、植被造成破坏。

植被是生态环境中最重要、最敏感的自然要素，对生态系统变化及稳定起决定性作用。植被净生产力是指绿色植物在单位面积、单位时间内所累积的有机物数量，是从光合作用所产生的有机质总量中扣除自养呼吸后的剩余部分。路基工程施工将造成占地内植被的永久性消失，使区域内植被净生产力减少。但由于一般的高铁项目路基工程量较普通铁路小，新增占地面积相对较小，如果占地范围的物种是区域内分布范围广的常见种，一般不会造成评价区域植物种类的减少，更不会造成区域植物区系发生改变。

在生态环境影响预测中，应该以受影响范围内植被调查资料为基础，并结合工程沿线区域自然生态系统生产力和植被生物量的研究成果，综合评价区域自然体系生产力及植被生物量变化。

参考表 7-1 中的分析结果，新建安庆至九江铁路工程建设对评价范围内的自然生产力将产生一定的负面影响，工程施工运行会增加该地区的生态压力。但从涉及区域整体情况来看，高铁占地比例很小，这种影响甚微，远远不会使评价区域植被自然生产力下降一个等级，工程对自然体系生产力的影响是能够承受的。同时，在施工结束后，建设单位对临时工程以及路基沿线实施复耕、绿化等措施后，能够减缓植被生物量损失和自然体系生产力下降。因此，该工程建设对区域自然体系稳定状况的干扰在生态系统的可承受范围内。

3）对动物的影响

路基施工将会对动物栖息环境造成破坏或分割，会迫使其向类似生境条件转移，一般来讲，受影响动物周边可替代的环境较多，在一定程度上可以减缓施工对其的不利影响。

铁路作为带状工程，线路路基和防护栅栏形成的屏障对动物活动会产生阻隔，切断活动通道或分割栖息环境，对其觅食、交偶存在一定的影响。

但动物在适应一段时间后，桥梁、涵洞可以作为陆域野生动物穿越铁路的有效通道，因此可以有效降低路基工程对现有野生动物生存环境的威胁。

铁路运行时产生的噪声和振动，会对沿线动物生存造成干扰，从而迫使动物远离路线而另觅他处。但从目前研究来看，动物对噪声和振动有一定的适应性，随着列车的运行，动物会逐渐习惯现有环境，噪声、振动对动物的影响会慢慢降低。

4）路基对景观的影响分析

路基工程建设将对沿线相对较为均一的景观进行切割，增大区域景观板块的数量和异质性。同时，路堤段挡住沿线居民及过路行人的视线，边坡景观造成视觉冲突，若不对边坡进行美化设计，采用植物措施进行防护，会使之与环境格格不入。

另外，高铁项目将使永久占地内的农田、林地植被完全被破坏，会在一定程度上引发微气候效应，特别是在原有林地路段。

7.3.2 桥梁工程

根据我国已建或在建部分高速铁路的桥梁统计情况，桥梁在我国高铁工程中所占比例已接近 50%，其中广珠城际线桥梁比例超过 90%，达到 93.99%，京津冀城际线达到 86.6%。由此可见，桥梁已成为我国高铁建设的重要组成部分。

我国客运专线铁路设计竖向静活载一般采用 ZK 活载，客货共线铁路设计竖向静活载采用中—活载，上部结构主要类型为双线预应力混凝土简支箱梁，单箱单室，跨度以 32 m 为主，24 m、20 m 采用专用配跨，一般为梁场预制，采用专用机械从路基上运输架设。跨越山谷、河流、铁路、道路等必要时才采用大跨度连续梁、连续钢构、拱及组合梁等刚度的其他桥型。

桥梁对生态环境的影响，主要集中在设计期的选址选线、桥梁设计与周围景观的协调统一，以及桥梁临时工程如制梁场、施工期涉水桥墩、不涉水桥下挡护设施（如设置在地形复杂的山区桥梁）等施工作业对生态环境的影响等。

1．设计期的选址选线

1）桥梁位置的选址选线

出于安全和技术方面的要求，高铁工程一般是以桥代路，跨越沿线河流，一般逢沟设涵、遇水架桥，同时尽量减少路基的高填深挖。

涉水桥梁施工将影响水生生物的生存环境，因此，桥梁选址位置应避开天然鱼类“三场”分布，避开珍稀鱼类栖息地等敏感目标。

不过，总的来讲，高铁项目桥隧比高，占地、水土流失等生态环境影响较普通铁路低。据测算，采用高架形式的高铁路基比传统的高铁路基每千米可节省土地约 3 hm^2。因此，以桥梁形式通过主要农业生产区、重要湿地等，将保护更多生态用地，减少生态破坏。同时，在地形复杂的山区以桥梁形式通过，可以减少挖填方量，减少水土流失，保护自然植被。在生态敏感区域，以桥隧形式通过可以有效减少路基开挖量，降低铁路建设产生的生境阻隔，从而保护生态敏感目标。

2）制梁场的选址选线

高铁桥梁的施工组织与一般铁路的最大区别在于钢筋混凝土梁的施工。高速铁路钢筋混凝土梁的施工凸显标准化、机械化、规模化、精细化的特点，高铁双线箱梁因其体积大、吨位重、制造工艺相对复杂，需结合桥梁的分布情况，沿线分段设置预制场，工厂化预制箱梁，其搬运、提升、运输、架设均需采用特制的专用设备，目前广泛采用轮胎式运架一体机或运架分离设备。因此，受施工和存放技术的要求，一般梁场占地面积较大，而且要求占地区域平整，所以占用耕地的可能性较大。

由于地形地貌的原因，山区铁路的辅助工程——桥梁工厂多呈离散式分布，集中度较低。梁场的设置如不合理，将会导致一定的生态破坏，如耕地破坏、拆迁安置等。另外，运梁工序不管是陆路还是水路运输，都有可能对陆地生态系统或水生生态系统造成一定的不良影响。

2. 桥梁施工的生态环境影响

桥梁建设对生态环境的影响主要集中在施工期。

施工期环境影响主要为铁路桥梁基础施工对环境的影响，其施工工序分为清表土、表土临时堆放、基础开挖、挖基土临时堆放、桩基施工、钻孔出渣临时堆放、墩台施工、上部结构施工、桥面构造施工。对生态产生影响的主要环节是下部结构施工，包括表土清理、挖基土、钻孔出渣堆放、围堰工程和桩基施工等。

在桥梁建成后，如不进行及时清理，在施工中遗留下来的工棚、施工材料、混凝土等仍然留在原处，会造成一定的环境污染和不良景观影响。

与传统的路基工程相比，桥梁的大量使用减少了永久性占地的数量，减少了对农业和林业生产的影响，同时也保证了自然河流水系的连通，避免了线路对其两侧的环境分割，也减少了线路两侧人群与动物的通行阻隔。

1）涉水桥梁

跨河桥梁施工会对下游用水的水质、水量、水生生物产生影响。

跨河桥梁桥墩多采用扩大基础、桩基础和钻孔灌注桩基础形式，在跨水体桥梁下部结构施工主要采用扩大基础、桩基础或围堰施工工艺。桩基础施工时若场地为浅水，施工平台也多采用筑岛施工；若场地为深水，采用双壁钢围堰平台等固定式平台施工，无地下水或少量地下水的情况多采用挖孔灌注桩。桥墩桩基施工时将造成施工河段局部水域 SS 增大，从而影响水质，其中扩大基础一般采用明挖方式进行，施工中将产生废渣、基坑水等，若处置不当会造成局部水质污染。而围堰施工工艺可以有效防止施工引起的水质污染，据类比资料分析，围堰施工法在施工处下游 100 m 范围外 SS 增量不超过 50 mg/L，对下游 100 m 范围外水域水质不产生污染影响。

桥梁施工一般在钻孔前预先挖好泥浆池，钻进过程中泥浆循环利用，并在循环过程中将土石泥浆池进行土石的沉淀，沉淀后的泥浆循环利用。同时定期清理沉淀池，将清出后的沉淀物运至附近弃土（渣）场集中堆放和防护。桥梁施工过程中带来的泥浆正常情况下不会对农田和水体造成污染影响，但是施工期间一旦发生围堰坍塌和泥浆泄漏，围堰内物料发生外溢将污染水质，对下游水环境和水生生态造成影响。另外，围堰填筑及拆除过程中会导致水体 SS 浓度增加，并可能引起下游河道水量减少。

钻渣处理以及材料运输等若处理或堆存不当，会造成开挖岩屑、钻渣及物料进入水体，进而污染水质。河流水质变化会影响水生生物生存，但一般随着桥梁施工结束，这种不良影响会逐渐消失。

2）不涉水桥梁

不涉水桥梁包括跨越公路、既有铁路、冲沟、斜坡、农田等区域的桥梁。

我国地域辽阔，地形差异大，尤其是青藏高原、云贵高原等艰险山区，深谷纵横、地形陡峭。山区铁路高墩大跨越桥梁多，桥下陡坡给桥梁安全带来一定威胁，在设计过程中除了要确保主体结构的力学计算满足要求外，还需要根据地形特点对墩台附近高陡边坡进行处理。常见的桥下高陡边坡处理方式与路基挡护工程类似，主要有清方、挡土墙、喷锚网、锚杆框架梁、防护桩、土钉墙、桩间土钉墙、桩板墙等。

成贵铁路成为我国西南地区复杂地形高速铁路项目的代表，其穿越四川、云南、贵州三省地形条件极其复杂的地段，几乎每座桥梁都有桥下挡护工程，桥梁边坡挡护等附属工程投资约占桥梁总投资的 7%。桥梁边坡挡护工程为桥梁的正常稳定运行提供了保证，但同时也将破坏施工区域的自然植被的生存环境。

3．桥梁运行期的生态环境影响

高速铁路的修建将破坏铁路两侧动物的迁移，而桥涵的设置将为野生动物通行提供通道，营运期将有效减缓工程阻隔影响。我国现有高铁项目桥梁长度占线路长度 50% 以上，其中很多高铁桥梁比例超过 90%，对动物的阻隔影响明显低于普通铁路。

但桥梁工程也会产生一定的生态破坏，如跨河大桥在跨越沟渠、河流时桥涵孔径设置不当，有可能减小河道的过水断面，堵塞、压缩河道，影响河流的行洪排泄功能，并可能加剧河水对河岸的冲刷。

7.3.3 隧道工程

隧道是交通基础设施的重要组成部分，随着高速铁路的发展，隧道在高速线路上也大量地出现。我国高速铁路线路中（尤其是西部山区）隧道座数多，隧线比例大，超过 10 km 的特长隧道比例也逐渐增大。如郑万高铁特长隧道 11 座，其中小三峡隧道全长 18.954 km，是目前亚洲在建、已建速度 350 km/h 单洞双线最长高铁隧道。西成高铁是我国首条横穿秦岭山脉的高铁，隧道群规模为全国之最，超过 10 km 的特长隧道有 7 座，形成了长达 126 km 的超级隧道群，其中全长 16 km 的天华山隧道是目前亚洲投入运营的最长的高铁单洞双线隧道。

高速线路上对隧道质量的要求很高。高速铁路隧道与普通铁路隧道最大的区别就是当列车以高速通过隧道时，产生的空气动力学效应对行车、旅客舒适度等不利影响十分明显，同时对防排水标准、防灾救援和耐久性等方面也有较高要求。

隧道工程的生态环境影响主要集中在施工期，包括对植物、动物、非生物环境的破坏，以及对景观和水文地质条件的改变等。

1．对植被的影响

隧道建设对植被的影响集中体现在洞口、施工便道、弃土（渣）场的施工作业等。施工建设将直接造成生物量减少，隧道洞口、施工场地周边如分布有狭域种、珍稀濒危保护物种，可能对当地生物多样性产生影响。

隧道施工对地下水环境的破坏主要表现为隧道涌水影响地下水水位，可能引起区域地下水流场的变化，进而可能产生环境水文地质问题。隧道涌水会影响地表植被的生长，根据一般山体隧道施工经验，影响半径可能会大于 50 m。在未采取任何止水措施的条件下，隧道贯通后，由于隧道在山体内部与外部形成了一个连通的空腔，会出现水位临空面，增大水头差，可能改变评价区域内地下水流动的方向。而地下水流向改变后，以该地下水为水源的植被的生存将遭到破坏，可能导致植物因为缺水枯死，对生态环境不利。另外，如该地下水属于附近居民的饮用水源，隧道建设会对居民生产生活用水产生影响。但以上不利影响可以在采取有针对性的环保措施后得到有效减缓。根据《新建赣州至深圳客运专线环境影响报告书》，在采取了充分的止水措施后，山顶的疏干范围会得到有效控制，山体内部分水岭也很快将得到恢复，地下水渗流场可快速地达到比较稳定的状态。

隧道贯通的影响范围会随着贯通时间的效用而减少，其余位置地下水流场的影响程度随着距离隧道开挖位置的增大而减少。根据相关资料，隧道贯通 270 天后，对地下水流场的影响范围仅局限于隧道周边，地下水流场基本与自然条件下的运动规律接近。

在隧道出入口由于工程埋深浅，施工可能会对洞口施工区域附近的植被资源造成一定的损坏，但总体来讲，其影响范围较小，影响时间较短，影响程度较轻，施工结束后通过生态补偿，局部的生态环境可以得到恢复。

2．对动物的影响

隧道施工对动物的影响主要是爆破产生的噪声对动物的惊吓、

振动和扬尘等对动物的栖息地产生干扰等，从而间接影响动物的生存与繁殖。但是在地形复杂的山区，如果采用越岭方式设置路基通过，将不可避免地产生更多的新增占地、植被破坏、水土流失等生态影响。因此，相对而言，隧道方案产生的生态破坏较越岭方案小。

运行期隧道的影响主要是隧道灯光对动物的干扰，但范围较小，影响相对有限。

3. 对非生物环境的影响

隧道施工排水含有大量泥沙，若直接排放容易污染水体，引起受纳沟渠淤积，对沿线水环境产生一定的影响。若隧道周围为山河冲沟，而下游区域以农田为主时，施工高浊度含泥废水直接排放，有可能淤塞周围农田，造成泥浆覆盖表土，降低土壤肥力，影响农业生产。另外，隧道施工排水如直接排入附近冲沟，将引起水体 SS 增加，污染水质，淤积河道，妨碍行洪。

隧道工程建设，将不可避免地对拟建区域地质、地形、景观等产生破坏。但从其他角度分析，山区铁路如采用越岭方案，对地形的破坏将比隧道工程更大，同时由于大规模的开挖和填筑，造成地质灾害的可能性也更大，另外对景观的影响也较隧道工程更为突出。因此，从生态环境保护的角度分析，隧道工程较路基工程的生态环境影响小。

7.3.4 站场工程

站场工程使得原本人为活动较少的自然或半自然生态区域变成人类活动的密集区，站场的生态环境影响主要是施工期的占地、植被破坏、水土流失，以及运行期人为活动产生的环境污染、站场的城市集聚效应对生态环境的破坏等。

站场工程属于高铁建设主体工程之一。站场的硬化地面及修筑房屋等永久占地将造成植被的永久性消失，改变原有耕地、林地、园地等土地使用功能，对土地资源的影响是不可逆的。站场施工时，开挖、取弃土会破坏土壤母质，使得表土层松动，在水力和风力的作用下，易形成侵蚀，导致水土流失。产生的取弃土如不合理处置，会产生水土流失和新增占地。对动物来讲，工程施工和运营将改变原有动物的生境，影响它们的觅食、栖息甚至是繁殖，使其暂时或永久性迁徙。

运行期的站场工程基本不会产生新的水土流失。但在运行初期，由于一些水保工程的功能尚未发挥，如植物处于幼苗阶段等，雨水的冲刷还会产生少量的水土流失，但随着水保工程功能的日益完善，坡面植被形成，水土流失将会逐渐减缓。

高铁通车后会带动当地城市发展的变化，更多的建设用地将可能规划在靠近站场附近区域。若站场选址位置是在土地肥沃、耕地分布广、植被茂密的区域，那么不可避免地会对农业、林业的生产发展造成不利影响。

7.3.5 大临工程

与普通铁路相比，高速铁路在工程建设中大量运用新技术、新工艺、新设备，出现了制（存）梁场、轨道板（双块式轨枕）预制场等普通铁路没有的新的临时工程。因此，一般高铁项目的大临工程包括① 轨铺基地（存砟场）；② 制（存）梁场；③ 轨道板（双块式轨枕）预制场；④ 材料厂；⑤ 铁路岔线、便线、便桥；⑥ 混凝土拌和站、填料拌和站；⑦ 汽车运输便道；⑧ 临时通信、临时电力线路、临时给水干管；⑨ 钢梁拼装场；⑩ 临时渡口、码头、栈桥等；另外，还有取弃土（渣）场、采石料场等临时工程。

大临工程的规划与设计应在施工组织调查的基础上开展。大临工程的生态环境影响主要集中在以下几个方面：

1. 减少耕地、破坏灌溉系统，影响农业生产

轨铺基地、轨道板（双块式轨枕）预制场、混凝土拌和站、填料拌和站、取土场、弃渣场、施工生产生活区和施工便道等临时工程可能会占用耕地，在一定程度上破坏原有土地的生产能力。虽然施工完毕后，通过清理场地并采取复耕措施，将逐步恢复其原有功

能，但被占用的耕地再复垦后往往土壤贫瘠、有机质含量低、养分淋溶，这种潜在影响可能将持续几年。

由于高铁项目的轨铺基地、轨道板预制场、制（存）梁场要求选址在平坦区域，其占用耕地的可能性更大，因此，会在一定程度上造成农业生产的损失，引起粮食减产。同时，在农业生产发达地区，灌溉水利设施通常非常发达，农田灌溉沟渠交错纵横。铁路穿越这类区域，很可能会改变灌溉系统和水利工程设施现状，从而影响农业生产。

2．破坏植被，加剧水土流失

路堤填筑和开挖路堑，会减少植被覆盖率，使局部水土流失加剧，破坏地表保护层和土壤结构，加剧水土流失。

3．取弃土（渣）场、采石料场等临时工程的影响

取土场在施工期间，表土被全部剥离，周边及坑底土质疏松并裸露，在强风、雨季易发生水土流失。

弃土（渣）作业后，表土较疏松并裸露，在雨季易发生水土流失。

采石场地如设置在陆地上取石，将造成地表裸露，容易引发水土流失和地质灾害；如设置在河流采石，会引起水质下降，破坏水生生物的生存环境。

7.4 高铁建设的水土流失

水土流失几乎出现在高铁整个施工过程中，对生态环境的影响不容忽视。

7.4.1 水土流失的成因分析

影响高速铁路水土流失的动力因素可分为自然因素和人为因素两个方面。自然因素主要有地形、地貌、降雨及土壤等。人为因素主要是线路开挖及土石方开采改变了原有的地形、地貌，致使原有的地表土结构平衡遭到破坏，在重力作用下会产生水土流失。

高速铁路项目水土流失程度和强度首先取决于施工作业方式和施工时序的设置。机械挖掘施工和爆破施工不仅使表层土壤和植被受到强烈扰动，而且还将浅表层或深层的岩土搬运到地表。人为侵蚀造成的侵蚀搬运物已不仅仅是土壤和岩石等自然物质，而是包括土壤、母岩、工业固体废弃物、垃圾等物质的混合物。这些混合物以非自然固结状态存在，稳定性极差，会加剧水蚀和重力侵蚀过程。

7.4.2　水土流失的特点

铁路项目在施工过程中不仅会大量扰动地表、破坏植被、损坏水土保持设施，还会产生大量的弃土（石、渣），造成沿线地区水土流失，若不及时采取有效的防治措施，将会对生态环境造成极大的破坏。但与普通铁路相比，高速铁路一般是逢沟设涵、遇水架桥，桥隧比很高，深挖高填路段少，产生的水土流失量相对较少，但是由于我国水土流失现象普遍且侵蚀强度不同，高速铁路由于其建设规模大、路线长、涉及的面积广，所产生的水土流失同样不能忽视。

1. 水土流失以线状分布为主

高速铁路是一种带状的人工构造建筑物，一方面其水土流失距离长，即沿铁路延伸方向从起点直至终点的范围内，长度可达数百千米甚至上千千米；而另一方面，水土流失宽度相对较窄，一般为铁路两侧一定范围（15 ~ 60 m）；另外，拟建铁路沿线零星分布有若干水土流失较为严重的点块区域，如施工营地、取弃土（渣）场等。

2. 水土流失具有时段性

水土流失的时段性与工程施工进度和季节有关。

高速铁路建设分为设计期、施工期、运行期，其水土流失也随着建设施工进度发生着阶段性变化。工程施工前期主要涉及征地拆迁等问题，项目区扰动小，以原地貌侵蚀为主；在施工期，场地平整、大规模的爆破开山和挖填土方工程，改变了原始的地貌、土壤和植被，地表抗蚀力明显降低，这是水土流失最为严重的时段；运营期地表得到恢复，治理措施发挥效益，水土流失减轻。

从气象条件分析，我国国内年内降雨分配不平衡，降雨多集中在4~10月份。对于南方地区，水土流失的侵蚀营力以降雨为主，在雨季，特别是降雨集中且暴雨频繁的季节，施工地段面蚀、沟蚀等水力侵蚀大量发生，而11~3月份为旱季，地表松散物质干燥，易产生风蚀。

3. 水土流失分区差异大

铁路工程建设线路长，主要侵蚀模数、地面组成物质、地表植被及施工工艺都存在一定的差异，从而导致各分段、各分区间的侵蚀方式、侵蚀过程和侵蚀结果不尽相同。一般来讲，路基工程区、弃渣场区及新建临时道路区的土壤侵蚀强度大，而施工营地、桥梁隧道区侵蚀强度相对较小。

4. 人为因素影响大

在高铁建设过程中，人为因素对水土流失的影响更大。铁路工程施工过程中，路基挖填、取土场、采石场、隧道开挖及修建临时道路等，对地表产生剧烈的扰动，会破坏植被和水土资源，降低甚至破坏原有水土保持设施的水土保持功能。人类活动虽然不直接参与侵蚀过程的发生，但是通过对自然因素的“再塑”，使侵蚀速率、强度大大增加，间接加速了侵蚀过程，使其产生的水土流失量大大高于自然因素产生的水土流失量。

7.4.3 引发水土流失的主要工程行为

1. 重点工程

1）路基工程

挖方路基使原坡面发生变化，产生新的坡面。开挖过程中的削坡会使植被破坏、土体及表层岩土的结构变松，土体或岩土抗蚀能力降低，降雨时极易产生水土流失。填方路基虽经分层压实形成，内部结构紧密，但边坡表层结构比较松散，加上坡度较陡，降雨时易发生片蚀、浅沟侵蚀等。路基工程如果在建设过程中未及时采取水保措施或措施不完善，路基开挖填筑后，地表裸露，在雨水冲刷下，坡面可能会出现细沟、深沟侵蚀。

2）桥梁

高速铁路的桥梁比例很高，桥梁的大量使用不仅可以减少地表扰动和植被破坏，而且还可以克服地形或高程的障碍，减少用地，节省运费，但同时也增大了工程施工难度。桥梁工程施工中桥墩基础的开挖及回填、渣土的外运都会扰动地表，从而可能产生水土流失。

3）隧道

隧道工程的开挖爆破，会扰动地表，同时产生大量弃土，如不及时处置，将产生水土流失。在洞门临河或洞口原始坡面较陡的隧道工程施工时，如不首先做好洞门处的拦渣措施，可能会引起隧道出渣下泄，对隧道洞门下方边坡植被和土地造成破坏，或使渣土直接进入下方河道中，影响河流水质。

4）站场

站场工程建设前，需要对原有土地进行平整，主要表现为占用土地，使地表植被和土壤母质被破坏，表土层松动，使原生地表的水土保持功能降低或丧失，在水力和风力的作用下，易形成水土流失。

2. 大临工程

1）施工便道

高铁建设项目所经地区一般人烟相对稀少，交通不发达，运输困难，需临时修建大量的施工便道，增大了主线以外的地表扰动的范围。施工便道路基开挖填筑后，如不经过路面硬化处理，地表裸露，在雨水强烈冲刷下，不仅影响周边的环境，同时也会给工程建设本身带来一定的困难。

2）取土场

取土场开挖后形成坡前空地和挖损边坡两部分。坡前空地一般为土质结构，表层土体疏松，土壤侵蚀多为片蚀、细沟侵蚀等；挖损边坡陡峭，边坡质地有土质、石质和土石混合质，由于边坡坡度陡，暴雨时易产生剧烈的侵蚀，且在降雨作用下很容易产生小型崩塌、滑塌、滑坡等重力侵蚀，侵蚀强度多为强度或剧烈。

3）弃土（渣）场

弃土（渣）场一般为土质、石质或土石混合质，以堆山或填凹方式堆置，上部表面一般比较平整或有一定斜坡，侵蚀形式多为片蚀、细沟侵蚀等。自然形成的松散边坡稳定性差，坡度较陡，抗蚀性极差，侵蚀形式为面蚀或沟蚀，侵蚀强度较剧烈。

4）施工营地、制存梁场、轨道板场等生活区、仓库、弃土临时存放地

施工营地、制存梁场等临时设施多分布在铁路沿线，这些临时占地大多会破坏原有植被，但在使用期间大部分时段土地被临时建筑物占压或碾压，基本不产生水土流失，不过这些临时设施在施工建设、拆除活动时有可能造成新的水土流失。另外，如果在山区，原料仓库及废弃土石临时存放地管理不当，则易发生片蚀和浅沟等侵蚀。此外，施工过程中施工作业面土石渣料处理不当，也会造成水土流失。

7.5 小　结

高速铁路是重要的基础设施建设项目，同时也是典型的生态影响型项目，建设内容繁多，影响区域广，施工周期长，可能涉及的生态环境敏感目标多，影响生态环境的因子也更为复杂、多变。因此，开展高铁生态环境影响预测研究，深入分析项目实施对生态环境产生的影响因素，提出有针对性的环保措施，可以起到从源头防治环境污染和生态破坏的作用，为环保措施的科技创新、环境管理制度的完善、项目选址选线的优化提供依据，从而最大限度地保护生态、节约土地、保护环境，实现社会-生态-经济大系统的良性循环，为建设绿色铁路保驾护航。

PART

8 高铁项目生态环境保护要求

8

8.1 概　述

实施高铁项目生态环境保护的主要目的是不改变当地生态系统功能，减少项目建设及运行对植被和动物的破坏，改善或不恶化当地现有的生态环境问题，最大限度地保护沿线分布的特殊敏感目标、重要敏感目标及其他环境保护目标。

高速铁路的生态环境影响贯穿在项目勘察设计、施工及运营的全过程，因此，需要从设计期、施工期、运行期分析项目可以实施的生态环境保护措施。

生态环境保护措施应综合考虑工程建设内容、区域特征、区域敏感情况等因素，进行空间、时序、保障措施和预期效果分析，并绘制生态保护措施平面布置示意图和典型措施设施工艺图，给出环境保护投资估算等内容。一般来讲，生态环境保护措施重点应集中在路基、桥梁、隧道、站场等主要工程，以及取弃土（渣）场、施工营地等大临工程的选址、施工作业及生态恢复等内容上。

8.1.1 基本原则

高铁项目具有“长、高、多、杂”的特点，路线长，经过区域的生态系统类型多样，可能涉及城市、农田、湿地、森林、草原等各种不同生态系统，也可能穿越国家公园、自然保护区、世界遗产地、风景名胜区等敏感目标。因此，高铁建设要充分考虑沿线景观、生物、土地等资源开发现状，关注敏感保护目标，在设计和施工建设中，重视生态环境保护，珍惜一草一木、一山一水，保护生态资源。

结合建设项目的生态环境影响分析，以及已有项目的建设经验，实施高铁项目生态保护调控措施要遵守如下原则：

（1）凡涉及珍稀濒危物种和敏感地区等生态因子发生不可逆影响时，必须提出可靠的保护措施和方案。

（2）凡涉及需要保护的生物物种和敏感地区，必须制定补偿措施加以保护。

（3）对于再生周期较长、恢复速度较慢的自然资源损失要制定恢复和补偿措施。

（4）对于普遍存在的再生周期短的资源损失，当其恢复的基本条件没有发生逆转时，不必制定补偿措施。

（5）需制定整体绿化规划。要明确永久性工程、临时工程的生态影响防护与恢复费用数量及使用的科目，同时论述必要性，编制恢复和防护方案，恢复原则是自然资源中的植被，尤其是森林，损失多少必须补充多少，原地补充或异地补充。

8.1.2 总体要求

根据生态环境部的最新要求，城际铁路建设的生态环境保护措施要按照“避免、减缓、恢复、补偿”生态影响的次序，根据不同生态单元的环境特点和敏感性，有针对性地提出不同区域路段的生态保护措施。对于受到较大影响的生态系统或重要生态功能区，应提出针对性的生态恢复措施。对于铁路建设可能导致的生态阻隔、生境破坏、水土流失等问题，应提出相应的治理措施。对于受影响的野生保护动植物，提出明确的保护要求。

1．替代方案

保护生态环境的主要对策之一是进行替代方案比选，尽可能绕避生态敏感目标。替代方案主要指项目中的选址选线的替代方案、项目组成和内容的替代方案、施工工艺和施工时序的替代方案、运营方式的替代方案、生态保护措施的替代方案等。另外，对于生态环境恢复、补偿和异地建设等措施，也可以结合建设项目的工程特点进行两种或多种替代方案的比选。高铁建设项目通常需要对关键的单项问题进行替代方案比较。

替代方案原则上应达到与原拟建项目或方案同样的目的和效益。替代方案的确定是一个不断进行科学论证、优化、选择的过程，最终目的是使选择的方案具有环境损失最小、费用最少、生态功能最大的特性。

高铁项目具有“长、高、多、杂”的特点，因此，选择环保合理、经济技术可行的路线方案，绕避重要敏感区是替代方案比选的重点，对替代方案进行生态可行性论证，分析替代项目或方案的优点和缺点，优先选择生态保护最佳方案。

2．各阶段保护要点

高铁生态环境保护是指项目设计期、施工期、运行期的生态环境保护措施，通常是根据项目区域实际情况，结合《铁路工程环境保护设计规范》《新建铁路工程项目建设用地指标》等相关要求展开。具体包括方案比选、施工规划、土地复垦、水保措施、植物防护、动物保护等。

1）设计期

设计期主要的生态环境保护措施是在选址选线上。高速铁路项目路线长，可能涉及敏感生态环境保护目标的可能性大，选址选线时，综合考虑生态环境保护、经济技术要求，绕避敏感区域，减少新增占地和扰动，是非常必要的。

设计中还需考虑高铁建设对线路两侧动物的阻隔效应，在动物活动频繁区域，应该设置桥梁或涵洞。对鸟类活动区域，可以设置防护网实施保护。

景观环境保护也是设计期需要重点考虑的问题之一。高速铁路以带状形式穿越沿线地区，将原有浑然一体的天然区域分割成两半，形成新的铁路景观。目前，高铁项目景观环境研究主要集中在铁路工程本身，特别是铁路线形、站场、桥梁、隧道洞口的设计显得尤为重要。

2）施工期

施工期可以采取的生态环境保护措施包括施工方式及施工时序的合理规划、植被恢复、动物保护、水土保持、土地复垦等。

合理规划施工方式、施工时序是减少生态环境破坏的有力措施。高速铁路项目施工时间长，影响范围广，施工要求高，施工方式复杂多样。施工规划时要从整体上考虑生态环境保护要求，合理划分施工工段，科学设计施工便道、施工营地、梁场、板场等临时设施的布置位置和规模等。

施工占地、开挖不可避免地会破坏植被。因此，除选址选线、施工中尽量减少新增占地外，当取弃土（渣）场、施工便道、施工营地等临时工程结束后，常用土地复垦、绿化等措施进行生态恢复。土地复垦是常见的植被恢复措施，是指对被工程建设活动损毁的临时用地采取整治措施，使其达到可利用状态的活动。

对由于开挖、填筑而形成的裸露边坡等，为减少水土流失，预防发生地质灾害，同时减少对当地景观的破坏，通常采用植物防护措施和工程技术措施进行处理。其中，植物防护是利用成活的灌木、乔木或草等植物作为防护材料，通过植物的叶、茎和根系与被保护土体的共同作用，形成有生命的保护层，保护边坡等工程免受大气降水与地表径流的冲刷，达到稳固土体、保持水土、改善环境、防御灾害的目的。

为减少施工作业对动物的影响，施工场址选择时要绕避动物活动频繁区域，合理安排施工时序及施工时间，减少项目建设对动物生活的干扰。

水保措施是指应用生物学原理，为防止工程建设造成的水土流失，保护、改良和合理利用水土资源所采取的植树、种草等措施。水保措施是常见的生态环境保护措施。

3）运行期

在路线经过的生态环境敏感保护区域设置警示性、限制性标牌，主要内容包括与野生动物保护相关的法律法规及保护野生动物的重要性与必要性，还有严禁烟火、严禁狩猎、严禁乱砍滥伐等警示性、限制性规定，加强对过往人员及当地居民的宣传教育和管理，严防破坏保护野生动植物等不良行为，防止森林火灾的发生。

做好弃渣场地、施工营地等区域植被恢复和绿化的维护，加强对植被恢复区域的检查工作，并对路线区域国家重点保护的野生动物实施动态监测。

另外，为减少项目建设对生态的破坏和对农业生产的影响，对于不涉水桥梁同时又适合耕种地段，在保证桥梁安全的情况下，可以考虑交由当地居民耕种桥梁下非桥墩用地，增加桥下空间的有效利用。

3．补偿与建设

生态补偿是一种重建生态系统以弥补因开发建设活动损失的环境功能的措施。补偿有就地补偿和异地补偿两种形式，就地补偿类似于恢复，但如设计不当，很可能造成建立的新生态系统与原生态系统没有一致性。异地补偿则是在开发建设项目发生地无法补偿损失的生态环境功能时，在项目发生地之外（如在区域内或流域内的适宜地点、其他规划的生态建设工程中）实施补偿措施。

生态补偿中最重要的是植被补偿，因为植被是整个生态环境功能所依赖的基础。植被补偿可按照生物物质生产等当量的原理确定具体的补偿量。补偿措施的确定应考虑流域或区域生态环境功能保护的要求和优先次序，考虑建设项目对区域生态环境功能的最大依赖和需求。补偿措施体现社会群体平等使用和保护环境的权利，也体现生态环境保护的特殊性要求。

在生态环境已经相当恶劣的地区，为保证建设项目的可持续发展和促进区域的可持续发展，建设项目不仅应保护、恢复、补偿直接受其影响的生态系统及其环境功能，而且需要采取改善区域生态环境、建设具有更高环境功能的生态系统的措施。

8.2 敏感目标的保护要求

生态环境的敏感保护目标，包括自然保护区、世界遗产地、风景名胜区、水源保护区、湿地公园、森林公园、地质公园、文物保护单位等。在生态环境保护中，应该在满足相关法律法规的基础上，结合高铁项目建设内容制定有针对性的生态环境保护措施。

8.2.1 相关规定与要求

1. 自然保护区

根据《中华人民共和国自然保护区条例》要求，禁止在自然保护区内进行砍伐、放牧、狩猎、捕捞、采药、开垦、烧荒、开矿、采石、挖沙等活动；但是，法律、行政法规另有规定的除外。

禁止任何人进入自然保护区的核心区。因科学研究的需要，必须进入核心区从事科学研究观测、调查活动的，应当事先向自然保护区管理机构提交申请和活动计划，并经省级以上人民政府有关自然保护区行政主管部门批准；其中，进入国家级自然保护区核心区的，必须经国务院有关自然保护区行政主管部门批准。

禁止在自然保护区的缓冲区开展旅游和生产经营活动。因教学科研的目的，需要进入自然保护区的缓冲区从事非破坏性的科学研究、教学实习和标本采集活动的，应当事先向自然保护区管理机构提交申请和活动计划，并经自然保护区管理机构批准。

2. 风景名胜区

根据《风景名胜区条例》，在风景名胜区内禁止进行下列活动：开山、采石、开矿、开荒、修坟立碑等破坏景观、植被和地形地貌的活动；修建储存爆炸性、易燃性、放射性、毒害性、腐蚀性物品的设施；在景物或者设施上刻划、涂污；乱扔垃圾。

因此，按照风景名胜区条例的管理要求，涉及风景名胜区的高铁项目应当符合风景名胜区规划，并与景观相协调，不得破坏景观、污染环境、妨碍游览。高铁项目尽量避开风景名胜区，实在不能绕避时，要取得相关管理部门的同意，不得经过风景名胜区的核心保护区，不能将取土场、弃渣场、采石料场等临时工程设置在风景名胜区内。经过风景名胜区内的高铁设计要与风景名胜区的风格相协调，以免破坏原有的景观特色。在风景名胜区内进行建设活动的，建设单位、施工单位应当制定污染防治和水土保持方案，并采取有效措施，保护好周围景物、水体、林草植被、野生动物资源和地形地貌。

3. 饮用水源

根据《饮用水水源保护区污染防治管理规定》，跨地区的河流、湖泊、水库、输水渠道，其上游地区不得影响下游饮用水水源保护区对水质标准的要求。饮用水地表水源各级保护区及准保护区内均必须遵守下列规定：禁止一切破坏水环境生态平衡的活动以及破坏水源林、护岸林、与水源保护相关植被的活动。禁止向水域倾倒工业废渣、城市垃圾、粪便及其他废弃物。

另外，一级保护区内禁止新建、扩建与供水设施和保护水源无关的建设项目，禁止向水域排放污水，已设置的排污口必须拆除；二级保护区内禁止新建、改建、扩建排放污染物的建设项目；准保护区内禁止新建、扩建对水体污染严重的建设项目；改建建设项目，不得增加排污量。

另外，我国各地区均制定了有关饮用水源保护的要求，高铁项目建设时必须遵守当地政府部门对饮用水源保护的规定。如《四川省饮用水水源保护管理条例》：在地表水饮用水水源一、二级保护区内，禁止从事经营性取土和采石（砂）等活动；道路、桥梁、码头及其他可能威胁饮用水水源安全的设施或者装置，应当设置独立的污染物收集、排放和处理系统及隔离设施……。

4. 湿　地

根据《国家湿地公园管理办法》，国家湿地公园可分为湿地保育区、恢复重建区、宣教展示区、合理利用区和管理服务区等，实行分区管理。湿地保育区除开展保护、监测等必需的保护管理活动外，不得进行任何与湿地生态系统保护和管理无关的其他活动。恢复重建区仅能开展培育和恢复湿地的相关活动。宣教展示区可开展以生态展示、科普教育为主的活动。合理利用区可开展不损害湿地生态系统功能的生态旅游等活动。管理服务区可开展管理、接待和服务等活动。

根据《湿地保护管理规定》，除法律法规有特别规定的以外，在湿地内禁止填埋、排干湿地或者擅自改变湿地用途；禁止挖砂、取土、开矿；禁止排放生活污水、工业废水；禁止破坏野生动物栖息地、鱼类洄游通道，采挖野生植物或者猎捕野生动物；禁止引进外来物种。工程建设应当不占或者少占湿地。确需征收或者占用的，用地单位应当依法办理相关手续，并给予补偿。

根据国家有关部门要求，高铁选线应该避开湿地保育区、恢复重建区、宣教展示区。施工建设时不得在湿地设置施工场地、采石料场、取弃土（渣）场等临时设施，通过湿地时要科学设计线路，采用先进施工技术减少对湿地的破坏。

5. 森林公园

根据国家林业和草原局第 42 号令《森林公园管理办法》，在珍贵景物、重要景点和核心景区，除必要的保护和附属设施外，不得建设宾馆、招待所、疗养院和其他工程设施。禁止在森林公园毁林开垦和毁林采石、采砂、采土以及其他毁林行为。采伐森林公园的林木，必须遵守有关林业法规、经营方案和技术规程的规定。

根据《国家级森林公园管理办法》，国家级森林公园的建设项目应该符合总体规划的要求，其选址、规模、风格和色彩应该与周边景观和环境相协调。在国家级森林公园进行建设活动的，应当采取措施保护景观和环境，施工结束后，应该及时整理场地，美化绿化环境。严格控制建设项目使用国家级森林公园林地，确需使用的，应当避免或者减少对森林景观、生态以及旅游活动的影响，并依法办理林地占用、征收审核审批手续。

6. 国家地质公园

国家地质公园是以具有国家级特殊地质科学意义、较高美学观赏价值的地质遗迹为主体，并融合其他自然景观与人文景观而构成的一种独特的自然区域。我国于 1985 年建立了第一个国家级地质自然保护区——中上元古界地质剖面（原天津蓟县）。根据 1995 年地质矿产部发布的《地质遗迹保护管理规定》，任何单位和个人不得在地质遗迹保护区内及可能对地质遗迹造成影响的一定范围内进行采石、取土、开矿、放牧、砍伐以及其他对保护对象有损害的活动。不得在保护区内修建与地质遗迹保护无关的厂房或其他建筑设施；对已建成并可能对地质遗迹造成污染或破坏的设施，应限期治理或停业外迁。

7. 保护文物

根据《中华人民共和国文物保护法》，建设工程选址，应当尽可能避开不可移动文物；因特殊情况不能避开的，对文物保护单位应当尽可能实施原址保护。在文物保护单位的保护范围和建设控制地带内，不得建设污染文物保护单位及其环境的设施，不得进行可能影响文物保护单位安全及其环境的活动。对已有的污染文物保护单位及其环境的设施，应当限期治理。在文物保护单位的建设控制地带内进行建设工程，不得破坏文物保护单位的历史风貌；工程设计方案应当根据文物保护单位的级别，经相应的文物行政部门同意后，报城乡建设规划部门批准。“工程建设当让位于文物保护”，设计选线时要避开这些敏感目标。

高铁施工爆破也可能会造成文物破坏，必须对可能涉及的文物采取安全的工程措施。根据《中华人民共和国文物保护法》，文物保护单位的保护范围内不得进行其他建设工程或者爆破、钻探、挖掘等作业。但是，因特殊情况需要在文物保护单位的保护范围内进行其他建设工程或者爆破、钻探、挖掘等作业的，必须保证文物保护单位的安全，并经核定公布该文物保护单位的人民政府批准，在批准前应当征得上一级人民政府文物行政部门同意；在全国重点文物保护单位的保护范围内进行其他建设工程或者爆破、钻探、挖掘等作业的，必须经省、自治区、直辖市人民政府批准，在批准前应当征得国务院文物行政部门同意。

8. 荒野地

荒野地是指基本以自然力作用为主且尚未被人类活动显著改变的土地，即没有永久性居住区或道路、未强度垦耕或连续放牧的土地，是人类尚未完全占领的野生生物生境，是野生生物得以生存的主要避难所。荒野地的价值是其他土地不可替代的，包括生态学价值（作为基因库和生态变化的测量基准）、地球物理学价值（调节气候和集水）、娱乐价值（远足、旅游、探险和再发现等）、道德价值（野生动植物避难所和土著人的家园）等。

我国现今对荒野地的保护面临种种困境，缺乏荒野地的调查资料，且相关研究少，还未建立成熟的保护制度。因此，高铁项目在前期勘察设计阶段时，遇到类似荒野地时，要尽量记录、保存现场调查资料，为开展荒野地的研究提供基础数据，并尽可能识别具有价值的荒野地，制定相关保护措施。

9. 生物入侵

生物入侵正以前所未有的速度改变着世界的自然群落和生态性状。在全社会建立系统的防范对策是十分必要的。控制生物入侵的长期对策主要包括以下几个方面。

管理能力：加强对无意引进和有意引进外来物种的安全管理。

监管能力：建立相应的监测系统，查明我国外来物种的种类、数量、分布和作用。

教育宣传作用：加强对生物入侵危害性的宣传教育，提高社会的防范意识。

阻击能力：积极寻找针对外来物种入侵物种的识别、防治技术，以对当前生物入侵的蔓延趋势加以有效遏制。

预警和信息处理能力：在信息库中增加外来物种的信息库和预警系统，完善区域生物安全体系。

8.2.2 保护措施

1. 管理措施

项目开工前，施工单位必须与保护区管理部门取得联系，由生态敏感区管理部门和施工单位共同划出施工界限，并按照该界限在施工场地周围和施工便道两侧设置临时挡墙，确保施工人员不会越界施工，尽量减少施工作业对周围土壤植被的破坏。施工单位必须制定相应制度，严格控制进入保护区内的人员、设备数量和施工作业时间，严格限制高噪声、强振动设备和大功率远光灯的使用，严格限制夜间施工作业；施工单位必须严格执行环保、水土保持、野生动物保护等部门的相关规定，严禁任意扩大作业面。

在整个施工期间，环保监理部门承担生态监理，采用日常巡护的方式，共同检查保护目标的生存状态、生态环境保护措施的落实情况和施工人员的保护行为。同时与施工单位的环保管理人员联合对保护对象实施管护，并在适当位置设置监测站点，派驻工作人员对该段内生存栖息的野生动植物进行生态监测，同时对野生动物采取给饲、保护和救治措施。

施工中要结合影响范围内的生态敏感区相关规划和建设要求，严格禁止不合法的破坏行为。对高速铁路建设项目对敏感区内生态环境影响实施动态监测，以便掌握工程施工和运行对生态环境影响的具体数据，从而为制定合理的管理措施提供依据，确保将铁路工程的建设和运行对敏感区生态环境的不良影响降到最低。

2. 宣传教育

公众的环保意识是保障施工安全、开展环境保护的关键之一。要加强对项目施工人员、高铁工作人员、沿线民众的宣传和教育，普及有关自然植被保护、珍稀保护植物及重要保护动物的生态习性等方面的知识，宣传国家环境保护、自然保护区、风景名胜区、湿地公园、湿地公园建设和管理、野生动植物保护、历史文物保护等方面的法律法规，提高民众的环境保护意识，杜绝野蛮施工，严禁捕杀、猎食珍稀野生保护动物。

3．绕避与保护

由于高铁项目“长、高、多、杂”的特点，其线路与自然保护区、世界遗产地、风景名胜区、水源保护区、森林公园等相遇的可能性很大，绕避是现今高铁建设中保护生态环境敏感目标的首选措施。绕避，不仅仅是环境保护的需要，更是国家相关条文的规定，如《中华人民共和国自然保护区条例》《风景名胜区条例》《保护世界文化和自然遗产公约》《建立国家公园体制总体方案》以及《在国家沙化土地封禁保护区范围内进行修建铁路、公路等建设活动监督管理办法》等诸多条例规章，皆划定了禁止开发区域，从一定程度上保护了生态价值高、脆弱敏感的生态系统。

以商合杭（经河南商丘—安徽合肥—浙江杭州）铁路为例，该项目于 2015 年 11 月份全面开工建设，铁路由河南商丘站引出，接入杭州东站，全长 794.5 km，跨越淮河、长江等众多水系及水源保护区。虽然线路穿越了巢湖风景名胜区、太湖山森林公园等多处生态敏感区，但在设计过程中，经过设计单位的不断优化比选，线路最终绕避天子门水库水源保护区范围，绕避八公山省级风景名胜区、国家级地质公园和森林公园范围，避开茨淮新河水源保护区范围，减少了生态破坏，保护了区域生态的完整性。

杭黄高铁东起浙江杭州，终至安徽黄山，设计运营速度 250 km/h，项目沿线分布黄山、千岛湖、杭州西湖、富春江等一批全国著名旅游名胜，其中有 57 个 5A 及 4A 级旅游景区、10 个国家森林公园等，是一条名副其实用“名城、名湖、名江、名山”连起的黄金旅游线，项目建设的生态保护压力巨大。建设者在设计施工过程中融入绿色发展理念，绕避了大奇山国家森林公园、龙川胡氏宗祠、棠樾牌坊群等 16 处重要生态敏感目标，建成了一条典型的环保路线。同时，为最大限度减少铁路对沿线景区的破坏，保护生态环境，线路走向采用了大“之”字形折线设计。这种设计的好处，是使铁路既靠近沿线旅游景点，有效拉动当地旅游经济发展，又不影响核心景区的生态环境，实现了环境保护和经济发展的双赢。

兰新高铁经过的乌鲁木齐市天山南麓达坂城湿地，是国家级自然生态保护区，为了保护湿地，铁路建设者在这里建设了一座5.6 km达坂城湿地特大桥，凌空穿过湿地，大桥最大高度28 m。为最大限度地保护湿地生态，铁路部门坚持环保优先的理念，严格按照环保部门划定的区域展开施工，靠湿地一侧全部采用钢护栏封闭。生活区均设在湿地以外，基础施工的泥浆、开挖土、施工垃圾等全部外运。完工后，施工便道全部挖除，恢复原貌。

我国历史悠久，文物建筑和古迹特别多，铁路建设前首先需要了解当地历史文化发展情况，详细调查铁路沿线现有的历史文物，在路线设计上实施绕避，实在不能绕避的，必须采取合理的防治措施，并进行跟踪监测。施工建设中若发现具有考古价值的历史文物，应立即停止施工，并报当地文物主管部门备案，配合相关单位实施保护措施。

坎儿井作为新疆吐鲁番和哈密地区荒漠地带一种特殊灌溉系统，总数达1 100多条，全长约5 000 km，与万里长城、京杭大运河并称为中国古代三大工程。兰新高铁在穿过该地区时，铁路建设单位和当地文物保护部门研究协商，采取铁路桥梁空中跨越的形式，穿过了17条坎儿井，有效保护了当地文物。

汉十高铁（武汉—十堰）连接襄阳、随州、孝感、武汉等历史文化名城，沿线分布有武当山、古隆中、炎帝神农故里、黄鹤楼等风景名胜，是湖北最美的高铁线路。在设计初期，汉十高铁有北线、中线、南线三种方案进行比选。其中，北线成本最低，但需从丹江口水库正中穿越，扰动南水北调中线水源保护区；中线线路最短、最直，但紧邻世界文化遗产——武当山古建筑群玉虚宫；南线以13 km隧道形式下穿武当山，绕避了武当山核心景区和古建筑群，同时也绕开丹江口水库大部分区域，对自然生态环境的影响最小，但南线方案最为复杂，且多投资3亿元。综合考虑了生态环境保护要求后，建设单位最终选择南线方案，真正践行了创新绿色的发展新理念。

京沪高铁为避让明皇陵，新添了近6 km桥梁和285 m隧道，增加投资2.3亿元，避免了拆迁，保护了珍贵历史文物。

金温铁路（金华—温州）某段相距仅有77 m，有一古文物保护单位工程——厦河塔，施工单位积极改进爆破技术，并先后投入700多万元用于塔体维护和监测等，确保了这座有400多年历史的古塔纹丝不动。

另外，因技术条件和施工条件限制确实不能绕避敏感目标的高铁项目，要尽量减少在敏感区内的占地、开挖、弃土等工程行为，禁止在政府划定的生态保护红线区域、生态功能区划中的控制开发建设区域、自然保护区、风景名胜区等重要和特殊生态敏感区设置取弃土（渣）场等临时工程。铁路工程建设中若遇到古树、名木时，应采取设置围护栅栏、移植保护或避让的措施。选取绿化防护植物种类时，应优先选取本地种，选用外来种时应请植物检疫部门进行外来种入侵风险评估。

现阶段，建设部门的环境保护意识在不断提高。在高铁建设中，为保护生态环境，合理设计选线、科学施工等情况屡见不鲜，涌现了不少生态环境保护的成功案例，均可以作为今后建设绿色高铁的参考依据。

8.3　重点工程的保护要求

8.3.1　路基工程

1．选址选线

设计期的选址选线是实施高铁项目生态环境保护的关键。根据《铁路工程环境保护设计规范》（TB 10501—2016），铁路建设项目用地应当符合土地利用总体规划、贯彻节约集约用地和严格保护耕地的原则，综合采取节约集约用地措施，同时，尽量减少与其他铁路、公路交通等设施产生“三角地”“包新地”等。

选址选线的环境保护有两个方面：一是线路方案的综合比选；二是勘察阶段的现场作业产生的环境污染。

高铁项目的选线，首先要综合考虑国家相关的规划和法律法规的要求，如线路规划与国家中长期铁路网规划目标的符合性、与枢纽总图规划的协调与匹配、与地方规划的协调等；其次要考虑设计与建设要求，如地质条件的制约等；同时，影响高铁线路走向的另一个最重要的因素是环保要求，首选方案是避开有关法律法规禁止进行开发活动的区域。

铁路工程选线、选址必须绕避自然保护区的核心区和缓冲区、风景名胜区的核心景区、世界文化和自然遗产地核心区域、饮用水水源一级保护区，饮用水水源二级保护区不得设置排放污染物的生产设施。线路应该尽量绕避政府划定的生态保护红线区域、森林公园、地质公园、重要湿地、天然林、索饵场、越冬场和洄游通道、天然渔场，以及饮用水水源一级保护区外的其他等级保护区。

同时，为避免高铁建设产生的城镇化趋势对沿线自然生态系统的破坏，减少接近效应和阻隔效应对铁路廊道周边动物的交流与繁殖的影响，铁路选线区域应该避开良田、植被覆盖率高的区域。

在选址选线期因为人员的进入、车辆的运行、机械的使用等活动，不可避免地会产生生活垃圾和生产固废、生活污水和生产废水、车辆和机械施工噪声等环境污染，同时勘察营地的修建会新增占地破坏植被，钻机施工作业会惊扰动物生存环境等，以上均直接、间接影响生态环境。因此，在勘察设计阶段的现场调查中，除了设置水、大气、固废环境污染的治理措施外，还应从整体考虑生态环境保护措施，如勘察营地远离自然保护区、风景名胜区、珍稀野生动植物保护区、动物繁殖区及野生动物通道等区域，钻机作业时要尽量避免设置在野生动物繁殖区域并合理设置作业时间，尽量减少对动物的干扰等。

2. 路基工程

1）占地

高铁项目用地总规模首先要符合《新建铁路工程项目建设用地指标》及《铁路用地管理办法》的相关要求，应当尽量减少新增占地。根据工程条件因地制宜地采取以桥代路、工程护坡、工程收坡等措施，合理采用节地型排水沟断面形式，充分利用既有站场和线路，最大限度地减少占地。严格控制临时用地数量，尽可能将临时用地设置在铁路用地范围内或利用荒地、废弃地。铁路区间、站场土石方应统一综合调配，宜移挖作填和集中取弃土，尽量减少取、弃土（渣）场用地。施工便道应尽量利用既有道路，并与地方道路规划相结合。

高速铁路一般桥隧比高，路基工程数量较普通铁路少，因此占用土地量相对小。考虑到环保的要求，占地类型可以尽量选用荒地，或者土壤贫瘠、有机质含量低的土地，尽量减少占用优质土地，特别是避免占有基本农田。

为减少铁路建设对农田灌溉和水利工程设施的影响，可以采取“逢河设桥、逢沟设涵”的原则，在排灌沟渠设置涵洞，并保证其孔径不压缩沟渠，确保原有沟渠、河道等水利设施不遭破坏。对部分因路基占用或破坏的既有农田灌溉设施或排洪沟渠均按原标准予以恢复，对工程占用的水利设施均以不低于原标准要求予以还建。已有铁路建设资料表明，有效实施以上措施可维护原有农灌系统功能的正常发挥，从而保证沿线地区农业的可持续发展。

从整体上讲，高铁项目新增占地少，且在采取复垦、植被恢复等相关措施后可以有效降低生态破坏，对沿线地区的土地利用格局影响轻微。

2）植被保护

为减少植被破坏和水土流失，在路基施工前首先要对场地进行清理，其中包括铁路用地范围及临时工程影响范围内施工场地的清理、拆除和挖掘，以及必要的平整场地等作业行为。场地清理必然导致原有的自然景观和生态环境的破坏，导致地表短时间裸露，并在一定范围内造成一定量的水土流失。

为减少生态破坏，在临时占地施工前，先将表层熟土取出集中合理堆放，待土石方工程完成后，再将表层熟土覆盖在取土场或弃土（渣）场裸露面上，以促进植被的快速恢复。施工结束后对临时用地中被占用的耕地、林地等采取复垦或植树造林，对路基两侧开挖裸露部分实施工程和生物措施。植被恢复应该遵循因地制宜、安全可靠、经济适用、易于管护、兼顾景观的原则，综合考虑立地条件、经济实用性等因素，优先选择当地优良的乡土物种，宜灌则灌、宜乔则乔、宜草则草。

项目选线时应该避免破坏珍稀物种，对于确实不能绕避的，要实施移栽并保证存活。同时，对占地范围内适于移栽的、经济价值较大的树种也应该进行移栽，不能移栽的，要按照地方规定实施补偿，如异地补植或货币补偿。

高速铁路工程建设会造成一定范围内某些植被类型面积的减少，但如果在施工结束后对临时工程实施复耕、迹地恢复等措施，以及对永久性工程实施绿化、美化等措施可以有效降低项目建设对区域生态系统的破坏。

3）动物保护

路基施工将会对动物栖息环境造成破坏或分割，应做好施工方式、数量、时间的计划，减少工程施工对野生动物的惊扰。

为减少铁路路基和防护栅栏形成的屏障，可以在动物活动较为频繁的区域设置桥梁或涵洞，在动物适应一段时间后，可以作为陆域野生动物穿越铁路的有效通道，以方便两侧陆生动物觅食、交偶和迁移，降低对现有野生动物生存环境的影响。

对珍稀保护鸟类而言，可以采取设置防护网等措施减少伤害，如西成高铁为保护朱鹮而建的世界上第一条长达 16 km 的高铁鸟类防护网，并且在该区域以高架桥的形式通过，桥梁下方设置的宽大桥洞，有利于鸟类、陆生动物自由通过。

4）景观保护

路基绿化要按照《铁路绿色通道建设指南》中的要求，坡面要做好防护，路堤、路堑的绿化要根据气象、水文、土壤、地形、植被现状等，优先选择当地适生植物品种，同时兼顾景观、美观的需要。

5）边坡修复

路基开挖或填筑产生的裸露边坡会对景观造成视觉冲突，因此边坡的美化设计是必不可少的。边坡防护时要从技术、生态等角度综合考虑，同时兼顾运行期的养护要求。边坡防护应采用工程措施和生物措施相结合，在保证边坡稳定的前提下，尽量与周围景观相协调。

8.3.2 桥梁工程

1．设计期的选址选线

1）桥梁工程

出于安全和技术方面的要求，高铁工程为了尽量减少路基的高填深挖，一般采取以桥代路的措施，同时跨越沿线河流时一般是逢沟设涵、遇水架桥，如图 8-1 所示，因此，高铁桥梁工程比例比一般铁路工程高。桥梁布设需要考虑的因素，除了工程技术的要求外，还有生态环境保护的要求，如耕地保护、铁路两侧动物交流通道、河流水系连通等。

图 8-1　京沪高铁淮河特大桥

与传统的路基工程相比，高架桥梁的大量使用减少了主体工程土地永久占用的数量，减少了对基本农田的占用，缓解了对农业生产的影响，同时也避免了线路对其两侧的环境分割，保证了自然河流水系的连通，也减少了线路两侧人群与动物的通行阻隔。

涉水桥梁在施工期、运行期会产生一定的生态问题。故桥梁选址需要避开饮用水源保护区等特殊目标，并且跨河桥梁设计时应综合考虑涉水桥墩的位置、数量对水生生态系统的影响。为减少桥梁工程对河道的堵塞和压缩，降低对河流行洪排泄功能的影响，在桥涵的设计中，需要充分考虑桥涵的选址、跨度、孔径，尽量顺洪水天然流向设置，避免过多压缩河道，并避免大的改沟，保证桥涵有足够的孔径排泄不超过设计频率的洪水，以避免上游壅水、涵前积水过高。

2）制梁场的选址选线

高铁的铺架方式与普通铁路不同，采用双线整体箱梁的高速铁路，桥梁下部工程完工后，架梁以制存梁场为中心，全线多点、分段架设箱梁，当桥梁比重较大时，箱梁架设也可成为控制工期的工序。因此，高铁桥梁施工需要设置制梁场。制梁场的设置需要综合考虑以下几个方面：

（1）制梁场选址在满足制梁工期和存梁的前提下，少占耕地，减少拆迁量，临时工程量尽量小，在能满足施工的情况下，尽量减少征地范围，做好施工组织计划，减少存梁场地。

（2）箱梁运输和架设是施工组织的一个关键工序，制梁场一般设置在桥群集中地段，选址地在桥群中心附近，这样运梁距离较短，而较短的运距可确保箱梁运输安全和提高架梁的施工进度。

（3）制梁场位置交通应方便，尽量与已有公路或施工道路相连，利于大型设备和大量材料的运输。

（4）制梁场布置紧凑合理，总体规划不仅要按制梁施工流程进行设计，还要兼顾运架设备的安装和拆除。

（5）根据制梁施工工艺要求和移梁、运梁工序，合理布置生产区、存梁区、运梁便线、材料存放区，结合制梁数量设置制梁台座、存梁台位数量和拌和站位置及砂石料存放场地大小，制梁场布置应尽量使场内交通、供水、供电、供气、防火、防洪涝、环保、施工合理。

2．桥梁景观设计

高速铁路路线长，可能会经过城市、特色乡村、风景名胜区、森林公园等具有众多景观面貌的区域，而高速铁路的各类桥梁以架空的方式通过沿线区域，如设计不合理，不可避免地会与当地景观产生冲突。

桥梁地段绿化范围应包括桥下用地界内及适宜绿化的桥台锥体边坡。高铁桥梁景观设计包括结构、色彩等方面设计，其主要目的是增加桥梁自身的景观效应，减小与周围景观产生强烈的对比冲突，弱化阻隔效应。

根据已有建设经验，对建在城市周边的桥梁，要在设计中引入建筑美学的概念，在满足结构安全的前提下，应尽量减少桥墩尺寸或丰富立面造型设计，使桥墩更加纤细、轻盈，并且在桥墩造型上注重与周围景观的协调和匹配。桥梁墩形的选择遵从结构受力合理、外形美观、梁墩协调配合，与周围环境和谐的原则，从而设计出简洁、明快、通透而富有美感的桥梁结构，同时应对桥台两侧的引桥及桥头绿地进行绿化景观生态设计，加强桥梁锥体护坡的绿化，使其与周边林地等景观协调一致。

我国高速铁路大量采用弧线形斜腹板简支箱梁，桥墩以“花瓶形”等为主，部分桥梁为了配合周围景观的需要也采用“双柱墩”“禾形墩”等桥墩形式。海南东环铁路海口高架桥设计时依托高速铁路自身的特点，追求高速铁路与周边环境的自然协调，跨越海口城区时，为了配合周围环境采用了双柱式桥墩，并在墩四周设置了 0.3 m 的倒角，配以高低错落的墩梁体系、色彩丰富的植物景观，突出了景观的立体化、层次化，丰富了人们的视觉，成为一道新的人文景观，增加了景观的美感。

3．桥梁施工

1）涉水桥梁

在跨河桥梁施工中采取有效的应对措施，可以减少对下游用水的水质、水量、水生生物产生的不良影响。

为减少围堰填筑及拆除过程中产生的水体 SS 浓度，以及减少围堰施工对下游河道水量的影响，建设单位应对下游取水口的水进行连续监测，一旦出现不达标现象，需要加大上游导水量。

为保护铁路跨越河流的水环境质量，桥梁施工尽量选择在枯水季节，并及时清理场地，避开丰水期，减少水环境干扰。在桥梁设计时尽量减少水下桥墩数量，以避免桥梁桩基的水下施工，同时尽量采用循环钻孔灌注桩施工方式，使泥浆循环使用，减少泥浆排放量，施工完毕后的泥浆经自然沉淀后覆土填埋处理，挖出的弃渣运至指定的弃渣场。为减少桩基施工现场地面径流形成的悬浮物污染，必要时在桩基旱地施工现场修筑截水沟，将施工产生的 SS 污水引至临时沉淀池沉淀后排放，桥梁施工营地和材料堆放场地不应设在河漫滩地，以免造成水体污染。

加强施工机械设备的养护维修及废油的收集，最大限度地减小排污量，防止污染水体，减少对水生生物的破坏。跨河桥梁的施工营地和料场选址应离开河岸一定的缓冲距离，并对附近的河流水质变化情况进行监测，防止对水体的污染。

铁路桥梁跨越敏感水体时，应有对施工产生的泥浆、废油等污染物进行收集、上岸处理的措施。

桥梁施工过程中要做好鱼类保护措施。尽量选用先进低噪的施工设备，并注意日常设备维护，降低施工噪声。为减少施工振动对鱼类的影响，大桥基础施工深水部分采用双壁钢围堰，浅水部分插打钢板桩围堰施工，在围堰内安装泥浆泵，提升至两端陆地临时场地，在临时场地设沉淀池和干化堆积场。在吸泥、封底、抽水过程中如发现鱼类，及时采取保护措施。

2）不涉水桥梁

不涉水桥梁主要是跨越公路、既有铁路、冲沟、斜坡、农田等的桥梁，如图 8-2 所示。一般来讲，桥梁工程的占地面积小，生态环境影响小于路基占地，但高铁项目的桥梁边坡挡护工程将破坏施

图 8-2　贵广铁路

工区域的自然植被，因此，需要在施工中采取水土保持措施，并尽量进行植被绿化恢复，特别是做好桥梁边坡挡护工程植被绿化恢复措施，减少水土流失和景观破坏。

另外，对于不涉水桥梁同时又适合耕种地段，在保证桥梁安全的情况下，也可以考虑交由当地居民复耕，增加桥下空间的有效利用。不过，目前的情况来看，桥梁下部空间的再利用很少，主要原因是桥梁用地在征用、征收时大部分按照正线用地对土地进行了补偿，导致农户会担心因种植而产生纠纷，故大多不敢在桥梁下的非桥墩用地上进行种植。因此，桥梁施工结束后，在保证车辆运行安全的条件下，建设单位可以采取措施鼓励农户耕种桥梁下非桥墩用地，以减少项目建设对生态的破坏和对农业生产的影响。

8.3.3　隧道工程

隧道工程的生态环境保护主要集中在施工期。

1．设计期的隧道选线

在生态环境保护要求中，项目选线要避开世界自然遗产地、自然保护区、风景名胜区、森林公园、地质公园等敏感目标，减少生态破坏。而当确实无法避开上述敏感区时，采用隧道或桥梁的方式通过更为适宜。

工程设计中，高速铁路的隧道选线要满足“早进晚出”的设计要求，隧道洞口避开高边坡、高仰坡，避开不良地质体，如地热异常区、岩溶地区、矿区的采空区、地下水发育的地层、厚层地下水和地下冰发育地段、不稳定斜坡、泥石流区等区域。

2．设计期的隧道洞口景观设计

隧道地段绿化设计范围应包括边仰坡及明洞顶部，如图 8-3 和图 8-4 所示。临近站区、公路并行、靠近城镇、风景区、标志性隧道洞门应充分考虑区域特色，开展重点设计。

图 8-3　柳州至南宁客运专线

图 8-4　宁杭高铁卧龙山 2 号隧道

高速铁路的隧道洞口设计原则“简洁大方、美观实用、保护环境”，力求达到建筑学、园林学、环境美学、力学的完美统一。洞口设计要求结构新颖，有利于环境和生态保护的新型洞门，与自然环境紧密相连，除了发挥其结构功能外，还应该对周围的总体环境有一种符号和象征的意义，也应该起到整座隧道标志的作用，如通过园林造景的艺术手法突出体现隧道洞口的色彩层次感等。除个别需要的工点（靠近城市、旅游景区等）外，一般不需要做更多的修饰，体现自然美的环境意识。

随着人们环保意识的提高和隧道施工技术的进步，不开挖仰坡的、凸出式的、无洞门的洞口结构形式有了新的发展，这些结构形式最大限度地减少施工对洞口山体的扰动和破坏（暗挖进洞），对保持洞口山体稳定和保护环境具有重要意义。

隧道洞口既要满足结构安全稳定、环保美观的要求，又要满足减缓微气压波影响的要求，斜切式洞口结构就成为主导的洞口形式。突出于山体的斜切式洞口，不破坏仰坡，与周围环境融合较好，形成一道独特的风景。切削式洞门因洞口开挖量小、混凝土工程量少等特点，而且适合于暗挖进洞和明挖进洞两种工法，体现了当前社会发展的环保和生态的理念，成为新型洞口的主导形式。

3. 施工期主要环保措施

隧道工程施工可能造成地下水漏失，对附近地表生态环境、居民生产生活用水产生严重影响时，应根据超前地质预报结果采取水资源保护和水污染防治措施。为防止隧道修建引起地下水大量流失，对环境产生过大的危害，对地下水发育且具有较强富水性的断层及其影响带地段采取“以堵为主、限量排放”的原则，避免过量疏干地下水。

隧道施工时尽量采用微爆破，选择光面爆破、预裂爆破等控爆新工艺，严格控制超欠挖，以达到坑道周边圆顺平整，减少爆破对周边围岩的扰动，保护周边植被。尽量将隧道施工中的废弃渣土进行路基填料，不能利用的必须在规定的弃土（渣）场进行弃土，不得任意倾倒，破坏植被，并在施工结束后进行植被恢复。

隧道洞口应尽量避免大开挖，减少破坏山体植被，以保护环境。在某些围岩较差的情况下，洞口段用暗挖法施工费用可能很高，而采用明挖回填法修筑明洞、之后恢复植被的方式更为合理（特别是南方气候适宜、植被恢复很快的地区）。

隧道施工排水含有大量泥沙，不得直接排入附近水体影响水生生物。应在隧道两端的洞口处设置防渗沉淀池，对隧道施工的高浊度污水进行沉淀，处理后的清水回用于施工。

8.3.4 站场工程

站场工程的生态环境影响主要是施工期的占地、植被破坏、水土流失，以及运行期人为活动产生的环境污染对生态环境的破坏等。可以采取的生态环境保护措施主要集中在选址、环保设计、环保施工等方面。

1. 站场选址

高铁站场的选址，要考虑线路与枢纽总图规划的协调和匹配。高铁站场一般设置在城市，属于人类活动较为密集区域，站场周边区域还将会随着列车的运行逐渐扩大被开发的面积，也就意味着将失去更多可以耕种的土地。因此，设计站场选址时要充分考虑铁路的拉动作用，合理规划，尽量选择周边区域是中低产田、荒草地等生产力较小的土地，避开土壤肥沃的耕地和高产的林地、园地等区域，减少优质良田的占用。

一般来讲，高铁站场选址如果选在地形复杂区域，将产生较大的土石方作业，破坏大量的自然植被，因此，场址应该设置在相对平缓的地形位置，并且区域植被主要是当地常见种的地方，以便于从源头开始减少水土流失、保护野生植被，避免区域植物种类的减少和区域植物区系发生改变。

2．站场设计与绿化

一般来讲，高铁站场将是城市的一张名片，是旅客进入城市的第一印象，如果站场设计能够体现出当地的历史、文化或城市特有风貌，将大大提高城市的整体形象。

车站设计时要充分考虑景观效应，站场绿化应根据气候条件和自然环境，选用当地物种，严防引入生物入侵品种，有条件的地方可采用园林绿化方式，在可绿化地带栽植花草、灌木、乔木，并设置假山、盆景，以美化环境，尽可能扩大绿化和景观面积，使站场景观充分体现出自然和谐的特色，成为城市（镇）景观中的一个新亮点。

一般来讲，站区场段绿化范围应包括站区、场、段、所、工区等的室外用地范围内的可绿化地段，主要有：新建高速铁路与城际铁路车站、其他铁路三等及以上的客运站站区范围的可绿化地段、新建段、动车所、大型货场、存车场和综合维修工区的铁路围墙内的可绿化地段。

站区场段的可绿化范围应乔灌草相结合，应绿尽绿，绿化覆盖率不应小于 90%，站区场段两线间绿化尽量选择姿态优美的小乔木或大灌木为骨架，乔、灌、地被植物相结合，宜采用“大色块”布置，形成一定规模的立体种植区。站区场段内的道路绿化应充分考虑与周边环境、建筑相融合。

3．站场施工

站场施工时的土石方作业存在取弃土现象，如处理不当，会加剧水土流失和植被破坏。

首先，统筹安排是非常必要的。在土石方作业时，优先考虑工程内部填方和弃方的平衡，再者应尽量与当地市政建设相衔接，将市政工程所需的取弃土与项目综合考虑，最后才是选择取土场取土或弃渣场弃渣。

其次，实施合理的环保措施减少生态影响。站场工程的取土场、弃土（渣）场要避开风光秀美的区域、森林公园、湿地等敏感目标，尽量远离铁路视距范围。取弃土结束后要根据情况对取土场和弃土（渣）场地进行复垦，或采用工程措施及绿化措施进行防护，减轻水土流失和景观破坏。

8.3.5 大临工程

由于技术和建设标准不同，高速铁路的临时工程较普通铁路多，相应的生态环境保护措施内容相对复杂。

1. 大临工程选址的总体要求

大临工程选址首先应绕避政府划定的生态保护红线范围、自然保护区、风景名胜区等敏感目标，不得设置在水源保护区、森林公园、文物保护单位等环境敏感区，不得占用基本农田。根据《铁路工程环境保护设计规范》（TB 10501—2016），在自然保护区实验区不得设置污染环境、破坏资源或景观的生产设施。在县级以上人民政府划定的崩塌和滑坡危险区、泥石流易发区内，河道、湖泊管理范围内不得设置取土（石、料）场。

在大临工程选址时，应优先选择在建设项目的用地界内，有条件时，选址应尽量在需要转变功能或闲置的既有铁路用地范围内；确定临时用地时，宜与地方待开发的项目相结合；根据既有工程分布情况，优先考虑永、临结合，尽量利用既有场地或站区范围内的永久征地和城市用地；尽量缩减临时工程设施数量和规模，少占耕地。

施工营地、拌和站、料场、渣场等大临工程禁止设置在河流滩地、生态敏感区内，禁止布设在植被覆盖率较高地段；施工应避开鸟类、鱼类等的繁殖期和越冬期，减缓对生态环境的影响。

2. 取弃土（渣）场

大临工程中，取弃土（渣）场是非常重要的内容。取土场选址应符合城镇、景区等的规划要求，并与周边景观相协调，宜避开正常的可视范围，尽量不占用基本农田、优良耕地及优质林地。取土场设置尽量不要选择平地取土，以避免形成取土坑，加大后期恢复难度。

弃土（渣）场不宜占用基本农田、优良耕地或优质林地，选址不得影响周边公共设施、工业企业、居民点等的安全，不得在河道、湖泊管理范围内布设弃土（渣）场，对重大基础设施、人民群众生命财产安全及行洪安全有重大影响的区域，禁止布设弃土（渣）场。

3．施工场所

施工场所包括大型混凝土拌和站、轨铺基地、预制梁场、轨道板预制场等。

大型混凝土拌和站选址时应优先选择地势平坦、排水顺畅的区域且应远离水体。

轨道施工中，除了部分路基的轨道是在路基上人工直接铺设外，其余的轨排需要在轨铺基地进行组装。轨铺基地一般由轨料存放区、工具轨排生产区、轨排存放区、长钢轨存放区、存砟场及上砟平台、办公与生活区组成。铺轨基地场坪尽量采用平坡，困难条件下坡度不大于 2.5‰，平面布设满足生产能力、生产作业、材料堆放和运输要求，长轨存放区股道直线段长度按不小于 520 m 控制。

预制梁场按功能主要划分为生产区、生产辅助区、办公生活区三大部分。生产区分为制梁区、存梁区、提梁区。梁场位置要求交通方便，能够保证大型车辆和设备顺利进场，同时保证制梁材料的运输要求，另外梁场位置还要相对平坦，尽量靠近桥梁集中地段，特别是梁孔数量较多的长桥附近，以缩短运梁距离、加快梁架进度和节约运梁费用。

轨道板预制场场址要求：水文地质条件好、土石方工程和基础加固较少的平坦地区，有较好的交通条件；附近水源充足，电源可靠，通信良好，并靠近当地料源。

因此，轨铺基地、轨道板预制场、制（存）梁场通常要求所占土地尽量平整。而一般在人类活动较为频繁的地区，较为平整的土地多开发为耕地，如果这类大临工程所占土地为新增占地，占用耕地的可能性较大，故施工前应充分调查、协调，尽量征用已有用地，减少耕地占用。

与普通铁路一样，高铁项目设有混凝土拌和站，制梁场、轨道板预制场等需单独设置混凝土拌和站。拌和站场地需做硬化处理，选址宜在征地拆迁及复垦量少、地质条件好、临时工程量小的区域，拌和站宜处于地势较高、水源丰富、排水通畅的区域，同时需考虑防洪、排涝的要求。

为方便施工材料的运输，高铁项目需要设置运输便道。为减少新增占地，运输便道尽量利用新建铁路附近的既有道路，干线运输便道要尽可能靠近新建铁路，以减少引入便道长度。

4. 临时工程施工管理

表层熟土一般有机质较高，透气、透水能力很强，能使深层土壤透气好并且有养分，是宝贵的资源，特别是在土地贫瘠地区其重要性更为突出。所以，大临工程的表层熟土应剥离后集中堆放，以便用于后期生态恢复。施工结束后对占用的湿地按照“占补平衡”的原则进行生态补偿，对施工迹地进行清理和恢复。

铁路区间、站场土石方应统一综合调配，宜移挖作填和集中取弃土，尽量减少取、弃土（渣）场用地，合理规划取弃土（渣）场，尽量集中取土、弃土（渣）。

可以根据地形、桥涵和农田灌溉合理布置排水系统，如在铁路两侧设侧沟、天沟、疏通地表径流，在路堑或路堤边坡种草籽，设置护坡、挡土墙等，最大限度使原有地表排泄和农田灌溉系统不因铁路路基的修建而遭到破坏。大规模土石方作业时，尽量避开雨季施工，且施工时采取随挖、随运、随铺、随夯的施工方法，不留松土面。

大型混凝土拌和站选址时应远离水体，并建临时沉沙池对污水进行悬浮物分离，尽量做到清水回用；沉淀的悬浮物要定期清理弃置于指定地点，以避免破坏水生生物，并且减少用水量。严禁在水体中清洗机具、倾倒垃圾，避免对水体造成污染。

施工临时便道尽量利用既有公路及乡村道路，并与地方道路规划相结合，尽量减少对农作物和地表植被的扰动、破坏，新建和整修道路，施工结束后可以利用其作为进站道路、农村机耕道或者养护便道。

施工营地的生活污水、施工场地生产废水及施工机械车辆冲洗废水等，可以通过设置化粪池、临时沉淀池等方式进行处置，加强施工机械设备的养护维修及废油的收集，管控散体建筑材料的运输与堆放，加强施工期环境管理。以上措施可有效减缓施工污水对地表水体的影响，保护水生生物，减少生态破坏。

8.3.6 水土流失治理

铁路建设项目一般线路长，不同的水土流失类型区、不同的防治分区，治理的措施类型和配置都存在一定的差异。与其他建设项目相比，铁路建设项目水土保持措施的配置更加复杂多样，水土流失治理措施也按照分区分别实施。

路基、桥梁、隧道、站场、取弃土场、施工便道、施工营地等工程施工作业，在施工前应对占用的耕地进行剥离表土，集中堆放，并采取装土编织袋拦挡、苫盖密目网，布设临时排水沟、临时沉沙池。以下为高铁建设中常用的水土保持措施。

1. 路　基

路基、路堑两侧截排水沟、排水顺接工程，边坡采取混凝土拱形骨架护坡、空心砖护坡；施工结束后，进行场地平整、回覆表土，路基边坡及绿化通道植灌、草等恢复植被。

在路堤与路堑设计中，要选择合理的坡率和支挡结构，确保不发生边坡滑坡和崩塌。

2. 桥　梁

在桥梁的征地范围内布设泥浆池、沉淀池、临时排水沟，设计桥梁排水及其顺接工程，施工结束后，进行场地平整、回覆表土，桥下栽植灌草植被恢复。

3. 隧 道

施工过程中隧道洞口边坡采取混凝土骨架护坡，洞口布设截排水沟；施工结束后，进行场地平整、回覆表土，拱形骨架内植草绿化。

4. 站 场

施工过程中站场边坡采取混凝土拱形骨架护坡、空心砖护坡，站场布设截排水沟；施工结束后，进行场地平整、回覆表土，站场边坡及站场内栽植乔、灌、花卉，植草绿化。动车所参考站场工程进行。

5. 取弃土（渣）场

根据地形条件在取土场周边布设截水沟、下游顺接沉沙池；施工结束后，进行场地平整、撒播草籽、洒水促使地表结皮。弃土（渣）场下游布设挡墙，上游布设截排水沟、下游顺接沉沙池，弃渣场渣顶布设排水沟；施工结束后，进行场地平整、撒播草籽、洒水促使地表结皮。

6. 施工便道

施工便道下边坡坡脚采用土袋临时挡护，施工结束后，进行场地平整、回覆表土、复耕、撒播草籽、洒水促使地表结皮。

7. 施工营地、制存梁场、轨道板场等

施工前做好表土剥离与收集，施工结束后，进行场地平整、复耕、回覆表土，拆除硬化地面，恢复植被。

PART

9 实施高铁项目生态防护

9

高铁建设项目的生态防护措施，贯穿建设和运行整个时期，包括勘察设计期、施工期和运行期。其中，设计期的主要内容有环保设计、绿化设计、景观设计等。施工期、运行期主要是结合项目建设内容和区域环境条件，从工程和管理的角度对保护物种实施有针对性的保护措施。

9.1 生态环境保护设计

9.1.1 概 述

1．路线方案设计

从总的原则上讲，高铁及沿线设施选线、选址应绕避法律规定的禁止开发区域，如生态保护红线、自然保护区的核心区和缓冲区、风景名胜区的核心景区、世界文化和自然遗产地、饮用水水源一级保护区等法定保护区域。如果因为技术和地质条件的限制必须穿（跨）越的，应充分论证其路线方案的唯一性和不可替代性，采取桥梁、隧道等从上层空间跨越或从地下空间穿越，不涉及保护对象平面范围的无害化穿（跨）越方式，并根据保护要求，采取最严格的污染防治和环境风险防范措施。

因此，在路线走向确定后，敏感区域路段以高架桥梁、深挖隧道方式通过是常用的设计方案。这种方式不仅可以保护珍稀植物和动物的生存环境，减少新增占地，有效防止水土流失和地质灾害，还有利于保护沿线区域的古建筑和文物。

杭黄（杭州至黄石）高铁全线有正线桥梁 168 座、隧道 87 座，桥隧总长 232 km，桥隧比为 87.6%，其中最长的天目山隧道长达 12 km。西成（西安至成都）高铁全线隧道、桥梁众多，其中秦岭山区的桥隧比例高达 93%。宝兰高铁（宝鸡至兰州）全线新建特大、大中型桥梁 81 座，隧道 60.5 座，桥隧全长占正线的 91.6%。

兰新高铁，穿越大风区、沙漠、戈壁滩，还穿越了海拔很低的吐鲁番和海拔很高的祁连山，在铁路设计施工中采用了多项高科技以保护行车安全和沿线生态环境。例如，兰新高铁吐鲁番至哈密段，以桥代路保护了著名的坎儿井，同时，为了保护达坂城湿地，穿越湿地时建起了 5.6 km 长的特大桥，并在桥墩下面埋下众多管道，以保证地下水畅流，保护湿地。

跨河桥梁设计时，在敏感河段减少或取消水中墩是保护水生生态的有效办法。比如，商合杭铁路取消了裕溪河特大桥等部分河道水中墩，减少了对鱼类和河流水质的破坏。汉十高铁在汉江湿地采取全线高架及全线声屏障，不在水中设墩，完整保护了生态保育区。

2. 铁路沿线的绿化设计

铁路沿线的绿化设计是高铁环保的重要内容之一，内容包括物种选择、场地设计等，绿化的具体方案可以借鉴已有项目的建设经验，也可以参考《铁路工程绿色通道建设指南》《铁路工程绿化设计和施工质量控制标准（南方地区）》等相关规范。

绿化植物选择可根据需要选择适当的特色物种，包括观赏植物及经济类植物。植物配置的形式应考虑不同的绿化功能要求，综合考虑花期延续和色彩搭配，尽可能错落有致，充分体现区域生物特色。

植物物种的选择以乔灌草合理搭配最好，配置一年四季有季相变化的、色彩丰富的各种乔灌草，以及不同的叶色、花色、叶形的花卉。乔木选择常绿或落叶乔木较好，能够与地被植物搭配成高低错落、色彩丰富的景观，灌木与草本尽量“能绿则绿”，并与周围环境相协调。

选择绿化树种时，应该以建设绿色、宁静的铁路运输长廊为目的，充分考虑不同时间、不同空间的绿化组合，努力打造具有浓郁区域特色的美丽景观，如杭黄高铁、汉十高铁等“四季常绿、三季见花”的成功案例。

3．水土保持

高铁项目建设不可避免地会引发水土流失，依据《生产建设项目水土保持技术标准》（GB 50433—2018）的要求，结合一般高铁项目水土保持的建设经验，一般常用的水土保持措施是结合工程施工区布局，将项目水土流失防治划分为路基工程防治区、桥梁工程防治区、隧道工程防治区、站场工程防治区、弃土（渣）场防治区、取土场防治区、施工生产生活区、施工便道（线）防治区共 8 个二级防治分区，再根据每个区域建设内容与特点实施相应的水土保持措施，如表层土的剥离和防护、临时支挡工程、临时排水沟、临时沉淀池等。

9.1.2 景观设计

景观设计是一种能够表达当前科学、技术和人类意识活动的形式语言。景观是一个综合的整体，它是在一定的经济条件下实现的，必须满足社会的功能，也要符合自然的规律，遵循生态的原则，同时它还属于艺术的范畴，少了其中任何一方面，设计就存在缺陷。

1．设计原则

建筑景观设计应该突出工程与自然的和谐，第一条原则就是要尊重自然，尊重自然的山、自然的地形地貌、自然的水。此外，景观设计还应遵循以下原则：

1）适用性

景观设计主要是以使用者的需求为对象来考虑的，各种设施、设备、配置及动线均须符合人性化要求，并综合考虑各项因素的影响，这样才能做出更合适的设计，以发挥所设计的结构物及其景观的最大功效。

对于高速铁路工程，在初步设计时应开展景观总体规划，明确设计原则，区分一般绿化地段、特殊绿化地段并分别开展设计；在施工图设计阶段，应进行专项设计，遵守国家有关安全生产、环境保护、文明施工的要求。一般绿化地段和重点绿化地段的划分应根据铁路等级、运输性质、社会经济发展水平、景观要求等综合确定。

绿化设计按照区域敏感程度分为两类：重点绿化地段和一般绿化地段。其中，宜划分为重点绿化地段的有景观要求较高的城镇、风景区、重要道路等，以及旅游资源丰富和生态环境要求高的地段；宜划分为一般绿化地段的有货运铁路，以及取土场、弃土（渣）场、制（存）梁场、铺轨基地、轨道板预制场、拌和站等建设期临时用地。

2）经济性

在设计上要做到对费用、空间和时间的合理利用，达到“省本多利”的目的。

费用上：尽量合理花费，力求设计简单化。

空间上：合理利用空间，选择节省空间的材料，设施的布置简明有力，达到每种设施均有独到的功能和目的，不显多余。利用借景（将远近景物引入景观设计的空间中，有效地增加景观的特色并拓展空间，好的景色加以借引，不好的景色则遮蔽之），使有限的空间扩展到无限，利用错觉使空间感觉大一些，寻求被浪费或未被注意的额外空间，充分发挥景观设计扩大空间感觉的效能。

时间上：缩短成景时间，可以节约造价，并使施工和维护管理的时间减少。

3）美观性

景观设计的美包括视觉、嗅觉、听觉、味觉等多方面，但目前多偏重视觉上的美观。景观设计应注重设计的社会性、群众性及经济实用性，之后再论及美。景观设计的美实际上是指将自然美加以人工化的人工模拟的自然美，因而可以由美的种类、美的表现方式及美的造型组合法则来表达。

自然景观要素主要包括地形和地貌两个要素。人工景观要素主要包括当地的地理、历史、文化（建筑符号）。在进行人工景观设计的同时，要注意与自然景观的和谐一致（借景），各种人工景观（相邻工程）也应考虑相互之间的协调关系。

2. 重点工程的景观设计

路基工程的建设对沿线景观进行切割，破坏原有连为一体的整体景观。因此，为减少切割作用，可以合理设计线路走向，尽量减少突兀感。同时，路基边坡也要进行美化设计，并且尽量采用与环境相容的植物防护措施。

高铁桥梁景观设计，要考虑多种因素，包括结构、色彩等方面的设计，以增加桥梁自身的景观效应，减小与周围景观产生强烈的对比冲突，弱化阻隔效应。设计中引入建筑美学的概念，在桥墩造型上注重与周围景观的协调和匹配，尽量设计出简洁、明快、通透而富有美感的桥梁结构，同时应对桥台两侧的引桥及桥头绿地进行绿化景观生态设计，加强桥梁锥体护坡的绿化，使其与周边林地等景观协调一致。

高速铁路的隧道洞口设计原则是“简洁大方、美观实用、保护环境”，应该考虑自然景观要素与人工景观要素相结合，力求达到建筑学、园林学、环境美学、力学的完美统一。洞口设计要求结构新颖，与自然环境紧密相连，形成一道独特的风景。

站场作为进入城市的第一道景观，设计应该尽量考虑当地的历史文化特色，充分考虑景观效应，建设成地方特色浓郁的新型车站。站场绿化应根据气候条件和自然环境，选用当地物种，严防引入生物入侵品种，有条件的地方可采用园林绿化方式，在可绿化地带栽植花草、灌木、乔木，并设置假山、盆景，以美化环境，尽可能扩大绿化和景观面积，使站场景观充分体现出自然和谐的特色，成为城市（镇）景观中的一个新亮点。

9.1.3 绿化设计

高铁建设的重点工程，如路基、桥梁、隧道的绿化修复措施，可以借鉴现有工程的成功经验，也可以参考相关部门颁布的规范，如《铁路工程绿色通道建设指南》《铁路工程绿化设计和施工质量控制标准（南方地区）》（Q/CR 9526—2019）等。

1. 路基工程

路基地段绿化范围应包括路基边坡、路堑侧沟平台、路堤坡脚或堑顶至铁路用地界的区域。重点对景观要求较高的城镇、风景区路段，与重要道路平行或交叉地段，及其他景观要求较高的路基地段进行绿化设计。

1）参考原则

根据《铁路工程绿化设计和施工质量控制标准（南方地区）》，路基地段绿化应根据路基工程措施、边坡高度、土质、环境条件等综合确定，不应影响路基本体的密实和稳定，并符合下列规定：

（1）土质边坡高度低于3 m时可采用植物防护，边坡高度大于等于3 m时宜采用植物防护与工程防护相结合的措施；

（2）路堑侧沟平台宜设置种植穴（槽）种植灌木，重点绿化地段可在路基边坡平台和支挡结构平台设置种植穴（槽）种植灌木；

（3）有条件时绿色防护与支挡结构应进行一体化绿化设计和施工。

边坡常用植物防护类型及适用条件可以参考表9-1中的规定。

表9-1　边坡常用植物防护类型及适用条件

植物防护类型	适用条件	
	边坡性质	边坡坡率
喷播或栽植灌草	土质边坡、全风化岩石边坡	不陡于1∶1.25
植生带或网垫植草、灌木	碎石类土边坡、全风化的硬质岩石或强风化软质岩边坡	不陡于1∶1
生态袋或植生袋植草、灌木	碎石类土边坡、硬质岩边坡或弱风化软质岩边坡	不陡于1∶1
客土植生	漂石土、块石土、卵石土、碎石土、粗粒土和强风化的软质岩及强风化、全风化的硬质岩石路堑边坡，或由其弃渣填筑的路堤边坡	不陡于1∶1
喷混植生	漂石土、块石土、卵石土、碎石土、粗粒土和强风化、弱风化的岩石路堑边坡	不陡于1∶0.75

注：生态袋或植生袋用于路基边坡时应与骨架、框架梁、孔窗式护墙等工程防护组合使用，边坡坡率等于或陡于1∶1.25时，应设锚杆、外加钢丝网。

2）边坡绿化

对于土石方作业时挖方和填方产生的裸露边坡，通常需要采用工程和生物措施进行处置。相比传统的水泥砂浆片石拱形骨架护坡方式，仿自然状态的绿色三维生态护坡形式更具有优越性，该法既可以满足维持路基稳定和水土保持方面的要求，又能兼顾生态环境保护的目的，是常见的治理办法。目前，生态防护主要有全坡面绿化、圬工孔窗植物绿化两大类。

路基边坡采用植物防护时，天然土层厚度不宜小于 30 cm，边坡土（岩）质不适宜植物生长时，应采取土质改良、客土、喷混植生等措施，客土厚度不应小于 20 cm，喷混植生厚度不宜小于 10 cm。填充于骨（框）架、空心砖、土工格室内的种植土应含有植物生长必需的矿物元素和平衡养分，粒径不应大于 30 mm。

石质路堤边坡采用植物防护时，可采用客土植生，或铺设土工网垫、立体植被护坡网等土工合成材料后客土植生。边坡高度较大时，应与骨架、框架梁等相结合。重点绿化地段可采用生态袋、植生袋等绿色防护措施。

石质路堑边坡绿化防护应综合考虑岩体结构、结构面产状、风化程度、边坡坡率与高度、地下水、气候条件等因素。对于全风化岩质边坡，应按土质边坡进行绿化；对于强风化软质岩边坡，宜结合土工网、土工网垫、立体植被护坡网、土工格室等进行客土植生，或采用植生带植草、灌植物防护。硬质岩边坡或弱风化软质岩边坡坡率不陡于 1∶1 时，可结合骨架或框架梁内客土植生或喷混植生防护。重点绿化地段可采用生态袋、植生袋植草、植灌等绿色防护措施。硬质岩边坡或弱风化软质岩边坡坡率陡于 1∶1 时，宜采用喷混植生。重点绿化地段可采用岩坡植被再造技术。

采用立体植被护坡网、植物纤维毯、植生带（袋）、生态袋等防护措施时，应选择适宜当地生长、绿色周期长、根系发达的灌木籽或草籽。生态袋绿化宜采用生态袋施工完成后再在边坡上种草、植灌木的方式，有经验时也可采用将草灌种子与种植土拌和的种植方式。

种植穴（槽）宽度不应小于 40 cm、深度不应小于 30 cm。膨胀土地段平台设置种植穴（槽）时应采取合理的防水措施。

砂类土、碎石类土等土壤瘠薄的路堑边坡种草、灌木种子时，宜在坡面上开挖水平横沟或挖坑，水平横沟行距宜为 20～40 cm，深度不应小于 20 cm，沟内或坑内回填种植土或放置植生带，也可采用客土植生、喷混植生等措施。

图 9-1 为边坡绿化示例。

图 9-1　边坡绿化

路堑边坡坡面较光滑，植物种子着落困难时，应采取在坡面上挖槽、沟或蜂窝状浅坑等增大坡面粗糙度的措施。

路基坡面绿化应采用灌草结合或栽植灌木方式，宜选用不同品种、色系的常绿植物，采用分层、分段、分区、分类或组合等方式栽植。边坡高度低于 10 m 或路基长度小于 50 m 时，不宜超过三种品种或色系。灌木和草种应选择根系发达、固土护坡能力强、耐干旱、耐贫瘠、缓径流、少养护的品种。向阴面可种植耐阴地被植物。

路堤地段绿化范围应包括路堤坡面、坡脚至排水沟、排水沟至用地界三个部分，如图 9-2 所示。

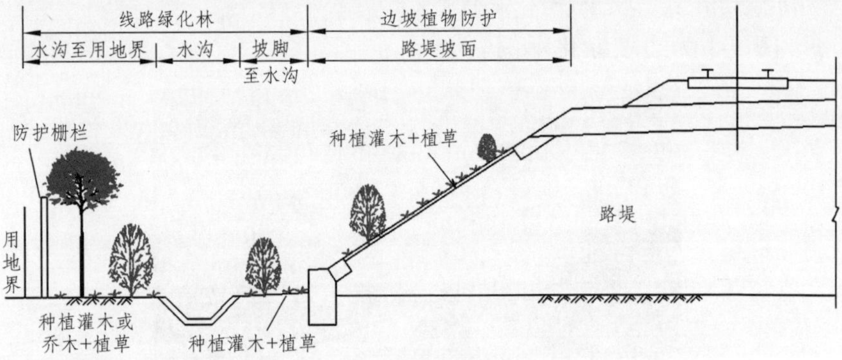

图 9-2　路堤绿化断面分区图

2．桥梁工程

桥梁工程的绿化设计，可以参考《铁路工程绿化设计和施工质量控制标准（南方地区）》《铁路工程绿色通道建设指南》，选择绿化植物时综合考虑维修通道、救援通道、地方道路等及当地区域的特殊要求。

1）绿化物种选择

对于桥下绿化植物的选择，可以依据区域自然环境和气候特征，如选用耐阴植物，灌、乔、草相结合，充分利用桥下空间，美化当地景观。京津城际高铁全线 87% 的轨道采用了高架形式，建设者在全线实施了桥下植被绿化、边坡绿色防护等措施，既有效防止了水土流失，又绿化、美化了沿线环境；同时，通过在高铁的桥下空间置入各种功能，丰富了景观。

2）绿化设计

桥下绿化设计，应距离栅栏网内侧不少于 0.5 ~ 1 m；当桥下净空高大于 6 m 时，宜选用小乔木和灌木搭配种植，乔木株距 8～10 m，两乔木间种植 2 株灌木。当桥下净空高小于 6 m 时，宜选用不同种灌木搭配，株距为 3～5 m；当桥下净高小于 3 m 时，采用植草进行绿化。具体绿化设计根据维修通道的设置情况而定，可以参考《铁路工程绿化设计和施工质量控制标准（南方地区）》，详见图 9-3 和图 9-4。

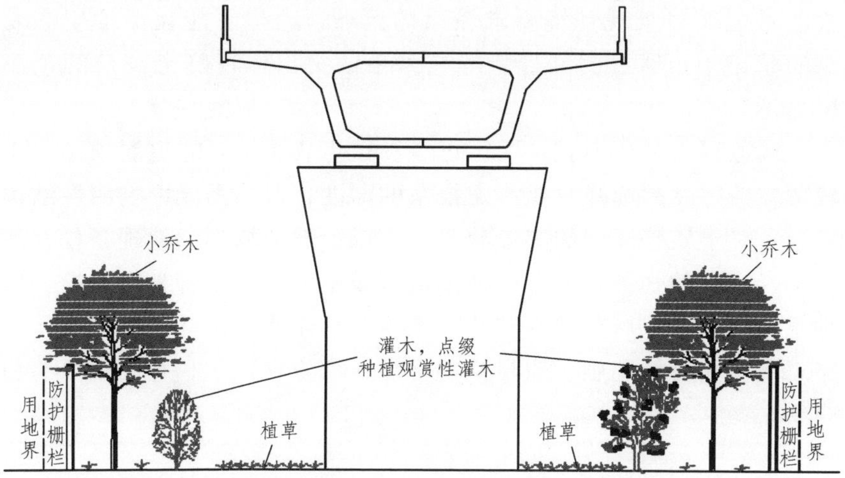

图 9-3　不设维修通道桥下重点绿化地段绿化断面示意图
（桥下净空高大于 6 m）

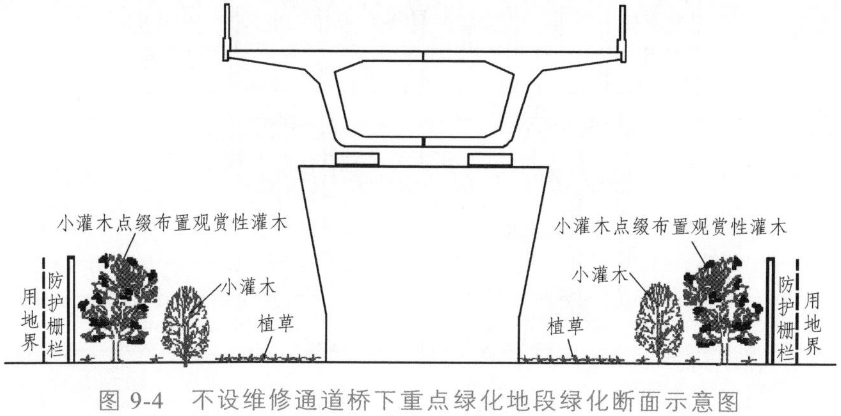

图 9-4　不设维修通道桥下重点绿化地段绿化断面示意图
（桥下净空高小于 6 m）

3. 隧道工程

隧道绿化主要集中在洞口，绿化设计范围应包括边仰坡及明洞顶部。

位于一般区域的隧道，其洞口绿化应以恢复生态为主；位于自然保护区、世界遗产地等特殊敏感区域的隧道洞口，应在恢复生态的基础上，尽可能维持原有生态环境；对位于风景名胜区、旅游景区等对景观环境要求较高的区域，应尽可能在保护生态安全的基础上，通过园林造景等艺术手法突出体现隧道洞口的色彩层次感。

隧道洞口绿化不宜采用生态袋和植生袋防护。隧道洞顶回填土较薄，植物品种选择时要考虑根系的深度，根系不能影响明洞结构安全。对于敏感区段的隧道洞口，可以根据区域自然地理条件，适当选择适宜的物种，如可以在隧道仰坡平台及堑顶种植穴（槽）内种植常绿灌木、球类灌木和花灌木等。具体绿化设计可以参考《铁路工程绿化设计和施工质量控制标准（南方地区）》，详见图 9-5 和图 9-6。

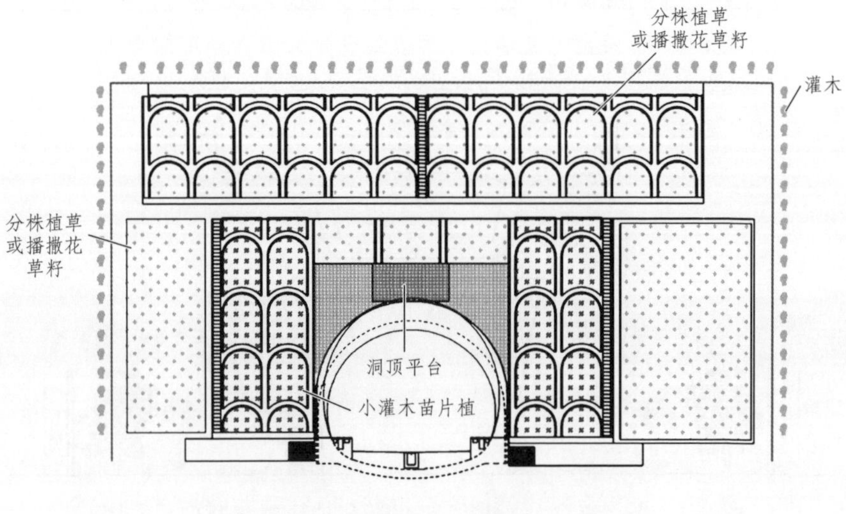

图 9-5　一般隧道洞门绿化示意图

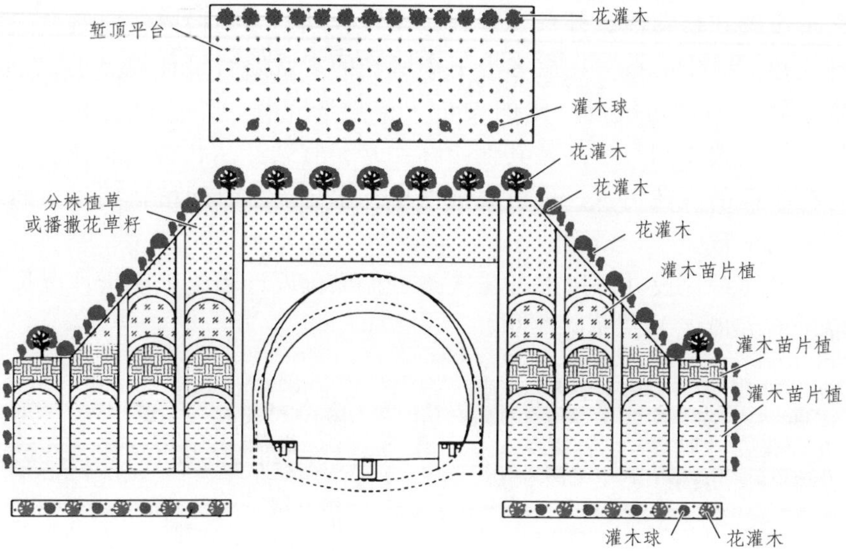

图 9-6　重点绿化地段洞门绿化示意图

4．站场工程

站区场段绿化设计范围应包括站区、场、段、所、工区等室外用地范围内可绿化地段。其中，重点绿化的区域应该包括新建高速铁路与城际铁路车站，其他铁路三等及以上的客运站站区范围的可绿化地段，新建段、动车所、大型货场、存车场、综合维修工区的铁路围墙内的可绿化地段，以及其他绿化要求较高的区段。

站区场段绿化宜一次建设，绿化范围应为上、下行进站信号机之间的铁路用地范围可绿化用地，绿化宜按站台区、办公区、生产区、生活区、广场区、两线间及路基边坡等区域进行设计。新建段、动车所、货场、存车场、综合维修工区的绿化宜按办公区、生活区、生产区、线间及边坡等区域进行设计。

站区场段的绿化物种以乔、灌、地被植物搭配为最优，两线间绿化应以姿态优美的小乔木或大灌木为骨架，站区场段内的道路绿化应充分考虑与周边环境、建筑相融合。

站台绿化不应影响行车安全，与路基绿化协调布置。基本站台区可设置花坛花池，外形、位置应设置合理，结构稳固，应避免出现锐角。绿化应布置在旅客上下车所经的观赏路线最佳视点上，布置景物与站台边线成一定的夹角。植物选配宜与站前广场绿化一致，适当选用园林小品及其他园林要素，宜选择丛状种植花感强、着色率高的观花树木，栽植观赏性小乔木与灌木，配植花期不同的灌木及地被。

具体绿化设计可以参考《铁路工程绿化设计和施工质量控制标准（南方地区）》，详见图 9-7。

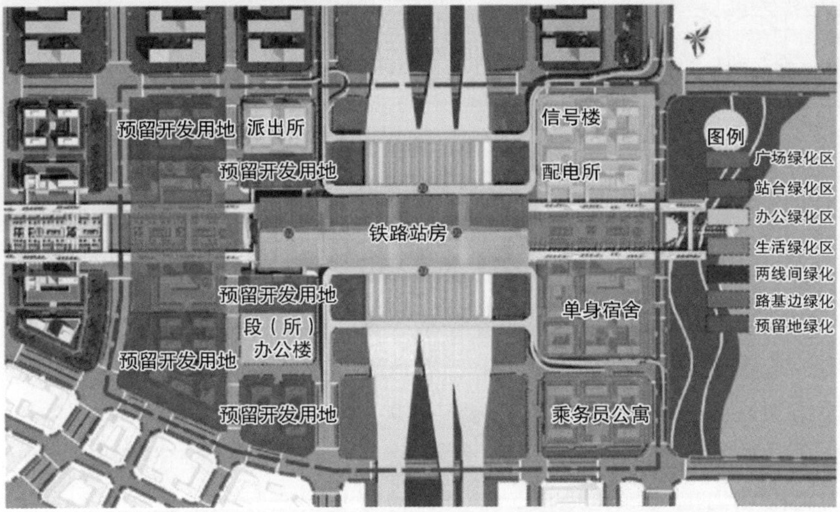

图 9-7　车站站区绿化分区

5．大临工程

大临工程使用结束后，必须进行迹地恢复，其中首选的恢复措施是对原有耕地复耕，可以一定程度上缓解人多地少的矛盾。其次，对不能复耕的取土场、弃土（渣）场，有绿化要求的制（存）梁场、铺轨基地、轨道板预制场、拌和站等要进行绿化设计，如图 9-8 和图 9-9 所示。

图 9-8　成渝高铁简阳段弃渣场复垦

图 9-9　汉十高铁十堰段曹家 1 号隧道进口弃渣场

临时用地的绿化应该在达到水土保持要求的前提下，与周边环境相协调，可以借鉴现有高铁的成功经验，选择宜林则林、宜草则草或草灌结合的方式绿化，绿化后的植被覆盖率不宜低于原土地地类植被覆盖率。种植密度应符合国家相关标准要求，有条件的地区可种植果树等经济类树种。

制（存）梁场、铺轨基地、轨道板预制场、拌和站等场地绿化分利用中与结束后两个阶段：在场地使用期间，土质边坡应采用撒播草籽进行绿化，在不影响生产的条件下，土质场坪空地宜撒播草种或栽植灌木；场地使用完成后，产权单位有绿化要求时，应结合水土保持进行绿化。

临时用地绿化前应平整场地，清除地表不适宜植物生长的硬化层、建筑垃圾等，必要时应摊铺种植土。施工应选择雨水较多的春季和梅雨季节进行，避免夏季和冬季施工，以利于植被恢复。

9.2 生态防护措施

建设绿色铁路、保护生态环境，是实施高铁项目生态防护的重要目标。现有高铁工程的施工和运行积累了大量实施生态防护的宝贵经验。比如，以高桥深隧方式穿越敏感目标、施工方式和施工布置的科学设计、取弃土（渣）场变废为宝、边坡和沿线绿化修复，以及针对珍稀鸟类等保护动物的特有措施，都是现今高铁建设者和设计者们借鉴和参考的重要依据。

9.2.1 保护措施

1. 植被恢复

恢复措施是指通过事后的努力而使生态系统的结构或功能得到修复。高铁建设不可避免要占用土地，改变土地的使用功能，事后也很少能恢复生态系统的结构，因此，高铁建设项目的生态环境恢复主要是恢复其生态环境功能，如施工临时用地的复垦、绿化等。恢复措施有以下几点要求：

（1）施工期的生态环境保护措施主要是工程措施和植物措施相结合。铁路项目的防护工程很多，既是工程安全稳定的需要，又是美化施工地景观的有效措施，如路基边坡防护工程、绿化工程、取弃土（渣）场防护工程等。植物措施主要有植物种植、复耕等。

（2）铁路穿越荒漠化地区时，生态环境保护措施应以工程措施为主、植物措施为辅。

（3）根据“适地适树”的原则，在高铁征地范围内栽植适宜的乔、灌、草植物，用于路基边坡防护和生态环境恢复。对建成车站通过乔、灌、草相结合的方式进行园林绿化。在桥梁段建成以后，对施工期破坏的植被进行恢复和补偿。桥梁下方内的绿化采取草、灌、乔木相结合的方式。施工结束后应及时拆除临时建筑，清理平整场地，复垦还耕或绿化，尽可能恢复到临时工程建设前的土地使用状态。

（4）绿化植物选择应根据立地条件、种植目的及经济适用性等确定，采用宜灌则灌、宜乔则乔、宜草则草的方式，以优良的乡土植物为主。绿化植物最好选择易成活、生长快、萌根性强、茎矮叶茂、覆盖度大和根系发达的多年生木本植物或草本植物，这些植物能够适应环境，抗逆性强，可抵抗公害、病虫害，且易养护；不宜使用未经生态环境影响评估的外来物种、油脂性植物、名贵树种和经济类植物。一般地区宜选择树形较好的速生落叶和常绿灌木、乔木，寒冷地区宜选择耐寒、耐阴湿的落叶和常绿灌木、乔木，干旱、半干旱地区宜选择耐旱、耐土地贫瘠的灌木，并考虑阴面、阳面植物长势差异，有条件的地区可种植落叶和常绿植物。

2．珍稀生物保护

对于沿线的珍稀保护植物，最佳方案是绕避。对于施工中发现的珍稀野生动植物，应该采取挂牌、移栽、救护等措施。如杭黄高铁在桐庐隧道施工时，建设者优化施工方案，改明挖为暗挖，成功保护了隧道上方 80 余株古桑树；同时，在沿线施工过程中共移植树龄 200 年以上的古树名木 10 余株、富阳区罗汉松 200 余株，有效保护了珍稀植物。

穿越秦岭山地的西成高铁是珍稀动物保护成功的典型案例之一。建设者在涉及大熊猫、金丝猴、朱鹮和羚牛等国家一级保护动物的路段，采用桥隧相连方式，以“特大桥、深挖隧”代替传统的铁路路基，最大限度地减轻了铁路建设对两侧动物交流的影响。

3. 临时工程

临时工程的施工组织是非常重要的，如京福客专特别要求取弃土（渣）场等临时工程的生态恢复与主体工程同步设计、同步施工、同步验收，临时工程不达标，主体工程不得开工建设，从而有效保护沿线生态环境。杭黄高铁遵循“少破坏、重保护、勤沟通、复原貌”的原则，在施工中严禁擅自征用林地、随意开挖采石取土等不合理行为，土石方作业产生的弃土集中处置，施工结束后及时恢复绿化或整理复耕，既避免了堵塞或改变河道、抬高水位而淹没农田，也减少了水土流失量，保护了景观环境。

临时工程的合理选址非常重要，如安庆至九江高速铁路安庆至新安庆西段，利用废弃采石场建设拌和站、梁场、钢筋加工厂，节约用地 0.07 km^2；实行集约原则，共享庐江板场，肥西、孔垄铺轨基地，减少用地 0.07 km^2，很好地保护了当地的耕地和林地资源。

4. 迹地恢复

高铁项目的永久占地，如路基、隧道、桥梁、站场等必须实施绿化措施，同时，施工便道、取弃土（渣）场、梁场、板场等临时占地结束后，必须进行迹地恢复，以减少水土流失和地质灾害，美化景观环境。

如绩溪北站杭黄线与合福高铁运营线的交界处，中铁十五局把原本只需种植草皮的北站弃土场，打造成有 4 万棵树木的葱郁林海；绩溪北站站内护坡也种植了 22 万株植物，将 8 000 m^2 的空地变成了一个自然天成的大花园。

商丘至合肥至杭州高速铁路誓节镇境内的“大气包弃渣场”，也是将临时工程变废为宝的成功典型。“大气包弃渣场”距离铁路 1 km 左右，占地面积 0.06 km^2，设计弃土 44.8 万立方米，最大填高度达 19 m，原址距离居民点较远，是一处植被稀疏的山凹荒地，且三面环山。铁路建设者因地制宜，精心设计，在大气包弃渣场种植灌木 126 540 株，撒草籽 63 270 m^2，种植经济作物茶树 1 333 m^2。

将以前的山凹荒地，改造成一大片郁郁葱葱的绿地，弃渣场变成了环保绿地，成为本地居民休闲娱乐的场所，实现了生态效益和社会效益的双赢。

鲁南高铁日照至曲阜段线路全长 237.6 km，工程弃土量达 1 000 余万立方米，初步设计需设置 29 个弃土（渣）场，占地 70 km^2。鲁南高铁公司对项目沿线进行反复踏勘、对比，变更弃土场 18 处。同时与当地政府积极协调，将 300 余万立方米弃土用于当地工程建设、乡路修整等，比原设计少占用土地 60%，真正做到了“因地制宜、少占土地”。建设单位还坚持“挡墙美观、排水流畅、植被覆盖、永久绿化”的原则，弃土场完成一个绿化一个，并由建设、施工、监理单位共同进行现场核查，确保形态上融于自然，地理上无风险源。

同时，变废为宝也同样体现在鲁南高铁的弃土处置中。临沂北站数十千米外的玉平村有一废弃的矿坑，长 300 余米，平均宽度 35 m，深达 7 m，给当地村民的出行带来诸多不便。经反复论证并经相关部门批准，施工单位把该矿坑选为弃土场，并进行了复耕设计，在弃渣表层填铺近 1 m 的“熟土”，将废弃的矿坑变成了可耕地，不仅减少了新增占地，还为当地提供了可耕种的良田，可谓一举多得。

9.2.2 典型案例

1. 西成高铁

1）路线概况

西成高铁是连接中国陕西省西安市和四川省成都市的高速铁路，是 2016 年修订的《中长期铁路网规划》中“八纵八横”高速铁路主通道之一，是中国首条穿越秦岭的高速铁路。项目于 2012 年 10 月 27 日正式开工，2017 年 12 月 6 日全线正式通车运行。项目全长 658 km，设 22 个车站，设计的最高速度为 250 km/h。

2）敏感目标及敏感问题

作为首条穿越秦岭山脉的高铁，西成高铁沿途经过陕西天华山国家级自然保护区、陕西观音山国家级自然保护区、汉中朱鹮国家级自然保护区、菜子坪大熊猫走廊带等多个生态敏感区。项目沿线分布着大熊猫、金丝猴、朱鹮、大鲵、大灵猫、黑斑侧褶蛙和羚牛等国家、地方保护动物，还分布有红豆杉、太白红杉、秦岭冷杉、银杏、连香树、大果青杆、鹅掌楸、香果树、杜仲、山白树、金钱槭、庙台槭、白辛树、银鹊树、延龄草、天麻、喜树、水杉、巴山榧等重点保护植物。项目区域敏感因素众多，生态环境敏感程度非常高。

3）保护措施

（1）选址选线

设计单位与环评工作者在现状调查和影响预测的基础上，综合考虑区域自然生态与环境空间特点，以及不同敏感点的生态环境保护要求，遵循“人-水-生态-环境-发展-社会”的可持续发展理念和原则，对路线走向、通过方式等进行了比选，采用了诸多生态环境保护方案。

在生物多样性丰富的秦岭段，项目路线选择了对秦岭生态环境影响最小的线路方案：避开秦岭山区集中、连片、整体性较强且等级较高的自然保护区、水源保护区等敏感区，以深埋隧道及高架桥梁形式分别穿越菜子坪大熊猫走廊带、天华山国家级自然保护区实验区，以特大桥形式跨越朱鹮国家级保护区湑水河段。

西成高铁线路在秦岭山区的桥隧比例高达93%，相较越岭线路，虽增加了投资但有效减少了对区域生态环境的破坏。例如，西成秦岭隧道群从秦岭北麓清凉山隧道开始，到秦岭南麓赵家岭隧道，110 km几乎绵延地下800～1 000 m，避免了对保护区群的切割，最大限度保持了大熊猫、羚牛、金丝猴等秦岭生物的“原生态”，大大减少了高铁建设对重点保护野生动植物生存环境的破坏以及对秦岭整体生态功能的影响。

（2）环保宣传

西成高铁沿线敏感目标众多，建设单位采用多种途径开展环保宣传，如在陕西洋县，建设单位与当地联合成立高铁宣传队，组成一个“挎着小背包、打着小彩旗、骑着电动车”的队伍，“入村有宣传车，入户有小喇叭”，以当地居民熟悉的乡音在陕西洋县沿线宣讲高铁安全——“爱铁路、保安全，列车过、不击打，铁路民警提醒您，严禁在高铁线路周边玩耍……”，让当地居民充分熟悉高铁安全常识和环境保护要求。这种利用碎片化收听、广播式宣传不断强化沿线群众的安全理念的方式，效果显著，具有很好的借鉴作用。

（3）安全施工与生态保护

不仅选址选线方面十分谨慎，西成高铁建设者们对涉及生态环保的各种设计细节都非常重视，在设计期、施工期、运行期均优先考虑绿色环保措施，力求留住当地绿水青山原貌，构建和谐自然环境。

高铁项目施工期常用的生态环境保护措施，如穿越饮用水水源保护区和地表河流路段采用的钢板桩围堰施工、废渣清运等。除此之外，西成高铁建设者还高度重视工程安全工作，在施工建设之前充分做好了隧道施工过程中的水文地质勘查及环境风险防范等工作，以确保施工中不出现严重事故。

在铁路运行期，除了常规的水土保持等措施之外，铁路沿线还利用可视化对讲、全球移动通信系统（GSM）等高科技，在每个重点区段都安装了天网监控，辖区每个岗亭都配备了对讲仪，并精准定位每名岗亭巡防辅警巡查的 GPS 轨迹，起到了全方位的监督、保护的作用。建设单位还在秦岭隧道群两侧和高架桥上安装数十台红外相机全天候监测周边野生动物的活动频率、数量等情况。通过分析项目建成至今的监测结果，可以判断沿线野生动物基本适应现有铁路环境，项目整体建设对秦岭的生物多样性影响不大。

西成高铁对朱鹮的保护措施是高铁鸟类保护的成功案例。由于线路无法绕避朱鹮保护区，而一旦朱鹮撞上高铁后，不但会造成朱鹮的死亡，也会对高铁安全带来极大隐患。为此，建设者精心设计了朱鹮保护措施，建设了世界上第一个为保护鸟类而设计的长达 16 km 的特制大规模防护网。这种鸟类保护网由细密的蓝色金属网构成，方便朱鹮识别，并且网孔大小也是经过充分论证，朱鹮即使误撞也能轻松挣脱而不至于被卡住。同时还有 25 台红外相机、28 台高清超宽动态网络摄像机，全天候持续监测。从铁路运行至今，还没有发生过一例朱鹮撞网的事件，充分证明了设计的有效性。

2. 贵南高铁

1）路线概况

贵阳至南宁铁路位于贵州省东南部和广西壮族自治区西北部，北起贵阳，向南经龙里、都匀、独山、荔波和广西壮族自治区的环江、金城江、都安、马山、武鸣等地，止于南宁市，正线长度 482.332 km，速度目标值为 350 km/h。项目 2017 年年底开工建设，预计在 2022 年年底通车运营。

2）敏感目标及敏感问题

贵南高铁工程沿线分布有自然保护区 9 处、世界自然遗产地 1 处、风景名胜区 7 处、森林公园 9 处、地质公园 1 处、国家湿地公园 4 处。线路在选线过程中，充分考虑了避让各类生态敏感区，但由于敏感区的分布范围、地质、工程技术、经济据点分布等原因，工程难以避让所有的生态敏感区。最终推荐线路穿越了龙架山国家森林公园、都匀清水江国家湿地公园、荔波黄江河湿地公园、荔波樟江国家级风景名胜区、荔波南方喀斯特世界自然遗产地、都安澄江河国家湿地公园 6 处生态敏感区。

贵南高铁沿线生态敏感程度非常高。以荔波世界自然遗产地为例，该敏感区内有典型的中国南方喀斯特地形地貌和原始森林植被，至今保存着世界上面积最大的喀斯特原始森林，是亚热带喀斯特地貌上生物多样性保存最为完好的一块宝地，是一个巨大的生物资源“基因库”。

3）保护措施

（1）选址、选线优化

贵南高铁项目路线长，部分路段经过区域地质条件特殊，敏感区分布众多，设计单位在充分考虑建设标准、施工难易程度、工程安全、环境保护要求等条件下，对穿越特殊路段的方案进行综合比选，如表 9-2 所示。

表 9-2　设计期的方案比选

方　案	区域生态敏感点	环保分析结果
贵阳枢纽动车所（绕避敏感点）	项目在贵阳设置动车运用所 1 处。项目区涉及红枫湖国家级风景名胜区及红枫湖集中式饮用水源保护区	方案：贵安动车所和贵阳北第二动车所方案。 方案比较：贵安动车所方案涉及红枫湖国家级风景名胜区及红枫湖集中式饮用水源保护区二级保护，不符合法律要求，且占用大片水田。 推荐结果：贵阳北第二动车所。 推荐方案较贵安动车所方案工程拆迁量和工程实施难度大，投资增加 0.9 亿元，但对生态环境影响相对较小
贵定南至都匀东段（绕避敏感点）	线路区域有既有铁路、公路、黔桂预留二线位置及斗篷山-剑江国家级风景名胜区螺蛳壳景区	方案：穿越风景名胜区方案和南侧绕避风景名胜区方案。 方案比较：穿越风景名胜区方案涉及斗篷山-剑江风景名胜区螺蛳壳景区，施工期地表出露段和施工便道对风景名胜区的景观及生态环境有一定的影响。 推荐结果：南侧绕避风景名胜区方案。 推荐方案较穿越风景名胜区方案增加了 1.38 km，工程难度较大，但对生态环境影响相对较小
基长至环江段（无法绕避部分敏感点）	该段线路跨越黔桂两省，敏感点主要分布有世界自然遗产保护区、茂兰国家级自然保护区、木伦国家级自然保护区、荔波樟江国家级风景名胜区、荔波水厂饮用水源保护区等	方案：东、西侧绕避世界遗产地缓冲区方案和穿越世界遗产地缓冲区方案。 方案比较：东侧绕避方案采空区规模大，线路难以绕避，严重影响线路施工及运营安全。西侧绕避方案线路所经区域为大、小七孔及世界自然遗产地核心区水源的补给区，线路主要以隧道梁形式穿越该段，隧道施工打漏暗河水风险极大，进而影响地下暗河系统，从而影响核心区大、小七孔水量，环境风险极大。 推荐结果：穿越世界遗产地缓冲区方案。 由于区域地质条件限制，路线无法绕避生态环境敏感目标，推荐方案穿越荔波樟江风景名胜区樟江带景区三级保护区和外围保护地带，穿越长度为 4 490 m；以桥梁、隧道等形式穿越了荔波世界自然遗产地缓冲区，穿越长度约为 15 843 m。建设单位需完成专题论证报告，尽量降低环境影响

续表

方　案	区域生态敏感点	环保分析结果
都安站附近线路（无法绕避部分敏感点）	该段线路位于都安县城附近，为河谷地区，敏感区主要分布有都安澄江河集中饮用水源保护区、澄江河国家湿地公园等	方案：绕避敏感区方案和穿越敏感区的方案。 方案比选：绕避敏感区方案有两种，Ⅰ线路有近 10 km 的澄江河东岸山脉东侧沟谷地带，此沟谷为永安至甘湾断裂带，断裂带附近岩层破碎，危岩落石极其发育，且岩层主要是石灰岩，岩溶水极其发育，地下暗河交错密布，使得工程难以实施。Ⅱ线路有 12 km 沿澄江河谷东侧山边，危岩落石极发育，隧道浅埋偏压严重，工程难以实施，铁路运营存在极大的安全隐患。穿越敏感区方案以桥梁形式跨过江河国家湿地公园的保育区、都安澄江河饮用水源保护区的二级保护区，穿越长度分别为 3 400 m、4 040 m。 推荐结果：穿越敏感区方案。 项目区域地质条件特殊，无法绕避敏感区，推荐方案穿越澄江河国家湿地公园和都安澄江河饮用水源保护区的二级保护区，建设单位需完成专题论证报告，尽量降低环境影响

注：摘自《新建铁路贵阳至南宁客运专线环境影响报告书》。

从环境保护的角度，绕避生态环境敏感保护目标是最优方案，故该项目在线路安全的基础上，贵阳枢纽动车所、贵定南至都匀东段选线时均选择了避开风景名胜区、饮用水源地等敏感点，达到了保护环境的目的。

但由于区域地质条件限制，部分路段无法绕避敏感区，如基长至环江段、都安站附近线路，均无法绕避世界遗产地或湿地公园、饮用水源保护区等敏感点。建设单位进行了线路局部方案和布设形式优化，最终选择工程条件可行、环境影响相对较小的方案。比如，荔波段设计中充分采纳了环保建议，将捞村车站选址外移出自然遗产地范围，较好地体现了环保选线的理念和要求。

（2）开展环保宣传

项目区域涉及龙架山森林公园、都匀清水江国家湿地公园、樟江国家级风景名胜区、都安澄江河国家湿地公园、荔波黄江河国家湿地公园、荔波世界自然遗产地，生态环境敏感点众多且敏感程度高，在高铁施工、运行过程中，对施工人员、过往旅客开展环保宣传是非常重要的。

在施工人员入驻工地之前进行法制培训，宣传《中华人民共和国野生动物保护法》等相关法律法规，严禁在施工区及其周围乱砍滥伐和捕猎野生动物，加大对乱捕滥杀野生动物和破坏生态环境行为的惩治力度。同时，加强野生珍稀保护植物、动物的科普宣传，提高施工人员的环境保护意识和识别处置能力。在施工营地周边建立临时宣传牌，实施环境监理，切实保障各项措施的落实。

同时，在高铁运行期间，切实加强对来往旅客的环保宣传，严格监测生物入侵品种携带进站并随客车运行散落撒播。

（3）安全施工与生态保护

铁路工程对植物、陆生动物、水生生物的保护均采用“预防为主、保护优先”的原则，具体根据区域特征、项目建设内容、项目建设区域、不同时期（如设计期、施工期、运行期），采取不同处置措施（如管理措施、工程技术措施）等。

贵南高铁以桥梁、隧道等形式穿越荔波世界自然遗产地缓冲区，保护区内禁止设置施工人员生活营地、搅拌站、预制件加工工地、取弃土（渣）场、采石料场等临时工程，施工便道尽可能利用永久性占地范围和现有道路，减少生态破坏。

施工期和运行期必须加强监督管理，建设过程中严格控制施工面积，及时清运施工废物，尽量保护周围植被，强化生态、文明施工。施工期避开鱼类等动物的繁殖季节，即避免在3—5月份进行涉水桥墩施工。

对于设于敏感区的涉水桥梁，水中墩采用钢板桩围堰施工，减少对水体的扰动；钻孔泥浆抽升至敏感区外沉淀处理，出渣干化后运至弃渣场；施工中及时清理河岸两侧的表土及桥梁挖基弃渣，及时运至弃渣场并采取挡渣墙、截排水沟等工程措施及植物措施防护，防止水土流失。桥梁施工结束后，及时拆除围堰，清除水中的杂物，保证水流畅通。桥梁施工时，应及时清理桥梁弃渣，并运至弃渣场，设置拦渣措施防护，避免弃渣进入水体。桥梁施工废水处理后回用，不得排入水源保护区内。水源保护区附近的施工营地生活污水采用旱厕或化粪池收集后用于当地农灌，不得排入水源保护区。

对位于敏感区的隧道，采用“早进晚出”的施工方式，对施工工艺和施工组织进行合理优化，植被恢复时应尽量采用当地原生物种，并充分考虑环保措施多方面的优化。

贵南高铁项目位于广西、贵州境内，而该区域是碳酸盐分布广泛的地区，地质条件复杂。相关调查资料表明，我国碳酸盐类岩石面积约 130 万平方千米，大约占全国总面积的 1/7，尤以广西、贵州和云南东部地区分布最广，碳酸盐岩石的分布面积占这些地区总面积的 50% 以上。由于层厚质纯的石灰岩分布广泛，经构造运动抬升到较高的位置，并发生许多断层、裂隙和节理，在低纬湿热气候条件下，雨水、地表水和地下水沿着灰岩裂隙不断地进行溶蚀，形成山奇水秀的喀斯特地貌。秀丽如画的峰林，深邃曲折的溶洞，时隐时现的暗河和天生桥随处可见。中国喀斯特地貌分布之广，类型之多，为世界其他国家所不及，堪称喀斯特地貌完美典型的自然博物馆。贵南高铁项目沿线旅游景点众多，荔波世界自然遗产地也分布于该区域。但特殊的地质条件，也为线路施工带来很多困难，引发风险事故的可能性很大。

2018 年 6 月 10 日，贵南高铁施工过程中，在贵州省荔波县朝阳镇，朝阳隧道辅助坑道出口平导距洞口 1 893 m 处掌子面（K170 + 674）突发瞬时巨量涌水突泥，现场隧道口大量涌水似洪水涌出，部分乡镇农田被淹，造成 2 名施工人员当场死亡，1 名施工人员经抢救无效后死亡。

这次事故为复杂区域的高铁建设敲响了警钟，选址选线以及施工过程中，必须充分考虑区域地形地貌特征和植被保护要求，减少安全事故和生态破坏。

9.3 借鉴与思考

1. 景观生态学

由于高铁建设区域的物种并非局限于单一的生境中，而是经常在不同生境之间迁移，或生活在两个生境的交界处。对这些物种来说，区域尺度上生境类型的组成和相互影响方式是十分重要的。不同的景观类型可能对小气候（如风、温度、湿度、光线等）、瘟疫的发生，以及动物活动的形式等有完全不同的影响。因此，物种的保护必然要同时考虑它所生存的生态系统及景观的多样性和完整性。近年来，景观生态学原理和方法在自然保护的研究和实践中被广泛应用，对自然保护从“物种范式”向“景观范式”的转变起到了积极的推动作用。诸如岛屿生物地理学理论、复合种群理论已成为保护区建设和管理中重要的基础理论，而缀块、边缘、廊道和镶嵌体四个方面的原理更是广泛用于自然保护区的规划。

景观生态学等相关研究成果可以作为高铁建设中生态环境保护的借鉴，为高铁生态环境保护的实践提供新的理论基础。

2. 塔里木沙漠公路的思考

我国交通事业发展较快，其中涌现了许多环保与技术结合成功的案例，对今后的高铁发展具有很好的借鉴作用，比如穿越“死亡之海”的塔里木沙漠公路在公路建设施工、运行中采取的生态环境保护措施非常有针对性且有实效，对建设绿色铁路有着很好的借鉴作用。

位于我国塔里木盆地中的塔里木沙漠公路是目前世界上在流动沙漠中修建的最长的公路，1999 年 9 月 29 日获得了上海大世界吉尼斯总部颁发的“最长的贯穿流动性沙漠的等级公路”吉尼斯世界纪录证书。

2003 年，沙漠公路绿化工程开始开工建设，2005 年完成了全长 436 km、宽度 72 ~ 78 m 的绿化带建设。公路沿线利用沙漠地下水，栽种红柳、沙枣等耐旱沙生植物，并在公路两侧营造六条绿色林带。这项绿化工程的建成，不仅使沙漠公路的防沙体系更加完善，也带来了可观的生态效益。据称，在建成的公路绿化示范区里，已经有沙狐、赤狐以及十几种鸟类的踪迹。沿途延绵不尽的胡杨林带、红柳灌丛、芦苇、棘草群落中，间或也能看到鹅喉羚、马鹿、狐兔、鸟雀等闪现其中。总面积达 3 128 hm^2 的沙漠公路生态防护林带，如同一条绿龙横亘在沙漠中央，用生命的绿色阻挡流沙的侵蚀，成为“死亡之海”中的希望之光、绿色通道，彰显出我国在沙漠治理工程上取得的巨大成就。

沙漠公路生态防护林体系建设以后，新的科学问题又摆在科研人员的面前：一是人工生态环境的持续性，二是防护林的区域环境效应。沙漠公路生态防护林绝大部分为沙拐枣、怪柳、梭梭三种植物，还有少量胡杨，其生物多样性十分简单，单一物种的病虫害就可能造成 1/3 的苗木遭受损失，因此，公路科研人员在塔中基地建成面积 0.2 km^2 的植物园，先后引种了 200 多种沙生植物，存活下来的占 60% 左右。一旦发现新的适应物种，就将其应用到生态防护林中，以提高防护林的生物多样性。

沙漠公路的研究涵盖了许多领域，需要多学科的交叉研究。高速铁路的生态环境保护可以借鉴沙漠公路极有价值的科学研究成果，综合多学科的研究理论，开展绿色铁路建设研究与实践。

3. 珍稀物种的迁地保护

对许多珍稀濒危物种及许多有价值的物种来说，假如它们赖以生存的自然生境遭到极大的干扰和破坏，残余种群已经小到不能维持长期生存的状况，随时有濒危灭绝的危险，且无法进行就地保护，那么便只有一种阻止物种灭绝的方法，就是在人类管理下的人工环境中维持个体的生存，即迁地保护。迁地保护策略可以对珍稀濒危物种及其繁殖体进行长期保存、分析、试验和增殖，是依赖人类养殖或种植而生存的物种的保护方式。

迁地保护的作用主要有：① 保存、增殖珍稀濒危物种，使其免遭灭绝；② 为重新引种提供种质来源，同时也为驯化种的未来繁殖提供一个主要的遗传材料库；③ 为基础生物学研究、生物资源开发与利用研究、就地保护提供试验素材与信息库；④ 为教育公众保护物种提供场所。

迁地保护措施，主要包括植物园、动物园、离体保护的方式。高铁项目路线长，涉及面广，如在建设中发现类似的濒危物种，应该与当地有关部门一起，研究迁地保护的相关措施。

4. 生境走廊

铁路永久性路基、站场等工程的修筑，以及施工便道、施工营地、板场、梁场等临时工程的修建，会造成区域破碎化影响。这些片段常常将一个大的种群分割成两个或者更多的小种群，相比于大种群，小种群遭受灭绝的危险更大。同时也有可能为危害当地种的外来种入侵提供入口，并增加边界影响。另外，片段造成的传播障碍可能会减少物种定居于新生境的机会，并会减小基因流动。

建设生境走廊对植物和动物在区域之间的散布、繁殖体的传播、物种寻找合适的定居点提供了方便，增强了基因流动的概率。同时，生境走廊也有利于随季节变化而迁移的动物在多个生境中迁移以寻找充足的食物。例如，在季节性干旱的稀疏草原中，动物常常沿着顺河流分布的树林迁移，而温带地区的许多鸟类和动物在一年中最热月份有规律地迁移到高海拔地区。利用这一原理，拉丁美洲的哥斯达黎加政府建立了一条面积 7 700 hm^2、宽数千米的通道，为两个大型自然保护区至少 35 种鸟类提供了一条有海拔高度差异的迁徙通道。

生境走廊也有不利的一面，它可能成为瘟疫和病虫传播的通道，其结果可能造成某些珍稀濒危物种的灭绝。另外，沿通道迁移的动物更易遭到捕杀和猎食。但从总的生物保护角度来看，建立生境走廊是值得提倡的，在今后的生态环境保护措施中，可以尝试开展相关方面的深入研究。

PART

10　高铁项目生态环境保护实例分析

10

本章内容中工程及现状调查的基础资料主要依据中铁第一勘察设计院集团有限公司编制的《新建铁路西安至十堰线环境影响报告书》公示本。

10.1 工程概况

10.1.1 项目规模

根据《新建铁路西安至十堰线环境影响报告书》相关资料，新建铁路西安至十堰线是国家“十三五”期间重点铁路建设项目，是国家高铁网中西安、武汉两大客运枢纽旅客交流的主通道。项目位于陕西省东南部和湖北省西北部，经渭河盆地及秦岭山地，连接关中平原与江汉平原。

项目为高速铁路，设计速度目标值 350 km/h，双线，正线长 255.749 km，其中陕西省境内 169.393 km，湖北省境内 86.356 km。线路西起陕西省西安市，向东南引线穿越秦岭山脉，经商洛与武汉至十堰铁路相连。

项目桥梁全长约 40.907 km，占全线 15.99%，新建隧道长度 201.607 km，41 座，占正线长度的 78.83%，其余为路基。全线共设置车站 7 处，永久占地面积 836.49 hm^2，临时用地 598.88 hm^2。经预测，全线土石方工程总量约 6 125.34 万立方米，填方 1 065.43 万立方米，挖方 5 059.91 万立方米。设计全线新建房屋总建筑面积 327 604 m^2，其中生产房屋 281 404 m^2（含旅客站房 111 000 m^2）、生活房屋 46 200 m^2。预计施工总工期 4.5 年（54 个月），拟于 2020 年年底开工建设，2025 年 6 月建成通车。

10.1.2 项目区域土地利用及占地情况

项目评价区土地类型主要为旱地、有林地、灌木林地、疏林地、水浇地、草地。其中，工程永久性征用土地 836.49 hm^2，主要征用土地类型为耕地、住宅用地、林地、工矿仓储用地、草地、既有铁路用地、交通运输用地、城镇村及工矿用地等；工程临时占地 598.88 hm^2，占地类型为林地、耕地，如表 10-1 所示。

表 10-1 新建西安至十堰工程占地情况

序号	用地类型	永久用地 /hm^2	比例 /%	临时用地 /hm^2	比例 /%	合计 /hm^2	比例 /%
1	耕地	321.89	38.48	83.69	13.97	405.58	28.26
2	林地	176.14	21.06	515.19	86.03	691.33	48.16
3	住宅用地	195.91	23.42			195.91	13.65
4	工矿仓储用地	52.37	6.26			52.37	3.65
5	草地	20.83	2.49			20.83	1.45
6	既有铁路范围内征地	20.18	2.41			20.18	1.41
7	城镇村及工矿用地	13.77	1.65			13.77	0.96
8	交通运输用地	16.23	1.94			16.23	1.13
9	园地	8.73	1.04			8.73	0.61
10	水域及水利设施用地	7.39	0.88			7.39	0.51
11	其他用地	2.44	0.29			2.44	0.17
12	商服用地	0.38	0.05			0.38	0.03
13	公共管理与公共服务用地	0.23	0.03			0.23	0.02
合计		836.49	100.00	598.88	100.00	1 435.37	100.00

10.1.3 项目施工组织

工程施工工序如下：

准备期：包括征地拆迁和施工准备，其中有征地拆迁安置、施工单位进驻等，以及“三通一平”工程、施工营地、施工场地的开辟和施工便道修建等。

永久性工程施工：主体工程施工有路基、场站填筑、开挖，隧道工程、桥梁工程的施工，同时包括弃渣场弃土等工程行为。

环保工程施工：包括施工后期的铁路沿线绿化、站场绿化、边坡防护、弃渣（土）场防护与恢复等。

1. 路基工程

重点路基工程有：土石方工程、边坡防护工程、湿陷性黄土及软土地基加固、支挡工程。其中，边坡防护宜采用工程与植物相结合的综合防护措施。具体防护措施需要依据区域地质条件、开挖形式、边坡高度、边坡稳定程度等情况实施，旅游景点附近、生态环境敏感地段可采用三维生态护坡。

2. 桥梁工程

项目桥梁全长约 40.907 km，占全线 15.99%，其中桥梁位置选取、涉水桥墩数量的设置等是重点关注对象。桥梁施工需要结合周期根据总工期的要求按 15 ~ 26 个月安排。临时工程、钻孔桩施工、填土筑岛、围堰、承台、悬浇梁施工以及全桥合拢等，均需根据区域地形、地质及河流水文情况、地下水位等情况验证合适的施工顺序与施工方法。

3. 隧道工程

新建隧道长度 201.607 km，41 座，占正线长度的 78.83%，隧道工程对地表扰动相对较小，但施工复杂，弃土量大。传统的铁路隧道施工中，对于长度小于 1 000 m 的隧道一般采用单口掘进，长度大于 1 000 m 的隧道一般采用双口掘进，而长隧道采用进、出口及辅助坑道施工。隧道施工工法主要有双侧壁导坑法、交叉中隔壁（CRD）法、三台阶七步开挖法等。

4. 临时工程

项目临时工程包括铺轨基地、制存梁场、钢梁拼装场、轨枕预制场、材料场、取弃土场、弃渣加工点（用于弃渣综合利用，布设在弃渣场用地范围内，不新增占地）、混凝土拌和站、施工便道等。

10.1.4 项目土石方及取弃土

根据项目设计资料，新建西安至十堰高铁项目全线挖方 5 059.91 万立方米、填方 1 065.43 万立方米、借方 95.24 万立方米、弃方 4 089.72 万立方米，其中调配利用挖方 531.05 万立方米。

根据土石方及调配利用情况，全线共设置取土场 1 处，占地面积 3.04 hm^2，占地类型主要为林地，以站场工程填方为主。主体工程设置弃土（渣）场 97 处，占地面积 487.00 hm^2，弃土量 3 805.18 万立方米，弃土高度 20 ~ 70 m。占地类型为林地、耕地，植被覆盖率 20% 左右，弃土（渣）场类型主要为沟道型。

10.2 项目区域生态环境现状

10.2.1 区域生态功能区划及主要生态环境问题

根据《陕西省生态功能区划》《湖北省生态功能区划》以及《新建铁路西安至十堰线环境影响报告书》相关资料，线路在陕西省境内工程穿过秦巴山地落叶阔叶、常绿阔叶混交林生态区，湖北省境内工程穿过秦巴山地北亚热带常绿-落叶阔叶林生态区。工程沿线生态功能区划及主要生态环境问题如表 10-2 所示。

表 10-2 工程沿线生态功能区划及主要生态环境问题

生态功能分区			所在区域	主要生态服务功能	目前主要的生态环境问题	保护与发展重点
生态区	生态亚区	生态功能区				
三、渭河谷地农业生态区	（七）关中平原城乡一体化生态亚区	20. 关中平原城镇及农业区	渭南市中南部、西安市、咸阳市、宝鸡市中部各县	农业生产、城市生态功能	人工生态系统，对周边依赖强烈，水环境敏感。合理利用水资源，保证生态用水，城市加强污水处理和回用，实施大地园林化工程，提高绿色覆盖率。保护耕地，发展现代农业和城郊型农业	合理利用水资源，保证生态用水，城市加强污水处理和回用，实施大地园林化工程，提高绿色覆盖率。保护耕地，发展现代农业和城郊型农业。加强河道整治与污染治理，提高防洪标准。建立湿地保护区
	（六）渭河两侧黄土台塬农业区生态亚区	17. 渭河两侧黄土台塬农业区	韩城市大部、黄龙县南部、澄城县、白水县全部、合阳县中西部、蒲城县北部、富平县、三原县、礼泉县、乾县、永寿县、扶风县、岐山县、凤翔县、宝鸡、眉县、周至、鄠邑区、长安区、蓝田、临潼等	农业生产功能，生态旅游	资源短缺，塬边滑坡、崩塌和泥流问题突出	农业区，发展以节水灌溉为中心的农业和果业，建设绿色粮油和果品生产基地，发展生态旅游与观光农业。加强绿化和塬边沟谷的治理，保水固土，控制以重力侵蚀为主的土壤侵蚀，渭河南岸台塬与洪积扇区大力发展经济干杂果

续表

生态功能分区			所在区域	主要生态服务功能	目前主要的生态环境问题	保护与发展重点
生态区	生态亚区	生态功能区				
四、秦巴山地落叶与常绿阔叶林生态区	（八）秦岭山地水源涵养与生物多样性保育生态亚区	23. 秦岭北坡东段土壤侵蚀控制区	潼关县、华县和华阴市南部、蓝田县南部	土壤保持，自然文化景观功能	矿产资源开发引发土壤侵蚀、水（泥）石流灾害、景观破坏	保护植被，严格控制矿产开发对景观的破坏，矿区实施生态恢复和重建，保护华山及周边的自然景观
		27. 秦岭南坡东段水源涵养区	柞水县大部、镇安县北部、山阳县北部、商州区西部、华县局部、洛南北部	水源涵养功能，生物多样性保护	森林过度砍伐，陡坡耕作，水土流失较强烈	河流源头，实施天然林保护，退耕还林，加强森林抚育管理
		28. 商洛中低山水源涵养与土壤保持区	商洛市大部分地区	丹江上游、南洛河上中游 水源涵养功能极重要	自然植被破坏严重，土地垦殖率高，水土流失严重，滑坡和泥石流灾害较多	坡地退耕还林，发展经济林木，提高植被覆盖率，涵养水源，控制水土流失，保护河谷区基本农田，提高农业生产能力
		29. 镇柞灰岩中山水土流失敏感区	宁陕县南部、镇安县大部、柞水县西南角、山阳县南部、商南县西南角	土壤保持	森林破坏、陡坡开垦、水土流失问题突出	退耕还林还草，营造水土保持林，适度发展旅游
Ⅰ秦巴山地北亚热带常绿-落叶阔叶林生态区	Ⅰ1鄂西北山地常绿、落叶阔叶混交林生态亚区	Ⅰ1-1丹江口库区水源涵养与水质保护生态功能区	十堰市区、丹江口市、郧西县和郧阳区	水源涵养、水质保护	水资源时空分布不均，陡坡地开垦，导致水土流失十分严重	加大退耕还林力度，增强区域水源涵养功能，减少水土流失面积；加强污染治理，减少污水排放量，保证丹江口水库水质满足南水北调基本条件；加大农业基础设施建设，降低自然灾害的损失，提高农业综合效益

区域现状调查资料表明，线路沿线经过区域属亚热带和暖温带两个植被带过渡地区，主要分布有针叶林、阔叶林、灌丛、草原及栽培植被五大类，由于项目开挖、占地而损失的植被类型主要为栽培植被及阔叶林。另外，工程大部分线路位于秦岭山区，沿线可能出现的国家Ⅰ级重点保护野生动物有林麝，国家Ⅱ级重点保护野生动物有黑鸢、赤腹鹰、白尾鹞、红隼、青鼬、水獭等。

线路经过渭河谷地农业生态区、秦巴山地落叶与常绿阔叶林生态区、秦巴山地北亚热带常绿-落叶阔叶林生态区，主要生态服务功能有农业生产、城市生态功能、生态旅游、土壤保持、自然文化景观功能、水源涵养、生物多样性维持等。该区跨越陕西、湖北两省，经过中低山丘陵、河谷盆地，地理条件复杂。同时，项目区域涉及渭河南岸众多支流的发源地，是关中地区的社会经济发展的生命线，并且项目在湖北省内区域涉及南水北调中线工程水源地丹江口水库的重要集水区，该区域也是长江中游水源涵养区，生态地位明显。

从区域生态功能区划可知，项目区域主要的生态环境问题有资源短缺、自然植被破坏、森林过度砍伐、水资源时空分布不均，以及由于植被破坏、陡坡耕作导致的水土流失，地形地质条件等引起的塬边滑坡、崩塌和泥流灾害问题等。区域内最为突出的是水土流失，特别是湖北省内涉及的十堰市区、丹江口市、郧西县和郧阳区等地水土流失十分严重。

10.2.2 主要生态环境敏感保护目标

根据《新建铁路西安至十堰线环境影响报告书》，新建西安至十堰高铁经过区域涉及自然保护区、风景名胜区、湿地、森林公园、地质公园、文物古迹、水源保护地等 40 余处环境敏感目标，其中包括天竺山自然保护区、丹江口库区湿地自然保护区等 6 处，蓝田玉山风景名胜区、月亮洞风景名胜区 2 处，王顺山国家森林公园、洪庆山国家森林公园等 8 处，中国秦岭终南山世界地质公园、陕西商南金丝峡国家地质公园等 4 处，丹江源国家湿地公园、黄龙滩国家湿地公园等 4 处，辋川河特有鱼类国家级水产种质资源保护区、丹江源国家级水产种质资源保护区等 3 处，集中式饮用水源保护区 16 处。

推荐线路方案将穿越 2 处自然保护区、4 处饮用水源保护区、2 处地质公园、2 处水产种质资源保护区、1 处文物保护单位。根据设计文件和国家相关环境保护要求，项目在天竺山自然保护区、丹江口库区湿地自然保护区、丹江源国家级水产种质资源保护区、辋川河特有鱼类国家级水产种质资源保护区等路段，以及各水源保护地，均以桥梁和隧道形式通过。

1. 陕西辋川河特有鱼类国家级水产种质资源保护区

陕西辋川河特有鱼类国家级水产种质资源保护区地处陕西省西安市蓝田县境内灞河流域的辋川河及其上游河段，并且包括辋川河主河道和东采峪、西采峪等支流。保护区主要保护对象是鲇鱼，其他保护对象包括多鳞铲颌鱼、唇䱻、鲤、鲫、黄颡鱼、盎堂拟鲿、山溪鲵、大鲵、中国林蛙等。

根据相关资料及现状调查显示，该保护区多数鱼类均可分布于干流及其支流水体，支流河段的保护对象以幼鱼为主，为典型的山涧溪流鱼类群落结构。保护对象成鱼、拟鲿，以及唇䱻、多鳞铲颌鱼、鲇、鲤等大型经济鱼类主要分布在干流河段。工程涉及河段在海拔 600 ~ 1 000 m，该处人口分布较为密集，秦巴巴鲵在工程涉及范围内分布可能性较小，唇䱻、多鳞铲颌鱼以及鲇等在保护区河段及工程涉及河段均有分布。

调查发现，该河段鱼类主要产卵场位于保护区核心区河段，在工程影响河段韩家堡和两河桥处具有一定规模的产卵。主要索饵场位于核心区辋川镇河段和东采峪、西采峪上游河段，距离工程位点均较远；辋川河上游各支流河段为多鳞铲颌鱼越冬场，而其他鱼类的越冬场则位于褚家河与辋川河交汇口以下河段及李家河库区。

推荐方案在里程 DK40 + 450 ~ DK52 + 915 段以桥隧形式穿越

陕西辋川河特有鱼类国家级水产种质资源保护区的陈家沟河核心区、诸家河核心区、黄沙沟河核心区共3处，辋川河干流实验区1处，穿越保护区长度约63.0 m，涉及保护区桥墩数量1个，桥墩面积112 m^2,保护区隧道长度约23 m,隧道埋深分别为25 m和425 m。主体工程主要为2座桥梁和2座隧道，无路基和站场工程。制（存）梁场、混凝土搅拌站等临时工程均不在保护区范围内设置。

2. 丹江源国家级水产种质资源保护区

丹江源国家级水产种质资源保护区位于秦岭南坡，地处商洛市商州区丹江流域的凤凰山顶（丹江源头）至二龙山水库大坝的江段内，保护区总面积 608 hm^2，总长 121.8 km。主要保护对象为鲇、黄颡鱼，其他保护对象包括山溪鲵、大鲵、水獭、中国林蛙等。

根据有关部门资料和居民访谈，在保护区及其邻近上下游河段分布有多种保护性水生野生动物，其中有国家Ⅱ级保护野生动物大鲵、水獭2种，陕西省省级保护水生野生动物秦巴北鲵1种，以及多种水产种质资源保护区保护鱼类和国家公布的重点保护经济水生动物物种。

铁路沿线区域人口分布较为密集，涉及范围内适宜大鲵、秦岭北鲵栖息的环境较少，在实际调查中未发现这些物种；中国林蛙在调查河段有分布。另外，鱼类产卵场、索饵场、越冬场主要分布在近邻工程河段，一般距离工程较远。

推荐方案以西岭长隧道形式经底部穿越丹江源国家级水产种质资源保护区杨峪沟实验区边缘，隧道长度30 m，埋深160 m，与保护区的关系为单次底部穿越，保护区内无涉水工程。

3. 陕西天竺山省级自然保护区

陕西天竺山省级自然保护区位于陕西省商洛市山阳县，属于野生动物类型的自然保护区，其中林麝等珍稀野生动物及其栖息地保护是天竺山自然保护区的首要保护对象，华山松森林生态系统和岩溶地质景观是天竺山自然保护区的重要保护对象。

保护区共有资源植物 884 种，其中国家珍稀濒危和重点保护野生植物 19 种，包括一级 2 种、二级 8 种。另外，保护区有国家重点保护动物 31 种，其中国家一级重点野生保护动物 4 种，二级重点野生保护动物 27 种，国家保护的有益的或有科研、经济价值的野生动物名录收录的物种 123 种，同时还有陕西省重点野生保护动物 13 种。工程涉及保护区路段位于农林交错区，主要分布有天然次生林、天然灌丛和农田、村庄，植被覆盖度相对较高。

推荐方案以桥梁和隧道形式穿越陕西天竺山省级自然保护区实验区 4.23 km，保护区内的建设内容主要包括天竺山一号隧道、铜塔沟大桥和天竺山二号隧道，建设项目在保护区内占地 2.24 hm^2，其中永久占地约 0.95 hm^2，临时占地约 1.29 hm^2。

4. 湖北丹江口库区省级湿地自然保护区

湖北丹江口库区省级湿地自然保护区属于“自然生态系统类”中的“内陆湿地和水域生态系统类型”的湿地自然保护区，位于湖北省西北部，汉水上游，范围自丹江口市均县镇沿汉江上溯至郧西县观音镇天河口，两岸以丹江水库二期工程淹没区迎水面山脊为界，主要为水陆过渡地带的生物分布圈，总面积为 38 630.54 hm^2。主要保护对象是湿地生物多样性及其环境，其目的是维持湿地的多功能和多效益，拯救濒危物种，保护和恢复生物多样性。具体保护对象有：典型完整的河道型塘库湿地生态系统；南水北调中线工程的水源地及其水源涵养林；以东方白鹳、白鹤、大天鹅、小杓鹬、鸳鸯等鸟类为代表的珍稀野生保护动物及其栖息地；以细尾蛇鮈、长吻鮠、多鳞铲颌鱼等为代表的丰富的鱼类资源。

保护区有国家重点保护野生动物 60 种，其中国家一级保护动物 7 种，国家二级保护动物 53 种，区内存在诸多河漫滩地可供东方白鹳、白鹤、大天鹅、小杓鹬、鸳鸯等珍稀水禽栖息。保护区内鱼类资源丰富，共有鱼类 68 种，分别隶属于 4 目 12 科，常见种类 30 种，湖北省保护种类 3 种，并且分布有成规模的鱼类产卵场、索饵场和越冬场。

保护区内大部分为水域，主要植被类型为针叶林、灌丛和灌草丛，水平分布特征不明显，植物物种丰富度较低。保护区范围内未发现国家级重点保护野生动物分布，但有湖北省重点保护动物 27 种，包括中华蟾蜍、黑斑侧褶蛙、黑眉锦蛇、乌梢蛇、白鹭、四声杜鹃、黄腹鼬等两栖类、爬行类、鸟类、兽类动物等。

推荐方案：在郧阳区汉江干流以汉江特大桥的方式穿越湖北丹江口库区省级湿地自然保护区的实验区，穿越长度约 400 m，未在实验区设置桥墩，两侧桥塔距离保护区最近为 20 m，运营期大桥在汉江的投影面积为 6 560 m^2。另外，项目在青曲镇滴水岩处距离保护区实验区约 116 m，在郧阳区吴家沟村距离保护区实验区约 216 m。

5．秦岭终南山世界地质公园

秦岭终南山世界地质公园是中国西北地区首个世界地质公园，位于中国陕西省西安市南部。公园由八个各具特色互相联系的景区构成，包括翠华山景区、南五台景区、黑河景区、太平景区、朱雀景区、王顺山景区、蓝田猿人遗址和骊山景区。

推荐方案以隧道和桥梁形式穿越秦岭终南山世界地质公园生态保育区，推荐方案与地质遗迹点相距较远，其中最近的地质遗迹点直线距离大于 7 km，距离三级保护区最近距离大于 1 km。项目以桥梁、隧道形式穿越其生态保育区，主要工程内容有：岱峪河大桥、小寨隧道、龙凤坡大桥、桑园隧道、辋峪河大桥、秦岭马白山隧道等。

6．天河省级地质公园

天河省级地质公园位于湖北省西北部的郧西县境内，地处秦岭—大别造山带东端，地质遗迹资源丰富，包括地质剖面、地质构造、古生物、地貌景观、水体景观等多种类型，主要由天河景区和五龙河景区两大园区组成，景区面积 93.13 km^2，景观分为地质遗迹景观、自然生态景观、人文史迹景观 3 个大类。

天河地质公园位于我国亚热带向北亚热带的过渡地区，园内植物种类丰富，植被类型多样，五龙河景区所在的安家乡，是华中地区原始次生林保存较完整的地区，区内植被多样，生态系统结构独特，野生动植物物种丰富；有国家珍稀濒危野生植物 41 种，国家一级重点保护动物金钱豹、林麝、金雕、川金丝猴四种，国家二级重点保护动物猕猴、穿山甲、娃娃鱼等 45 种；此外，还有 400 多种名贵中药材，如“松香黄”大理石、红豆杉、神雾茶叶、黄姜等。

推荐方案由北西往南东向，以桥梁、隧道形式穿越地质公园生态保育区，穿越总长度 4.01 km。地质公园内工程占地 4.09 hm^2，其中永久占地 3.18 hm^2，临时占地 0.91 hm^2。

10.3 生态环境影响预测

项目对生态环境的影响主要集中在对生态系统、生态环境敏感保护目标、敏感生态环境问题等方面，可以从设计期、施工期、运行期等不同时段展开分析。

10.3.1 对生态系统的影响

1. 对植被的影响

新建铁路对植被影响主要是因新增占地、施工作业等工程行为破坏植被生存环境，占用部分植被资源，减少植被覆盖率。新建铁路西安至十堰段经过秦岭山脉，属北亚热带和暖温带两个植被带过渡地区，拟建铁路沿线区域主要分布有针叶林、阔叶林、灌丛、草原及栽培植被五大类。在线路路基、桥梁两侧区域未发现国家级和省级保护的物种、濒危珍稀物种及地方特有种、古树名木等，因项目建设而损失的植被类型主要为栽培植被及阔叶林。项目新增占地虽然会减少植被覆盖率，但由于铁路工程为线形工程，且大部分以桥梁、隧道的方式通过，损失的植被面积占沿线地区同一植被类型面积的比例极小，并且在后期采取复耕、绿化等措施后，将有效减少植被破坏影响，故工程占地对沿线区域的植被覆盖率影响不大。

施工作业时对植被的影响主要为施工产生的扬尘对附近百米范围内植被的影响。漂浮的扬尘会附着在植被的叶子上，使植被的光合作用和呼吸能力降低，影响植物的新陈代谢。工程施工机械产生的废气也会对周围植被产生一定影响。

另外，施工废（污）水主要有生活污水、施工机械排出的含油污水，这些可能对流经地方的植物造成一定影响，这种影响范围不大，一般不会造成植物死亡，但可能影响其生长。

项目经过山地丘陵地区时，由于路基开挖会导致原有山坡土体形成新的裸露边坡，在这些新的坡面上易引起雨水溅蚀。同时，路基填筑施工使得土质疏松，工程弃渣属松散堆积体，结构疏松，容易造成水土流失。这些地质灾害将对植被造成不良影响。

铁路修建过程中为了保证地基稳定而采取的一系列工程措施会造成路基附近排水状况的改变，可能引起周边环境的恶化，可能进一步影响植被生长。

另外，施工人员有可能随着施工便道进入周围灌木林、草甸内进行乱砍滥伐和践踏，这些不良的生活方式和行为直接造成活动范围内的植被退化或死亡。同时，施工期间外地施工人员及施工机器的进驻，有可能带来一些外来物种，如果不加强监控和管理，外来植物有可能在评价区内生存繁衍，并随着人类和动物的活动进入项目区域内，对项目区和当地的植物造成不可预测的影响。

铁路施工中由于炸药库和雷管库的管理不善、施工人员抽烟做饭火种管理不善，存在发生火灾的可能。尤其是气候干燥、降水稀少、多晴天和大风的天气时，一旦失火将会给本地区的动植物资源造成损失。

2. 对动物的影响

铁路工程对动物的影响主要是施工期和运行期的栖息地破坏、交通致死、交流阻隔，以及噪声振动对动物生存环境的影响等。

项目区域涉及的保护动物包括黑鸢、赤腹鹰、白尾鹞、红腹锦鸡、斑头鸺鹠、林麝、中国林蛙、王锦蛇、画眉、红嘴相思鸟、白鹭、苍鹭、四声杜鹃，以及以细尾蛇鮈、长吻鮠、多鳞铲颌鱼等为代表的珍稀物种等。保护动物主要分布于线路附近的天竺山自然保护区及丹江口库区湿地自然保护区的核心区和缓冲区等重要敏感区域。由于铁路在选线时已经绕避该敏感区域，设计线路沿线分布的物种主要是当地常见种类。

交通类项目对动物影响最明显的是阻隔效应，该项目桥隧比远高于一般铁路，其中桥梁占全线 15.99%，新建隧道占正线长度的 78.83%，很大程度上减少了阻隔效应。

除此之外，项目新增永久性与临时性占地不可避免地会破坏动物栖息地，减少动物活动范围。铁路工程施工中可能会惊扰周围生活的各类野生动物，特别是影响区域爬行类、两栖类和鸟类等动物的繁殖、觅食和育幼等日常活动，从而改变其原有的生活习性，干扰动物栖息与生存。施工机械噪声会破坏动物的栖息地声环境，机械噪声会对动物产生驱赶作用；隧道的建设期钻眼、爆破、装渣、喷混凝土产生的噪声等会对动物有一定的惊吓。施工期产生的环境影响将随着施工结束而消失。根据相关研究资料，一般来讲，在项目运行一段时间后，动物将会逐渐适应新环境。

另外，施工期和运行期车辆的运输可能会产生交通致死。多余或霉变食品、饮料、破旧衣物用具、生活污水、各种废塑料，对陆地和江河造成多种污染，未及时处理的垃圾堆常引来鼠类和蚊蝇。

项目桥梁全长约 40.907 km，主要跨越浐河、汤峪河、岱峪河、辋峪河、油磨河、康家河等河流水体，多为Ⅱ类和Ⅲ类水体。评价区有保护鱼类 3 种：细尾蛇鮈（*Saurogobio gracilicaudatus*）、多鳞铲颌鱼（*Scaphesthes macrolepis*）、长吻鮠（*Leiocassis longirostris*），分别为湖北省和陕西省保护鱼类，主要分布在陕西辋川河特有鱼类水产种质资源保护区河流、丹江口库区湿地保护区的河流、水库区域等。

水中底栖动物、浮游植物和浮游生物的生存条件，受到透明度、温度和水域营养状况等因素的影响。工程施工产生的浊水将影响区域内浮游植物的生长，一定程度上会破坏区域营养源，对浮游动物、底栖生物、鱼类等不利，同时河床的扰动也会影响底栖生物的生存环境。在铁路建设期间，生产废水、施工人员生活污水及桥梁的建设必然会导致水质的变化及水域附近的生态环境变化，鱼类、两栖类的生活环境也会变化。施工所产生的废弃物也对两栖、爬行动物造成一定的影响。

同时，项目产生的噪声和振动也会对水生生物产生不同程度的影响。根据相关研究资料，施工机械所产生的噪声，距离声源 10 m 时，测得机械噪声强度为 70 ~ 112 dB，距离声源 50 m 时，测得机械噪声强度为 65 ~ 90 dB。施工机械与运输车辆所产生的振动，距离振源 10 m 时为 78.5 ~ 80 dB，距离振源 30 m 时只有 55 ~ 70 dB。因此，施工噪声和振动对水生生物有一定的影响，但会随着施工的消失而消失，总的来讲影响不大。运行期不再产生扰动、施工机械作业等施工行为，机车运行时产生的噪声和振动对水生生物影响不大。

3. 对生态系统稳定性等的影响

对生态系统的影响可以从土地利用影响、生态系统恢复稳定性和阻抗稳定性分析等内容展开。

根据《新建铁路西安至十堰线环境影响报告书》相关资料，工程永久和临时占用的林地类型主要以村镇和道路“四旁”经济林类为主，占用天然林和公益林较少，项目占用林地面积共计 715.94 hm^2，占评价范围林地面积的 11.4%，工程所占林地对区域森林资源影响有限。

生态系统的恢复稳定性是根据植被净生产力大小而度量的。根据《新建铁路西安至十堰线环境影响报告书》相关资料，项目施工建设将导致评价区生物量减少 41 533 t，占评价区总生物量的 10.5%；平均净第一性生产力为 4.3 t/(hm^2·a)；减少 0.5 t/(hm^2·a)，减少幅度为 10%。从变化幅度和变化后的情况判断，工程建设对生产力和生物量的影响程度处于评价区生态系统能够接受的范围之内。

沿线地区植被类型较多，除了农田植被、防护林和经济林外，也分布有草灌丛，生态系统内生物组分复杂，因此系统阻抗内外干扰的能力较好。铁路建设过程中，弃渣场、拌和场、施工营地、预制场、材料堆场等施工临时占地将对沿线森林、灌丛、农田群落产生直接的破坏作用，从而使群落的生物多样性降低。铁路施工中机械碾压、施工人员的践踏等对施工作业周围的灌木层及草本层的破坏较大，甚至导致其消失。虽然项目施工会破坏部分植被，但由于铁路工程为线形分布，且项目多以桥隧方式通过植被覆盖率高的地区，很大程度上减少了工程对林木、灌草和农田植被的破坏。因此，项目建设前后区域内生态系统的阻抗稳定性变化不大，不会影响区域生态平衡，并且随着施工结束后绿化、复垦等措施的实施，生态系统的生产能力和生物量将逐步恢复。

当铁路横跨一片生态板块时，首先会引起直接的路域栖息地流失，紧接着与周边植被间便很快建立起边缘效应，并产生边缘小气候和边缘物种，因此，在铁路建设干扰下，沿线生境会发生较大改变，原有群落组分因不再适应新生境而受到损害。但随着时间推移，必然会出现适应新生境的先锋物种、优势种和建群种等新群落，此时群落垂直结构的复杂性取决于群落的类型和发育时期。

铁路建设改变了沿线地形和土壤等因子的分布，各环境因子变得不再均匀，造成了多个微地形和微气候区的形成并能支持多物种的存在，从而群落水平镶嵌格局将变得复杂。

10.3.2 对生态环境敏感保护目标的影响

新建西安至十堰铁路项目沿线分布有众多的环境敏感区，项目设计中优先采用绕避措施，避开了多处自然保护区、风景名胜区、湿地公园及森林公园，但仍穿过丹江源国家级水产种质资源保护区、辋川河特有鱼类国家级水产种质资源保护区、陕西天竺山省级自然保护区、秦岭终南山世界地质公园、湖北郧西天河省级地质公园6处环境敏感目标。

1．水资源及湿地保护区

项目涉及水资源保护区和湿地保护区，分别是丹江源国家级水产种质资源保护区、辋川河特有鱼类国家级水产种质资源保护区、湖北丹江口库区湿地省级自然保护区。

1）水生生物生境

水资源保护的主要目的是保护珍稀物种的数量及其生存依赖的重要生境，如洄游通道、产卵场、索饵场及越冬场等。根据相关调查资料，在工程涉及丹江源国家级水产种质资源保护区、辋川河特有鱼类国家级水产种质资源保护区河段，鲇、唇䱻、多鳞铲颌鱼、大鲵、秦岭北鲵等保护物种有少量分布或调查中未发现。由于项目主要是以桥梁和隧道的方式通过保护区，故不会对河流生境产生阻隔，也不会造成生境片段化现象，总体对珍稀物种的数量及其生存依赖的重要生境影响不大。

对丹江口库区湿地省级自然保护区来讲，项目未在汉江水域设置桥墩，对典型完整的河道型塘库湿地生态系统影响不大。不过，施工期、运行期产生的噪声、灯光等可能会破坏湿地中野生动物的栖息、繁殖，从而进一步影响湿地生物的生存环境。但项目区无珍稀野生动物分布，也不是珍稀野生动物的栖息地，项目线位穿越处距产卵场最近距离为15 km，也不涉及鱼类索饵场及越冬场，因此项目建设对保护区的保护对象整体影响不大。

2）水环境质量

在选址选线中，项目主要以桥梁、隧道形式跨越敏感区域。项目施工产生的施工废水和生活污水集中处置后回用或者排入管网，且运行期没有污水排入保护区，对水质基本没有影响。运营期的影响主要为高速铁路车辆运行产生的噪声、振动等的影响，但项目仅以隧道方式穿越保护区，埋深较大，振动等源强较弱，无其他影响因素，工程运营期不会对鱼类区系组成产生影响。

3）植被

高铁建设的路基占地和施工活动会破坏森林植被，导致林地面积减少。但由于评价区内路基占用森林面积为 1 850 m^2，占用面积相对较少，不会对沿线森林生态系统环境造成系统性的破坏。

工程建筑材料及车辆的进入有意无意地将外来物种带进入施工区域，可能导致森林生态系统内当地生存的物种衰退，引发生物入侵现象。但由于项目在保护区不设置车站，只要加强施工期管理，发生生物入侵的可能性不大。

2. 陆生生物保护区

1）占地

西十高铁线路以桥梁和隧道形式穿越陕西天竺山省级自然保护区实验区 4.23 km，在保护区内占地 2.24 hm^2，其中永久占地约 0.95 hm^2，临时占地约 1.29 hm^2；桥梁和隧道占用林地面积 1.66 hm^2，永久占地 0.77 hm^2，临时占地 0.89 hm^2。施工期因新增占地会使沿线地区的植被损失或损坏，运营期永久占地内林地植被将被完全破坏，形成路面及其辅助设施，从而导致森林植被改变为建设用地类型。由于项目主要以桥梁和隧道方式穿越保护区，对森林生态系统虽有影响，但由于占地面积较小，整体影响不大。

2）对植物、动物的影响

本项目在保护区内工程占地很少，施工期很短，不会改变植物种类数目，对植物种群影响很小，物种多样性变化不大。项目区域处于人为活动比较频繁的地区，许多野生动物为避开人类已远离此区域，动物调查时主要发现的兽类为野猪，但也距项目区域较远。保护区鸟类中的涉禽、鸣禽和攀禽主要分布在核心区，距离项目区域较远，不会受到项目建设的影响。因此，项目运行对陆生脊椎动物活动及其生境有一定干扰作用，但是对鸟类和大中型兽类的影响不大。

3）自然景观影响分析

项目以桥梁和隧道的方式通过保护区，其中铜塔沟大桥割裂了两侧自然景观的整体性，隧道口会改变自然景观类型。但保护区的岩溶地质景观不在项目建设区域，自然景观主要为栓皮栎林、板栗林、阔杂木林、粉背黄栌灌丛、马桑灌丛和农田。因此，可以从设计的角度弱化对景观的分割阻隔效应。

4）对保护对象的影响

陕西天竺山自然保护区属于野生动物类型的自然保护区，保护对象为林麝等珍稀野生动物及其栖息地、华山松森林生态系统和岩溶地质景观。林麝是一种典型的林栖动物，栖息于海拔 800 ~ 2 900 m 多石的针叶林、针阔混交林、阔叶林及灌丛地带，一般具有固定的活动区域和活动路线，有季节性垂直迁移习性。根据林麝的生活习性及分布范围，评价区内不属于林麝活动区域，华山松森林生态系统和岩溶地质景观位于保护区的核心区，本项目位于保护区实验区边缘，项目建设区域与主要保护对象的集中分布区距离较远，直线距离超过 1.75 km，因此，项目建设不会对保护区的华山松森林生态系统产生影响。

3. 地质公园

拟建项目穿越秦岭终南山世界地质公园和郧西天河省级地质公园，可能对各类地质遗迹、景观资源产生影响。施工期隧道挖掘、桥基施工等工程行为，施工过程中施工便道的修筑、施工车辆行驶、施工人员的随意活动、施工机械含油废水和生活污水的肆意排放以及残渣、废料和生活垃圾的随意丢弃，均可能对地质公园内的自然生态环境造成影响，同时，也会造成生态系统稳定性的下降和水土流失的加剧。

推荐方案与地质遗迹点相距较远，均以桥隧形式穿越。其中，项目穿越秦岭终南山世界地质公园生态保育区长度约 20 km，线路距离二级保护区 8.8 km，距三级保护区 1.0 km。隧道占地面积约 11.19 hm^2，临时占地约 20 hm^2。穿越郧西天河省级地质公园生态保育区长度约 4.01 km，永久占地 3.18 hm^2，临时占地 0.91 hm^2。

1）地质遗迹和人文景点

项目建设避开了地质公园内的重要地质遗迹和人文历史景观，推荐路线附近没有重要的地质遗迹分布。由于本工程绝大部分以桥梁、隧道形式穿越地质公园生态保育区，地表工程量和建筑物很少，对园区不形成分割。整体来讲，项目建设对遗迹点和人文景点没有直接破坏作用，拟建线路的实施对各景点的影响较小。

2）景观

工程建设期扰动原生地表，对沿线局部景观造成一定的破坏；桥梁的架设，隧道洞口、施工便道及作业带和隧道弃渣对地质公园整体地形地貌景观有一定影响；隧道施工振动可能引发坡面欠稳定岩土块掉落，不仅引发地质灾害，更容易破坏园内的地貌景观及地质遗迹。

3）地质灾害

推荐线路以桥梁、隧道形式穿越其生态保育区，与地质灾害隐患点、地质遗迹保护区及景点尚有一定安全距离。拟建线路影响范围内无重要的地层剖面分布，也无大的断裂活动带等构造形式存在，在加强施工管理、避免发生安全事故的前提下，项目建设不会产生大规模的地质灾害。同时，运营期振动不易引发区内滑坡灾害，对园区地质遗迹保护影响不大。

10.3.3 对生态环境问题的影响

项目建设可能产生的生态环境问题为水土流失、次生地质灾害、生物入侵等。

评价区途经渭河盆地及秦岭山地，施工期路基开挖导致原有山坡土体形成新的裸露边坡，在这些新的坡面上易引起雨水溅蚀。路基填筑施工使得土质疏松，工程弃渣属松散堆积体，结构疏松，容易造成水土流失，将对植被造成不良影响。铁路修建过程中为了保证地基稳定而采取的一系列工程措施造成了路基附近排水状况的改变，可能引起周边环境的恶化。

施工期岩、土体开挖形成边坡，爆破震动改变岩、土体原有应力状态，使景观附近水文及工程地质条件发生改变等，在局部区域可能诱发滑坡、崩塌次生地质灾害。

工程施工期间，外地施工人员及施工机器的进驻，有可能带来一些外来物种，如果不加强监控和管理，外来植物有可能在评价区内生存繁衍，并随着人类和动物的活动进入项目区域内，对项目区和当地的植物造成不可预测的影响。

铁路施工及运行中，由于车辆运行和人为活动的增加，给森林防火带来一定隐患。但同时，由于铁路的修建，增加了林区的可达性，为消防部门及时处理森林火灾提供了便利。

10.4 生态环境保护措施

高铁项目的生态保护，应该实行“预防为主、保护优先”的原则，贯穿前期勘察设计、拆迁安置、施工准备，到主体工程施工、迹地恢复，以及通车运行的全过程。措施类型可以分为管理措施和工程措施，具体内容包括生态系统、生态敏感保护目标、生态环境问题等方面的生态环境保护措施。

10.4.1 生态系统

植被保护的主要内容是减少砍伐和踩踏，以及工程后期的恢复措施。设计期应该合理选址选线，尽量避开植被分布丰富区域，对于实在无法绕避的区段，结合实际情况对生长较好的原有乔木和灌木进行移植，特别对于珍稀保护物种，要就近移栽并保证存活，减小对原有植被的破坏。

施工前期应该对建设中永久占用耕地、林地部分的表层土予以收集保存，以便为植被恢复提供良好的土壤，有利于施工结束后复垦或恢复绿化。施工中应该限定工程扰动范围，做好施工组织，合理安排施工时序。施工便道、取土场、砂石料场等临时占地优先使用既有场地，以减少新建占地面积。

选择绿化草种、树种时，应该遵循“适地适树、适地适草”的原则，根据各地区的地形、土壤和气候条件，优先选择当地优良物种，保证绿化栽植的成活率。在路基绿化上，结合铁路沿线立地条件，在路基两侧选择种植灌木、草地的绿化措施；在场站区域采用乔、灌木结合的布设原则进行绿化设计。总体来讲，绿化植被在工程竣工 2 ~ 3 年后将充分发挥其水土保持效益，可减少项目建设对生态环境的影响。

施工期间若疏于管理，个别环保意识淡薄的施工人员可能会猎杀、捕食野生动物，对野生动物种群数量变化有一定影响。因此，应该加强野生动物保护宣传教育，开工前，在工地及周边设立爱护野生动物和自然植被的宣传牌，并对承包商进行环境保护和生物多样性保护宣传教育工作，提高施工人员的保护意识。同时，采取适当的奖惩措施，如奖励保护生态环境的积极分子，处罚破坏生态环境的人员，严禁施工人员采获野生植物或捕杀野生动物。

施工时序及施工方式安排应充分考虑野猪、大鲵、中国林蛙、红隼、黑鸢、赤腹鹰等各类保护动物的生活习性，在其活动觅食、繁殖等高峰时段应加强施工管理，采取有效措施最大限度地减轻项目施工对它们的干扰。

在项目建成运行后，相关部门应加强线路穿越保护区路段及其附近区域的动物巡查工作，增加巡视频率，若发现有列车撞击动物，应及时救护。在项目区内的生态敏感区和生物多样性保护重点区域设置告示牌和警告牌，在车辆通过生态敏感区和生物多样性保护重点区域时，采取禁止鸣号及减速等措施，减轻对评价区野生动物惊扰的行为。此外，工程运行期应进行生态影响的监测或调查，准确掌握由于项目建设引起的区域生物多样性变化的情况等。

10.4.2 敏感保护目标

项目穿越丹江源国家级水产种质资源保护区、辋川河特有鱼类国家级水产种质资源保护区、陕西天竺山省级自然保护区、秦岭终南山世界地质公园、湖北郧西天河省级地质公园 6 处环境敏感目标。

本次线路在选线过程中，已经考虑尽量避让沿线的自然保护区、水产资源保护区、地质公园、森林公园等生态敏感区域，且线路大部分以桥梁、隧道方式穿过森林覆盖密集区域，因此，工程对沿线森林资源的占用较少，影响有限。

在涉及自然保护区、风景名胜区等生态环境敏感路段，当地林业、环保等管理部门和施工单位应共同划出保护线，明确保护对象和保护范围。如在施工过程中涉及古树名木，应在古树名木树冠垂直投影以外 2 m 范围设立临时围栏，围栏内禁止所有施工活动。

对水资源保护区，为保护水资源和鱼类资源，禁止施工废水直接排放入河，同时优化施工工期安排。例如，4—6 月为大多数鱼类产卵繁盛期，因此，在该时间段禁止涉及河流水下部分施工及夜间施工，减少工程对鱼类繁殖的影响。

推荐线路穿越秦岭终南山世界地质公园和郧西天河省级地质公园两处地质公园，为防止破坏现有的地质遗迹，施工期间应有地质公园管理人员监督管理，严格按照规范施工，施工时若发现有重要地质遗迹资源存在，应立即上报相关地质公园管理部门，进行科学调查和保护。

工程管理机构内，应设置生态环境管理人员，建立各种管理制度，开展对工程影响区的环境教育，提高施工人员和管理人员的环保意识，并且按照相关规定，在项目建成后 3 ~ 5 年内开展项目对相关保护区影响的后评价工作。

10.4.3 生态环境问题

工程选线时尽量避开地质灾害路段，开挖段应做好边坡防护，避免引起滑坡、泥石流等地质灾害。工程设计应充分考虑水土流失预防措施，重点关注路基及边坡防护、路面和路基排水等。渣场的水土保持应充分体现“预防为主、保护优先”的设计原则，尽力避免对项目沿线产生大的扰动。对弃渣必须按照水土保持要求修建挡土墙、排水沟等，施工结束后，全部进行植被恢复。生态恢复的第一年以易于生长和成活的草本植物为主，生态恢复第二年起，应以草、灌、乔相结合，遵守“乔灌草结合、先草后乔”的原则，并优先选择当地物种。

施工中，根据材料、工艺特点、环境、季节等条件制定相关规范，确保相关人员正确使用明火，降低自然现象导致燃烧的可能性，以达到防止和减少火灾危害的目的。

另外，项目投资方、施工方和保护区管理部门应密切配合，对施工过程和施工人员加强监管，尽量避免带入外来物种，如果发现有外来植物在当地生长，应及时予以清除并向有关部门汇报。

10.4.4 重点工程的生态环境保护

1. 路　基

工程用地以减少占地为原则，尽量少占良田、优质林地，尽可能利用荒地、坡地；对具有复耕条件的临时用地，采取土地复垦措施。为了减少对森林资源的占用，工程在选线中应尽量避让天然林和公益林重点保护区，取弃土场、隧道弃渣场、施工便道、施工场地的选择要尽量少占或者不占森林资源。

项目建设与运行中要求切实贯彻绿色环保理念，当边坡地质条件稳定性好时，以植被防护为主；当地质条件不利于边坡稳定时，以锚固、支挡防护为主，坡面植被防护相结合，做到安全、经济、美观。边坡防护时，采取植物护坡和混凝土护坡相结合的方式，采用的护坡植物以根系发达、固水性好、对当地条件要求低的当地植物为宜。

2．桥　涵

选择合理的桥涵位置和桥墩数量，尽量保持原有天然河道及水流状态，减少对河道的冲刷和桥前壅水过高而引起河岸冲刷。在桥梁设计中要充分考虑桥梁造型、桥面线形和色彩对景观环境的影响。优化桥墩设计，或对桥墩采取植物遮蔽法，并在桥下铁路用地范围内进行复绿等措施，消除桥梁工程对沿线景观的破坏，使桥梁建设尽量与自然环境匹配。

施工中应该尽量减少水中作业，如桥梁桥塔施工平台、围堰及杆件存放平台等临时设施施工尽可能在低水位期采用陆地法施工，以减少对水生生物生存环境的破坏。同时，采用先进施工工艺、技术，采用扩大基础及钻孔桩基础。钢管桩冲孔栽桩过程中所需泥浆均利用泥浆循环系统，经净化后循环利用。施工场地应设置临时沉沙池，将含泥沙雨水、泥浆经沉沙池沉淀后方可排放。施工中产生的钻渣均外运至指定弃渣点存放，严禁随意弃渣，并做好弃渣点的防护和绿化。

桥梁施工应集中作业，合理安排施工时序，尽可能缩短施工时间，并尽量避开雨季；施工应该在枯水期，避免影响行洪。鉴于鸟类、爬行类等对噪声、振动和光线的特殊要求，施工尽可能在白天进行，严禁高噪声设备在夜间施工。

3．隧　道

隧道工程应该根据工程地质条件，合理布线，对地质灾害“避重治轻”以确保安全。施工单位应该在进一步加强对隧道施工区域地质超前预报工作的基础上，在富水围岩地段的施工中，采取“以堵为主、限量排放”的防水原则，尽量减少地下水向隧道的大量涌出，维持隧道地区的水文循环和水量平衡，并实施施工期全过程监控，实时分析施工中可能产生的各种环境问题，并提出相应的处理措施。

加强隧道施工管理和监督，包括施工工序的组织管理和对施工人员的环境保护宣传教育。隧道施工前应注意对各隧道进出口植被进行调查，确认有无需要保护的物种和可移栽的物种。在隧道进出口设置沉淀池、隔油池，隧道施工废水必须收集处理后循环利用，不得外排，以免污染土壤，进一步影响植被生存。

隧道产生的土石方数量大，根据隧道围岩状况，首先选择符合质量要求的隧道弃渣用作混凝土工程的砂石骨料、石料，其余弃置。弃渣场在设计中应该充分考虑防排水与拦渣措施，按照水土保持要求采取工程和生物措施进行处置，在弃渣完成后，应有计划地恢复植被。

在采取适当的工程和植被恢复措施后，隧道建设对植被的破坏作用有限，可以将对当地生态环境产生的不利影响降至最低。

4. 大临工程

施工之前，施工单位必须先与当地林业管理部门取得联系，协调有关施工场地、施工营地以及施工临时便道等问题，尽量减少对作业区周围的土壤和林地的破坏。

禁止在保护区内设置料场、弃渣场、取土场、采石场和施工生活点；尽量做到挖填平衡，废弃土方的处置应结合取土场、料场的恢复，用于回填。施工中应加强土石方的调配力度，充分移挖作填，尽量减少弃土、弃渣量。弃土、弃渣场的设置尽量选择在地势低洼、无地表径流、植被稀疏、远离线路的区域，同时做好防护和排水工作。弃土及弃渣场使用结束后，清理平整，采取挡护及植物恢复措施，以减少水土流失。

工程施工结束后，应及时对施工便道、施工场地等临时占地进行植被恢复。工程周边植被恢复除考虑水土保持外，还应适当考虑景观及环保作用（如降低噪声、防止空气污染等），使水保、绿化、美化、环保有机结合为一体。

施工场地应设置临时沉沙池，将含泥沙的雨水、泥浆经沉沙池沉淀后方可排放。严格控制施工场地、营地、施工便道的设置数量及施工人员的活动范围，应严格控制施工活动，避免过多影响生态环境。

10.5 结 论

1. 植物资源

线路沿线经过区域属亚热带和暖温带两个植被带过渡地区，主要分布有针叶林、阔叶林、灌丛、草原及栽培植被五大类。因项目占地、开挖等建设行为损失的植被类型主要为栽培植被及阔叶林，损失量比例极小。同时，对沿线路基、隧道口、临时工程等采取种植乔灌木的绿化措施，并进行绿化设计，可有效补偿因工程建设造成的植被生物量损失，总的来讲对区域植物资源影响不大。

2. 野生动物资源

沿线区域可能出现的国家一级重点保护野生动物有林麝，国家二级重点保护野生动物有黑鸢、赤腹鹰、白尾鹞、红隼、青鼬、水獭等。铁路建设可能对沿线区域野生动物的活动产生不同程度的阻隔影响，但拟建铁路设置了桥梁 90 座、涵洞 111 座，可以满足所有两栖爬行动物以及重要哺乳动物日常活动需求。另外，加强施工期和运行期对施工人员和当地群众的教育管理，严格控制施工影响范围，严禁捕杀、惊扰野生动物，可减少对沿线动物的影响。

3. 生态系统

高速铁路的建设施工过程，会引起第一性生产力降低、区域整体生态完整性和稳定性下降。但由于高铁项目大多以桥梁、隧道方式通过沿线区域，工程实施对区域生态系统不会产生重要影响。铁路属线状工程，宽度窄、线路长，对原有的生态系统会产生隔离影响，使区域破碎度增加、人工建筑面积增加，但并未改变区域原本的优势度的分布状况，工程对区域生态景观的影响很小，其影响范围仅局限于铁路两侧数十米宽的区域。

4. 敏感保护目标

项目建设单位本着环保选线的原则，从保护环境敏感区角度，并结合工程技术、经济等综合比选后，最终确定推荐方案。受线路走向影响，项目推荐方案无法完全绕避天竺山自然保护区、辋川河特有鱼类国家级水产种质资源保护区等6处环境敏感保护区。总的来讲，线路基本避开了保护区的核心区和缓冲区，距离保护区的重点保护对象较远，且在保护区范围内主要以桥隧形式穿越，对保护区功能和结构完整性的影响较小，对保护区内重点保护对象影响是可以接受的。

5. 生态环境问题

沿线区域与项目有关的现有生态环境问题主要是水土流失、地质灾害。开挖、占地、桥隧施工等会产生一定的水土流失，也可能诱发地质灾害。项目在选线时已绕避地质灾害严重区域，并在施工中、施工结束后采取合理的水土保持措施，可以有效缓解可能造成的生态环境问题。

新建铁路西安至十堰线工程建设将不可避免地对沿线两侧一定区域内的生态环境产生影响，但在采取行之有效的生态保护和恢复措施、水土流失治理措施以及污染防控措施等各项措施后，工程建设对生态环境造成的影响可得到有效控制或减缓。

参考文献

[1] 刘文杰，梅君. 路文化[M]. 北京：人民交通出版社，2009.

[2] 李元. 环境生态学导论[M]. 北京：科学出版社，2009.

[3] 王军. 浅埋深煤层煤矿地表生态环境影响及其预测[M]. 北京：科学出版社，2017.

[4] 环境保护部环境工程评估中心. 矿产资源开发规划生物多样性影响评价方法与实践[M]. 北京：中国环境科学出版社，2011.

[5] 段昌群，杨雪清. 生态约束与生态支撑[M]. 北京：科学出版社，2006.

[6] 环境保护部. 环境影响评价技术导则 生态环境（HJ 19—2011）[S]. 北京：中国环境科学出版社，2011.

[7] 国家铁路局. 铁路工程环境保护设计规范（TB 10501—2016）[S]. 北京：中国铁道出版社，2016.

[8] 铁道部. 新建铁路工程项目建设用地指标（建标〔2008〕232号）[S]. 北京：中国计划出版社，2009.

[9] 中国铁路总公司. 铁路用地管理办法（铁总开发〔2015〕202号），2015.

[10] 铁道部. 铁路工程建设项目环境影响评价技术标准（TB 10502—93）[S]. 北京：中国铁道出版社，1993.

[11] 铁道部. 铁路建设项目水土保持方案技术标准（TB 10503—2005）[S]. 北京：中国铁道出版社，2005.

[12] 中华人民共和国国务院令第 639 号. 铁路安全管理条例，2013.

[13] 中国铁路总公司. 铁路工程绿色通道建设指南（铁总建设〔2013〕94 号）[S]. 北京：中国铁道出版社，2014.

[14] 中国铁路总公司. 铁路工程绿化设计和施工质量控制标准(南方地区)(Q/CR 9526—2019)[S]. 北京：中国铁道出版社，2019.
[15] 生物多样性调查方法中动物多样性调查[EB/OL]. https://wenku.baidu.com/view/d06cd88618e8b8f67c1cfad6195f312b3069eb09.html.
[16] 揭凡，杜阿朋，竹万宽. 桉树生物量估算模型及与 IPCC 法的对比分析[J]. 桉树科技，2019，36(1)：1-8.
[17] 王超，贾翔，赵莹，等. 森林生物量估算方法研究进展[J]. 北华大学学报(自然科学版)，2019，20(3)：391-394.
[18] 李冬，汪传建，王伟强，等. 基于采样的草地生物量估算空间插值方法比较研究[J]. 江苏农业科学，2019，47(2)：206-210.
[19] 吴征镒. 中国植被[M]. 北京：科学出版社，1980.
[20] 中铁第四勘察设计院集团有限公司，铁道第三勘察设计院集团有限公司. 新建商丘至合肥至杭州铁路环境影响报告书[R]. 武汉，2014.
[21] 中国铁路设计集团有限公司. 新建盐城至南通铁路工程环境影响报告书[R]. 天津，2017.
[22] 铁道第三勘察设计院集团有限公司. 新建铁路郑州至周口至阜阳铁路环境影响报告书[R]. 天津，2015.
[23] 中铁第四勘察设计院集团有限公司，铁道第五勘察设计院集团有限公司. 新建安庆至九江铁路环境影响报告书[R]. 武汉，2015.
[24] 中铁第四勘察设计院集团有限公司. 新建赣州至深圳客运专线环境影响报告书[R]. 武汉，2016.
[25] 中铁二院工程集团有限责任公司. 新建铁路贵阳至南宁客运专线环境影响报告书[R]. 成都，2016.
[26] 中铁第一勘察设计院集团有限公司. 新建铁路西安至成都客运专线西安至江油段环境影响报告书[R]. 西安，2010.
[27] 中铁第一勘察设计院集团有限公司. 新建铁路西安至十堰线环境影响报告书[R]. 西安，2020.

[28] 赵济，陈永文，韩渊丰，等. 中国自然地理[M]. 3 版. 北京：高等教育出版社，1995.

[29] 金岚，王振堂，朱秀丽，等. 环境生态学[M]. 北京：高等教育出版社，1992.

[30] 李博，杨持，林鹏. 生态学[M]. 北京：高等教育出版社，2000.

[31] 梁士楚，李铭红. 生态学[M]. 武汉：华中科技大学出版社，2014.

[32] 江源，顾卫，陶岩，等. 道路生态影响与公路边坡植被恢复生态研究[M]. 北京：中国环境科学出版社，2011.

[33] 程胜高，罗泽娇，曾克峰. 环境生态学[M]. 北京：化学工业出版社，2003.

[34] 李洪远，文科军，鞠美庭. 生态学基础[M]. 北京：化学工业出版社，2006.

[35] 毛文永. 生态环境影响评价概论[M]. 北京：中国环境科学出版社，1998.

[36] 环境保护部，中国科学院. 全国生态功能区划（修编版）[Z]. 2015.

[37] 殷晓松. 森林植被生态修复研究[M]. 长春：吉林人民出版社，2020.

[38] 中国科协学会学术部. 3S 技术与野生动物生境评价的结合：优势、问题和未来 [C]. 北京：中国科学技术出版社，2012.

[39] 陆书玉. 环境影响评价[M]. 北京：高等教育出版社，2001.

[40] 蔡艳荣. 环境影响评价[M]. 北京：中国环境科学出版社，2004.

[41] 郭廷忠. 环境影响评价学[M]. 北京：科学出版社，2007.

[42] 马太玲，张江山. 环境影响评价[M]. 武汉：华中科技大学出版社，2009.

[43] 符蓉. 京九铁路（江西段）次生环境影响及其评价指标体系研究[D]. 成都：西南交通大学，2007.

[44] 周启星，魏树和，张倩茹，等. 生态修复[M]. 北京：中国环境科学出版社，2006.

[45] 匡星，白明洲，王连俊，等. 铁路建设项目对生态环境影响评价体系探析[J]. 铁道学报，2009，31（2）：125-131.

[46] 伍玉容,杨成永. 铁路建设对动物生态行为的影响与控制策略[J]. 交通环保，2001（2）：42-43.

[47] 匡星，白明洲，杨成永. 交通建设环评中生物量影响评价指标探讨[J]. 环境保护科学，2010，36（3）：99-101.

[48] 姜必亮. 生态监测[J]. 福建环境，2003，20（1）：4-6.

[49] 钱仲侯. 高速铁路概论[M]. 北京：中国铁道出版社，2009.

[50] 傅伯杰，刘世梁，马克明，等. 生态系统综合评价的内容与方法[J]. 生态学报，2001（11）：1885-1892.

[51] 宋红波，朱旭. 对我国生态监测的思考[J]. 环境科学动态，2004（3）：10-11.